国家社科基金项目结项成果 项目编号:**14BZX100**

四川师范大学学术著作出版基金资助出版

气候失律的伦理

唐代兴 著

人 民 出 版 社

责任编辑:孟令堃

装帧设计:朱晓东

图书在版编目(CIP)数据

气候失律的伦理/唐代兴 著.—北京:人民出版社,2017.10

ISBN 978-7-01-018281-0

Ⅰ.①气…　Ⅱ.①唐…　Ⅲ.①气候变化－研究－世界　Ⅳ.①P467

中国版本图书馆 CIP 数据核字(2017)第 233342 号

气候失律的伦理

QIHOU SHILÜ DE LUNLI

唐代兴　著

人民出版社 出版发行

(100706　北京市东城区隆福寺街 99 号)

北京中兴印刷有限公司印刷　新华书店经销

2017 年 10 月第 1 版　2017 年 10 月北京第 1 次印刷

开本:710 毫米×1000 毫米 1/16　印张:16.5

字数:251 千字

ISBN 978-7-01-018281-0　定价:50.00 元

邮购地址:100706　北京市东城区隆福寺街 99 号

人民东方图书销售中心　电话:(010)65250042　65289539

环境：是民族国家永续存在发展的必须土壤

空气·水·土地：是人人持续生存的最低条件

表本兼治：是阻止环境崩溃运动的正确方式

目 录

第一篇　气候伦理学的学科基础

第二篇　气候伦理学的规范体系

自 序

这是我致思环境问题的第二本著作（第一本著作是《灾疫伦理学：通向生态文明的桥梁》，人民出版社 2012 年版），其最初动机是追问当代灾疫频发的自然之因，继而检讨其人力之因，最终探究其恢复和重建的伦理引导之道。

1

作为问题驱动型研究，都有引发探究的问题原点。如果说汶川地震是诱发我思考当代灾疫防治的问题原点，那么，汶川地震后的气候加速恶变，则引发我展开了气候之思。

气候，历来被视为是纯粹的自然现象，与人力没有任何关联。然而，20 世纪中叶以来，急剧变化的气候引发了不同领域的研究，形成跨学科的开放性的气候科学。气候科学研究发现，当代气候变化与人类活动息息相关，尤其是 1988 年由联合国世界气象组织（WMO）和联合国环境规划署（UNEP）牵头成立的政府间气候变化专门委员会（IPCC），组织世界各领域的顶级科学家展开气候评估研究，并从 1990 年到 2013 年先后发布五次气候变化的评估报告，均证明人类活动是造成气候恶变的主要之因。

既然气候恶变与人类活动密切相关，那么，人类活动是怎样影响了气候并使之发生恶变？这是气候科学研究目前没有解决的问题，却是本书所致力于探讨的问题。

2

　　无论是各气候科学，还是 IPCC，其研究都围绕"气候变化"而展开。然而，"气候变化"这个词并不是一个科学的概念，因为它并不能揭示气候和统摄各种形式的**气候变异**，比如气候变暖、气候变冷，高寒或酷热无序交替，以及酸雨、霾气候等；更重要的是，"气候"作为气候学和气象学的共同研究对象，它是指**天气变化的过程**，也就是说，气候**本身**是运动变化的，运动变化是气候的自身状态，用"气候变化"一词来指涉当代气候恶变，或者说用"气候变化"一语来指涉正在加速困扰人类生存的极端气候，不仅等于什么没有说，而且混乱了人们的思维。因而，追问当代灾疫生成的人力之因，必然面对气候恶变；要探讨恶变的气候，首先需要辨析"气候"与"气候恶变"，以求发现或提炼出能够准确表达恶变的气候状况的科学概念。

　　气候作为天气变化的过程，始终是周期性的，比如，一年之春夏秋冬四季，又比如四季之二十四节气，等等，都显示气候作为天气变化的过程，始终是以周期性变换运动的方式展开，其所体现出来的规律性，就是**时空韵律**；它的内在规定性，则是气候的自秩序要求，或可称之为**自秩序本性**，简称为**气候本性**。气候恶变，无论变暖还是变冷，或者酷热与高寒无序交替，其运动的形态学表征是：气候变换运动丧失其周期性。气候变换运动的周期性丧失，不仅意味着气候变换运动的时空韵律的丧失，更意味着气候之自秩序本性的丧失，气候变换运动的这一双重丧失，就是气候自身运行规律的丧失。所以，能够恰如其分地指涉当代气候恶变的科学概念，是"**气候失律**"。

　　所谓"**气候失律**"，是指气候因其外力推动既丧失其自秩序要求，更丧失其周期变换运动的时空韵律，而滑向无序变化的运动进程。

3

既然气候科学研究和 IPCC 研究提供了日益充分的证据证明当代气候失律终源于人类活动，那么，人类活动是如何作用于气候并最终推动了气候变换运动丧失其时空韵律和自秩序本性的？

一旦正视这个问题，重新认识环境则成为其前提性工作。

所谓"环境"，即我们对存在于真中的存在世界的意识化成果，或曰，为我们所**意识到**的存在世界，就是环境。

"环境"的自身存在状态，呈现出整体性特征和动态生成性取向。

作为存在整体的环境，它由地球生物、地球、宇宙以及赋予三者关联性运动的气候构成。气候的构成性呈现出环境形态的多元性，由此使环境本身获得了微观、中观、宏观、宇观等不同视域的指涉性。其中，气候的周期性变换运动，构成了宇观环境；气候周期性变换运动所形成的雨晴有时、冷热有度或者说风调雨顺，关联起生物种群、群落、地球、宇宙的共生运动。

作为动态生成性的环境，其动态生成的原发力是环境的亲生命本性，它生成性彰显为环境自生境力量，这种自生境力量敞开为环境与他者生共。气候的周期性变换运动，就是作为宇观环境的气候基于亲生命本性的激励而展开的共生（即自生与生他）运动。

一直处于共生变换运动进程的气候，其生成性的基本构成要素是太阳辐射、大气环流、地面性质（即气候学和气候学所讲的"下垫面"）、生物活动。从发生学看，并不是气候失律造成了地球环境破坏，而是相反：人类是地球生物之一种，也是地球生物中唯一能以自身之力改变环境的生物。人类按照自己的意愿方式介入地球生物圈，改变了生物圈中众生物的栖居状况，也改变着地球生物圈中生物多样性结构，从而改变了地球生物圈以种群和群落为基本单元的物种生态链条和环境生态系统。与此同时，人类按照自己的意愿方式介入地球环境，开垦土地，拦截江河，砍伐森林，放牧草原，扫荡地表资源，掏空大地，这些掠夺性活动持续强化展开，整体地改变了地面性质，使整个地球生态丧失了**自生**的内动力量和生的自身机制。这种改变生物多样性结构、物种生态链条和环境生态系统进而改变地面性质和地球生态的人类活动，最后通过排放的无度和自净化功能的丧失，导致了大气环流的逆生化；大气环流的逆生化，导致臭氧稀薄，由此改变了太阳辐射方式，包括辐射力度和强度，最后这些因素的进一步互动整合，推动了气候失律，其表现形态是气候灾疫。失律的气候，又反过来以气温暴虐和降雨随机化的方式，推动地球环境的加速恶化甚至形成局部区域的环境崩溃运动。

4

气候失律表征为气候灾疫，防治灾疫必须恢复气候。

恢复气候必须解决人力如何影响和改变气候的问题。

人力影响和改变气候，是通过破坏环境来实现的。

人力破坏环境，表面看是随意的，无序的，但实际上却敞开其有序线路，这就是由个别到一般，由局部到整体，由地面到地下，由地球到太空。具体地讲，就是从砍伐身边的树木、树林开始，到砍伐森林；从开垦身边的土地到围湖造田、围海造田，再到拦截江河，开发湖泊和海洋；从最容易获取的木材为燃料和资源，到转向地下开发化石能源及其他所有资源，从掏空大地到向海洋和太空进军。这种环境形态学的变化遵循从量变到质变的运动法则。

然而，被我们意识到的存在世界，也就是环境本身具有极强的自生境力量，即自组织、自繁殖、自调节、自修复能力。人类对地球生态的破坏导致对地球环境的改变，必然要以突破地球环境的自生境功能为前提，即当环境的自调节、自修复功能完全失灵后，环境才丧失自生境能力而向死境方向运动。环境自生境力量丧失的形态学标志，就是环境生态临界点被突破。当被人力所破坏的环境突破了自身生态临界点时，环境自生境力量就整体性丧失，环境必然滑向死境运动。概言之，人力影响并改变环境遵从量变到质变的运动法则的实质表述，是环境破坏的量变活动积累到突破自身生态临界点时就发生了质变运动，这种质变运动的内在标志，是环境自调节、自修复能力丧失，并最终挂动环境之自组织、自建构能力丧失；这种质变运动的外在标志，是环境彰向死境方向敞开逆生态运动。

这种量变引发质变的运动只适合于具体的、局部的地质环境改变如何导致整体的地球环境的改变，却不能解释人力活动如何影响并改变气候。这就涉及地球环境如何影响气候的问题。

地球环境的变化始终对气候产生影响，这种影响主要通过地温和大气来实现。首先，人力改变地球环境，其必然结果之一是改变地温，地温改变影响气温；气温持续改变，则推动气候失律。其次，地球环境的改变，必然改变地球排放与净化，地球排放的量和排放的质（即排放物的自身浓度），直接影响大气层；排放与净化之间呈动态生成关系，排放的量和质直接影响到地球净化，地球净化的程度直接影响大气层。地球排放和净化对大气层的双重影响一旦超过其生态临界点，就会导致太阳辐射的逆转，推动气候失律。

人力活动改变环境，遵循从量变到质变的法则；背后被改变的地球环境又从排放和净化两个方面影响大气层，进而改变气候的周期性变换运动，所遵循的仍然是从量变到质变的法则。然而，量的变化如何形成质的变化？量变导致质变以什么方式显现？从量变到质变的实际效果或影响又是以怎样的方式发挥其功能？当对这些问题予以深度探究时，就会发现其量变到质变的法则，仅仅是人力改变环境的形态学法则，其背后还蕴含着更为根本的本体论法则，这就是层累原理、突变原理和边际效应原理。

人仅是自然之构成要素，再强大的人力，每次作用于环境所产生的影响力相对环境来讲都可以忽略不计；并且，人力作用于环境的显性损害，都会被环境之自调节、自修复功能所恢复或者说消解。这有如拳击手用沙袋练拳一样，哪怕是再狠再重的拳头击向沙袋，被拳头所击凹的沙袋马上会回复原状。但沙袋被不断重击所产生的本质性损害却没有真正消失，它以层累的方式集聚了起来，直到某一天，拳击手的某一拳击向沙袋时，沙袋不能再承受其层累性的打击力而突然崩裂了。人力作用于环境亦是如此：人力破坏地球环境所产生的微弱得几乎可以忽略不计的负面影响力，始终以层累的方式集聚着，这种层累性集聚起来的负面影响力一旦强大到突破其生态临界点，具体地讲，就是一旦突破了地球环境的自调节、自修复防线时，它就以突变的方式爆发而改变气候，这种改变的形态学呈现，就是气候灾疫的频繁爆发。当这种被改变的气候和由此而爆发的气候灾疫得不到有效阻止时，它就会以边际方式发挥自我扩张运动，这就是气候失律和灾疫失律的边际效应，这一双重边际效应发挥的形态学表征，就是地球环境被推上悬崖并展开悬崖崩溃运动。

4

当人力活动与气候失律之间的生成论规律被发现和把握，恢复失律的气候，根治当代气候灾疫，才可找到突破口，才可有法则可依，有规律可循。

人力活动破坏地球环境导致气候失律所呈现出来的形态学法则和本体论原理，从体用两个维度揭示了环境（即自然世界、存在世界）总是遵循自身本性而自在存在，哪怕是环境被迫突破自身生态临界点所形成的逆生态运动，也是按照其层累的、突变的和边际效应的方式展开。人力破坏环境造成包括气候在内的环境失律，也只能是间接发力，即只有通过层累的过程最终以突变的方式展开，以边际效应的方式扩散。相应的，恢复失律的气候、根治灾疫、重建生境的努力，仍然只能通过重新尊重自然法则、尊重环境规律、节制自己的欲望和对自然界的限度行为，从日常生活、生产和消费等领域减少排放和恢复地球自净化功能的持久方式，一点一滴地积累修复性能量使其最终突破逆生态临界点，环境才会以突变的方式改变其运行方向，展开自生境运动。

恢复气候、根治灾疫、重建生境的努力，其根本功夫不是保护、治理环境，而是改变人和由人设计、制定出来的社会认知系统、社会价值系统和社会运作模式，通过对人和由人所设计、制定的社会认知系统、价值系统和运作模式的重建，来改变治理、保护环境的方式，恢复气候、根治灾疫、重建生境才变得可能。

2016 年 8 月 19 日书于狮山之巅

导论：恢复气候的自然原理

今天，人类已进入世界风险社会，其所面临的最大风险，是环境风险。

今天，人类正经历全球生态危机，其所承受的最大危机，是气候危机。

气候的变换运动，构成了地球生命和人类存在的宇观环境，它统摄地球环境和社会环境而运行。气候危机，表明环境改变地球生命、再造人类生存的时代的到来；气候危机，揭示了人类生存必须面对环境贫困，社会发展必须解决环境悬崖问题。

在这一大背景下，中国境内气候更趋恶劣：气候恶劣的**一般表现**是气候灾疫暴虐不断，比如近年来频繁出现的极端酷热高温、强暴雨、洪水、特大干旱、飓风，并由此诱发各种地质灾害、城市内涝和疫病；气候恶劣的**极端表现**就是酸雨和霾肆虐：中国，正沦为"霾国家"。如上两个方面构成了气候危机的真相："气候危机的真相是一个让我们不舒服的真相，它意味着我们要改变我们的生活方式。"① 面对这一真相，必须恢复气候、重建生境②。这需要重建认知、需要更新的智识和方法的武装，需要理论的研究和实践的探讨，需要气候科学和政治-经济学探讨其解决之道，更需要伦理反思为其提供正确的认知导向和判断依据。

---

① ［澳］大卫·希尔曼、约瑟夫·韦恩·史密斯：《气候变化的挑战与民主的失灵》，武锡申、李楠译，社会科学文献出版社 2009 年版，第 25 页。

② "生境"是一个生物学概念，意指生物得以栖息和繁衍的环境。"生境"概念揭示了两个方面的环境规律：首先，"环境"具有自生功能，即自组织、自繁殖、自调节、自修复功能；其次，环境并不是静止的，它也处于变化运动的过程中：环境变化运动既可呈生境取向，也可呈死境取向。前者意味着环境保持了很强的自生功能，能够为生存于其中的生物提供生息繁衍的条件；后者意味着环境自生功能的弱化或丧失，由此逐渐丧失为生物提供生息繁衍的功能。

1. 理论指向实践的目标

本书是一问题驱动型研究：意在于**从伦理切入**检讨当代气候失律之根本社会问题，为建设生境文明社会提供更切合实际、更富有实践成效的宏观路径和整体动员的社会方法。

从伦理切入检讨当代气候失律之根本社会问题，实际上要拷问三个问题并谋求认知上的澄清：

（1）气候失律何以形成？

（2）气候失律的影响何在？

（3）解决气候失律何以可能？

从伦理切入检讨当代气候失律之根本社会问题，必须以此为参照依据而考察气候失律何以形成的问题："气候失律"是相对气候的周期性变换运动而论，气候作为天气变化的过程，其周期性变换运动的内在动力是**自秩序**要求；其周期性变换运动的敞开形态，却是其时空韵律。气候失律，意味着气候作为天气变化的过程，丧失其内在秩序要求性，并打破了周期性变化的时空韵律，呈现混乱无序的运动状态。

气候失律并不由气候本身造成，而是外力推动所致。客观地看，气候失律的情况有两种：一种情况是偶然失律；另一种情况是持续失律。形成前一种气候失律的最终动力是自然力，地球轨道运动的偏心率运动或星球的陨落、撞击，往往是造成气候失律的两种常见的自然动力。形成后一种气候失律的最终动力是人力，即人类活动过度介入自然界，改变地球生物圈的生态状况和地面性质，影响大气环流，最后导致气候丧失周期性变换运动的时空韵律。

一般地讲，在人类顺应自然的历史中，气候失律是自然力造成的，它更多地体现偶然性、局部性、非重复性、非持续性、非层累性。当人类进入改造自然的历史进程中，气候失律就与人力相关。当代气候失律更多的是人力造成的。主要由人力造成的气候失律，往往突破偶然和局部的限制，体现其全球性态势和持续展开的日常性特征，因为推动气候失律的动力是人力层累性集聚并遵循边际效应递增原理发挥其功能。所以，主要以人力为推动力的当代气候失律，所造成的破坏性影响也是全球性、重复持续性和层累性的。

气候的周期性变换运动，实际上是通过气温和地温的协调变化或相互调节，来调节降雨，使之有规律性，这就是二十四节气的依据，也是"好雨知时节"背后的气候原理。体现人力特征的当代气候失律，则是因为大气层臭氧稀薄和地面生态破坏，气温和地温无序变化，消解了其相互调节机制，从而打破了降雨规律，酷热、亮寒、干旱、暴雨、飓风、酸雨、霾等无序交替，既加速了对地球生态的摧毁性破坏，迫使人类遭受源源不断的气候灾害之苦，又造成了社会生态的持续恶化，比如，由于气候失律的日常化，泥石流、山体滑坡、地沉、地陷、城市内涝、台风、海啸等灾害几乎年年发生，并且愈演愈烈，许多地区——比如沿海地区及其城市、江河流域、山区等地域——几乎连年处于家园摧毁与重建的恶性循环之中。

气候失律，既破坏了地球生态，导致了地球生命安全存在的生境丧失；又破坏了社会生态，导致了人类可持续生存的基本条件丧失。并且，由于推动气候失律的最终力量是人类活动破坏地球生态的力量的层累性聚集，并以边际效应的方式展开，如果得不到抑制，它将最终摧毁地球生态，制造环境崩溃，毁灭人类生存。因而必须治理气候。治理气候之成为可能，是因为当代气候失律直接源于大气破坏，即排放过度且自净化功能衰竭，其最终推力是人类无度介入自然界的活动。这两个方面的因素既是造成当代气候失律的根本原因，也是失律的气候能够得治的现实条件。因为，减少二氧化碳等温室气体排放是可以做到的，只要人类采取积极的作为方式，有意识地改变生产方式、消费方式和生活方式就行；恢复（地球和大气）自净化功能，同样能够做到，只要人类节制自己的行为，主动采取不作为的方式，节制消费、简朴生活，减少介入自然界的活动，或在某些领域、某些区域禁止人类行为介入，就可能使地球生态、自然环境休养生息，并在休生养息的过程中恢复其自生境功能。

对如上三个基本问题予以解决之道的系统探求，就形成气候伦理学。气候伦理学自 2007 年于美国诞生以来，就有了理论上的探讨。我国的气候伦理学思考和研究也随之产生。但无论是国外还是国内,有关于气候伦理的思考和研究,都是在感觉经验层面对气候失律现象予以描述性探讨,几乎没有进入气候伦理学的自身领域对气候伦理学的自身问题、自身规律、自身原理、自身原则、自身视野和方法做严肃讨论和研究。所以严格说来,"气候伦理学"这个概念和"气候伦理学"的学科提法虽然早已有了,但气候伦理学的学科思维、学科方法、学科概念系统、学科原理、学科理论尚未真正出现:气候伦理学还处于尚待探索和创建的"潜科学"状态。

客观地看,气候伦理学是一门大科际整合的综合性应用型人文社会科学,它的学科性质决定了它必须既是理论的,也是实践的,是理论与实践的有机统一。具体地讲,从伦理切入对"气候失律何以造成?"和"气候失律造成了哪些影响?"这两个问题予以深入而系统地检讨,就形成气候伦理学的一般认知,即基础理论认知和研究方法;从伦理切入对"解决气候失律何以可能?"予以深入系统的探讨,就形成气候伦理学的实践认知和实践操作方法。因而,从学科基础理论和学科实践理论——或可说从学科基础认知和实践认知——两个方面来探索性地构建气候伦理学的学科蓝图,构成了本书的学理(亦即学术)目标。

2. 研究的视野与方法

大科际整合的研究视野　气候,是自然科学的研究对象,具体地讲,它是气候学、气象学、地球物理学、天体物理学、天文学、宇宙学、气候史等学科的研究对象,也是生物学(包括动物学、植物学、微生物学)、物候学、遗传学、生态学、临床医学以及环境史、医学史等学科研究必须涉及的基本内容。

气候失律,既是一种自然现象,更是一个社会问题。由于前者,气候失律必然引发气候学、气象学、地球物理学、天体物理学、气候史以及生物学、物候学、遗传学、生态学、临床医学以及环境史、医学史等学科的关注和研究;因为后者,气候失律带动了社会学、政治学、经济学、法学等社会科学的研究,形成气候社会学、气候政治学、气候经济学、气候法学、气候教育学以及气候美学、气候文化学、气候人类学等新型人文社会科学研究领域。但无论是自然科学还是社会科学，对气候失律的研究一旦深入展开，就会发现它的内在伦理关联性而不得不呼唤伦理学的入场，由此诞生气候伦理学。

气候伦理学从伦理切入来探讨气候失律所蕴含的如上三个根本问题，第一，要探讨气候周期性变换运动的时空韵律和气候失律的内在机制，这就不得不涉及气候学、气象学、大气科学、地球物理学、天体物理学以及宇宙学等自然科学；第二，要探讨气候失律对宇观环境生态和地球生态的破坏性影响及其背后的规律，则不仅要涉及气候学、气象学、地球科学、地球物理学、天体物理学、天文学、宇宙学，更要涉及地球生态学、生物学、环境科学、物候学等学科；第三，要探讨如何抑制气候失律、治理大气污染、恢复气候、重建生境，不得不涉及社会学、政治学、经济学、法学以及教育、文化等。所以，从伦理切入来研究气候失律的问题，以及通过对气候失律所蕴含的内在自然伦理规律的揭示和对治理灾疫、恢复气候所应该遵循的社会伦理原理、原则、方法的系统探讨而构建气候伦理学，则不是单纯的学科知识、学科视域所能达到的，它首先要求在知识、理论、方法等资源的借鉴与运用上必须是大科际整合的；其次要求在认知、视野、方法的融合贯通上，亦追求大科际整合。所以气候伦理学研究必须具备大科际整合视野。

学术研究的视野须根据学科研究的对象设定。根据学科研究的对象不同，学术研究视野通常有三种形态：即学科视野、学科的科际整合视野、学科的大科际整合视野。

学科视野是就某一学科而形成这一学科的视野，它是学科研究的基本视野，但这种就学科本身的学术研究视野相对狭窄、封闭。

学科的科际整合视野，是指因其研究对象的需要而打破学科本身的界限，对其相近、相邻学科的理论资源、认知资源、思想资源和方法资源予以整合运用，这是一种相对开放的学术研究视野，它需要一种跨学科的知识基础和认知能力。客观论之，科际整合这种学术研究视野，自20世以来就开始在许多领域自发形成，今天已发展成为一种相对成熟的科学研究方法。概括地讲，学科视野是学术专业化的产物，科际整合的学术研究视野，却既是学科高度专业化的产物，更是学科高度专业化的标志，因为学科专业越分越细，形成可供学科研究的"井口"越来越窄，但高度专业划分的学科体制对学科的基本要求和由此要求所形成的学科研究的基本冲动，却是"深井钻探"，而过分狭窄的学科"井口"极大地限制了学科"深井钻探"的可能性，为了解决学科高度专业化所造成的这种矛盾，学科研究者们开始转向对相邻或相近学科吸取学术研究智识、理论、思想、方法等资源，以打开本学科"深井钻探"的视野，由此形成科际整合的研究视野和方法论。

如果说科际整合是学科研究如何克服高度专业分工所带来的学科研究狭窄、片面、浅表的缺陷的产物，那么大科际整合研究视野及其方法论的产生，则是基于工业化、城市化、现代化与后工业化、后城市化、后现代化之双向进程所制造出来的世界风险和全球生态危机推动社会被迫转型的产物。更直接地讲，由于世界风险社会和全球生态危机的形成和不断扩散，社会转型成为全球之势，但社会转型所面临的根本社会问题，既不是单纯的地缘主义问题，（哪怕是国家问题或国家范围内的区域性问题，往往也涉及国际社会和全球发展；即或是单纯的国家或国家范围内的问题，也不是局域性、领域性的问题）更不是单纯的人类社会问题，而是以多元开放的方式关联起地域环境、地球环境、大气环境，关联着过去和未来、当代与后代、当下与永续。社会转型发展的这一整合态势表现在学科建设和学术探讨上，就形成了大科际整合视野。这种方法论视野是在科际整合基础上的拓展形态，它不是在相邻、相近学科间寻求整合，而是指基于研究对象的需要，打破自然科学、社会科学、人文科学之间的界限，对自然科学、社会科学、人文科学的思想、知识、理论、方法资源进行大跨度的领域性整合运用。比如，人口问题，在过去，它是单纯的人口学问题，但是在今天，人口问题却既是一个开放性的社会政治学、经济学、文化学、教育学问题，也是一个开放性的自然学、人类学问题，更是一个开放性的环境学、生态学问题。因而，封闭的人口学研究几乎对当代的生存发展没有多少价值，人口学研究必须走向大科际整合的道路，它才可获得有益的社会价值和学术价值。经济，也是一个典型的例子，在过去，经济学家们可以将经济独立出来进行**自足性**研究，对以经济增长为中心的社会发展作用特别大，以至于经济学家可以高视阔步无视一切，甚至形成"只有经济学才有用"的绝对傲慢。但是，当经济脱嵌社会、脱嵌环境、脱嵌自然而追求自律地发展到今天，所有的生态问题、环境问题、自然问题以及人类生存的基本条件丧失等问题普遍出现，经济学家们开始被迫慌乱应对，最后将迫使经济学研究必须将经济回归于社会政治、伦理、文化、教育、人文之中，回归于环境、地球、自然、大气、气候之中，回归于人类史和自然史的协调之中，当经济由脱嵌社会、环境、自然到重新嵌入社会、环境、自然时，其研究必然要走向大科际整合，否则，经济学将落伍时代可持续生存之需要而成为无用之学或误导之学。

气候问题的研究也是如此。在过去，气候主要属于气候学和气象学等自然科学研究的对象，但自气候失律问题引发环境风险和生态安全危机以来，对气候的研究就突破了气候学或气象学的范围，并且其研究突破了纯粹的自然科学范式，成为大科际整合研究的对象，比如已经初步形成的气候经济学研究，既涉及气候学、气象学、地理科学、环境科学，也涉及史学、政治学、哲学、制度学等学科资源的整合运用问题。这种突破单向度的学科模式或简单的科际整合视野而对自然科学、社会科学、人文科学资源予以广泛整合的方法，就叫做大科际整合方法。

气候伦理学研究之所以需要大科际整合视野和方法论，是因为其研究必须在探讨气候周期性变换运动规律的基础上，揭示气候周期性变换运动的时空韵律背后的自然伦理意蕴，揭示气候失律背后的运行机制、自然原理，以及这一运行机制、自然原理所张扬出来的基本伦理诉求。不仅如此，气候伦理学研究还必须在此基础上探求自然伦理与人类社会伦理的内在融合何以可能？揭示其内在整合的思想基础、认知路径和方法，唯有如此，才可为恢复气候、重建生境提供伦理智识、伦理原理、道德原则和行为规范及其引导方式与方法。

生态整体的方法　在此大科际整合视野规范下，从伦理切入来研究气候失律以及恢复气候何以可能的问题，自然形成生态整体的研究方法。

所谓生态整体方法，是指以唯物辩证法为指导，整合生态化综合方法和过程论方法、定性分析的形而上学方法和定量分析的社会学方法于一体的整体生成的方法。

生态整体方法的实质是因果互涵。这种方法论包含了两个基本的世界原则，即互动法则和相互转换原则。按照世界存在的互动法则和相互转换原则，一事物与他事物的互动，其动因可能是单向的，也可能是多元的；一事物向另一事物的转换生成，可能是直接的，也可能是间接的。由于事物运动和世界存在的这种复杂性，决定了在运用生态整体方法来看待世界、分析事物、解决问题时，既要省视直接因果，更要探究其深度因果，即要探究造成该事物、该状况的原因的原因。直抵事物生成、现象产生的原因的原因（即终极根源），这是探本求源的根本方法。探本求源的根本方法，恰恰是知行并举观的内在品质规定性和本体论精神所在："知"是探本，"知"更是求源。只有探究其本，追溯其源，才能知其所行该不该行、当不当行、能不能行。因而，不知其本、不溯其源的行，只能是妄行与盲行。这是知行并举观内驻于因果互涵的基本精神指向，亦是生态整体方法的最终认知诉求。

生态整体方法在气候伦理研究中的具体运用，则表述为以唯物辩证法为指导，（1）整合各相关自然科学、社会科学和人文科学的知识、思想、理论、方法资源，形成开放的思路，然后将气候失律置于"人、社会、自然"共生的平台上来予以系统的伦理审查，为气候伦理学研究提供认知的宇观视域；（2）运用普遍联系、对立统一、辩证发展、转换生成的方法来探讨气候失律如何导致灾疫频发，以及频发的灾疫又是怎样进一步推动气候失律加速恶变的深层规律，为有效防治灾疫和全面恢复气候提供成本最低的伦理行动方案；（3）恢复气候的核心任务就是治理霾污染、防治灾疫、重建地球生境，将以治理霾污染、防治灾疫、重建生境为实质内容的恢复气候之努力融入探索可持续生存式发展、构建低碳社会和创建生境文明过程之中，引导人们全面实践和建设这一过程。

3. 基本的结构与内容

本书分第一篇和第二篇。

第一篇"气候伦理学的学科基础"，主要讨论两个方面的问题：一是气候周期性变换运动所蕴含的自然伦理取向问题；二是气候失律所表现出来的双重伦理分离问题。

第二篇"气候伦理学的规范体系"，主要以气候变换运动的自然原理为指南，探讨恢复气候、根治灾疫、重建生境的基本伦理认知、伦理原理和道德原则体系。

第一篇"气候伦理学的学科基础"，主要解决三个问题。

第一，明确具有严谨科学规范的气候伦理学的研究对象，即气候伦理学研究的基本对象，既不是气候，也不是气候变化，而是**气候失律**。

根据气象学、气候学对"气候"概念的定义：气候是天气变化的过程。变化是气候的运行方式，是气候的常态，因而，"气候变化"概念不能指涉气候变暖、气候变冷等**气候变异**现象或**气候突变**现象。通过对科学界围绕"气候变化"所引来的各种论争的实质分析，揭示这些论争都由"气候变化"概念的语义内涵似是而非所引起，所有这些论争都缺乏实质意义。本书以科学为依据，揭示气候的周期性变换运动规律，并在此基础上以气候周期性变换运动的内在秩序要求和外化时空韵律为依据，提出"气候失律"这一科学概念，并用它来指涉气候丧失周期性变换运动的时空韵律的一切突变行为、所有变异现象，包括气候变暖、气候变冷或气候变暖与变冷无序交替展开，都属于气候失律。以此确立气候伦理学（包括气候政治学、气候经济学、气候社会学、气候法学等所有由气候失律所引来的新型学科）的学科研究对象：气候伦理学，就是**对气候失律所引发出来的伦理问题及其谋求解救之道的伦理诉求展开系统研究的综合性人文应用科学。**

第二，解决气候伦理学得以建立的自然依据及自身前提。首先考察气候周期性变换运动的构成机制、运动规律及其伦理意蕴，这是气候伦理学得以建立的自然依据。

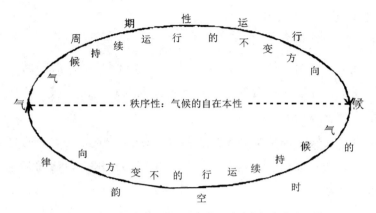

图导-1　气候周期性变换运动的自动力机制

气候周期性变换运动的内生动力，是气候之**自秩序**本性，它构成了气候周期性变换运动的内在指南与外在要求。气候以其自秩序本性发动周期性变换运动，亦要接受它的构成要素，即太阳辐射、地球轨道运动、大气环流、地面性质、生物活动等因素的制约。在构成气候周期性变换运动的各要素中，其任何要素的**变异**运动都将影响到气候周期性变换运动的节奏、方向，甚至导致其性质的改变。这里所讲的"变异运动"是指其存在物丧失内在本性和自在方式的运动。在存在世界里所有存在物——当然也包括存在世界本身——都以其内在本性要求而自在地存在。存在物以其内在本性为动力并以其**自在方式**为根本规范敞开生存，即有序运动；反之，当存在物丧失其内在本性要求而被迫以**他在方式**敞开生存，这就是无序运动。气候的变换运动也存在着这样两种不同的可能性。

其次考察气候失律的实质和基本类型：气候失律，就是气候丧失周期性变换运动的内在秩序要求和外在时空韵律。导致气候失律的最终动因有二：或自然力推动或人力推动。在此基础上重点考察人力导致气候失律何以可能，以及由此引发出来的伦理困境和消解其伦理困境的可能性何在。对这些问题谋求认知解决的宏观路径可用如下简图呈示：

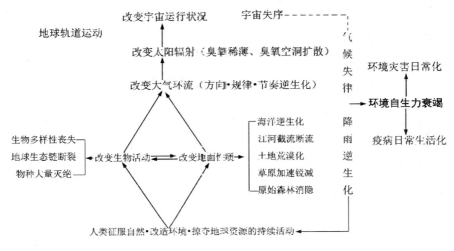

图导-2　人力导致气候失律的层累性机制

第三，梳理气候经济学、气候政治学、气候法学如何引发气候伦理学诞生的发展进程，明确气候伦理学研究的学科对象、学科范围、基本内容，以及明析它与环境伦理学、生态伦理学、灾疫伦理学的联系与区别，然后以"气候伦理"为原初范畴、以"气候失律"和"恢复气候"为核心概念，构建气候伦理学概念系统及学科蓝图，其学科概念系统所承载的学科蓝图可用下页简图表示。

第一篇的主题是构建气候伦理学学科概念系统和学科蓝图，围绕"气候失律"这一核心概念而展开：气候是地球生命存在和人类生存的宇观环境，气候失律表明地球生命安全存在和人类可持续生存的宇观环境丧失其生境。这一不断恶变的宇观环境状况必然引出如何恢复它的问题，由此使由"气候失律"概念所生成的"恢复气候"概念构成了本书的主题概念，不仅统摄第二篇的内容，而且也统摄《国家环境治理研究》第二册《恢复气候的路径》的内容。

第二篇围绕"恢复气候"这一主题概念展开气候伦理规范体系的构建，首先从伦理入手考察恢复气候的哲学基础和自然伦理法则。前者揭示恢复气候的伦理学何以必以生态理性哲学为思想基础，以及引导恢复气候

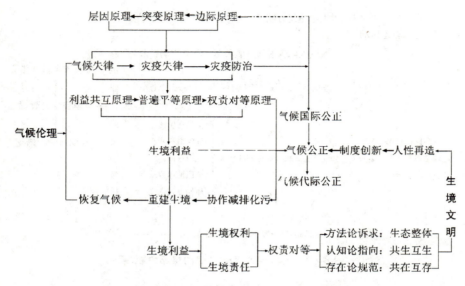

图导-3　气候伦理学的学科概念系统及学科蓝图

的气候伦理学何以必须蕴含原始关联精神、有机生成论精神、自创生精神
和存在和谐论精神的生态整体哲学方法。然后在此基础上探讨气候伦理学
得以构建的自然基础，即蕴含在自然之中构成对自然世界之生变运动的层
累原理、突变原理和边际效应原理，以及审查此三大自然原理之间的内生
逻辑关系。

　　面对气候失律的现状，恢复气候之成为可能，首先是因为如上三大自
然原理蕴含生成性的自然伦理诉求，这一生成性的自然伦理诉求构成了气
候伦理规范体系得以构建的伦理土壤。其次是自然、环境、生命（当然包
括人及社会）的共生存在本身，蕴含着不以人的意愿为转移的生境逻辑法
则、限度生存规范和生境利益机制，此三者为恢复气候所需要的气候伦理
规范体系的生成性构建，提供了必需的价值指南。

　　以此为伦理土壤和价值指南，恢复气候所需要的气候伦理规范体系，
由气候伦理原理和气候道德原则两部分构成：前者作为自为生成的伦理原
理体系，统摄起利益共互原理、普遍平等原理和权责对等原理；后者即在
如上三大伦理原理规范统摄下生成构建起来的公正原则体系，由公正原则

的认知体系和公正原则的操作体系构成：前一认知原则体系由利害权衡、分配平等、国际合作和行为动机应当、手段正当、结果正义的有机统一等四大原则构成；后一操作原则体系则由权责对等的气候问责原则和谁污染谁担责的伦理原则所构成。将如上气候伦理原理和气候公正原则融会贯通成为一功能整体的恰恰是生境利益，因为气候作为全球公共资源，它之于地球生命存在和人类生存来讲，本身就是最根本的利益内容和利益呈现形态。

对任何领域而言，根本问题的认知解决和由此所形成的理论构建，必然最终指向对解决实践问题发挥认知引导和方法启迪功能。气候伦理学更是如此，本书从宏观上实现其基础理论的认知构建，则必然规范和引导第二册《恢复气候的路径》建构其实践认知智慧和方法。

4．基本的思想与观点

本书围绕"气候失律如何造成？'和"恢复气候何以可能？"而展开研究，就是为解决气候失律这一世界性难题寻求根治之道，其研究意义有四：

一是对当代气候失律予以深刻维度的伦理检讨，为重建"自然、生命、人"共在和"环境、社会、人"共生之理性方式和实践精神提供伦理引导。

二是把握当代气候失律的内在规律与人类前进的根本走向，探索恢复气候、重建生境的整体方向和正确道路。

三是立足未来、着眼人类，为恢复气候、重建生境提供全球视野、认知理路。

四是为更深入的气候伦理研究如何卓有成效地指导社会实践构建伦理社会学方法。

从伦理入手研究气候问题，既需要跨越自然科学、社会科学、人文科学而形成大科际整合的视野，更需要在这种大跨度的资源整合过程追求原创，因为面对气候失律的危机探求解救之道，是任何现有的学科智识、理论、方法都不能解决的问题，观念的鼎新、思想的创造、方法的重建，成为气候伦理学研究的必须努力。正是这种以求解根治"气候失律"为根本任务的努力，创发出如下新的观点和思想。

气候失律论——气候作为宇观环境，始终处于周期变换运动中。气候失律则是指气候因某种或某些外在力量打破其周期性变换运动规律而以无序的方式运动。气候失律的日常形态，就是气候变暖和气候变冷、酷热与高寒无序交替展开；气候失律的极端表现，就是酸雨天气和霾气候。

气候失律人为论——气候变化，无论小尺度变化还是大尺度变化，都体现其变化的方向性、可周期性，比如单纯的气候变暖或气候变冷，都属于气候变化；气候失律是指气候变化的非方向性、非周期性、无序性。当代气候失律主要是人类力量过度介入自然界所造成的，具体地讲，就是不断加速的工业化、城市化、现代化进程推动人类征服、改造、掠夺自然，蹂躏地球，破坏环境生态的活动所层层累积起来的债务，最终通过气候以失律的暴虐方式表现出来。

气候失律的生成机制——人力作用于气候所产生的影响是很微弱的，将微弱得可以忽略不计的人类负面影响力集聚成巨大力量推动气候失律的自然机制，就是气候失律的生成机制，它由层累原理、突变原理和边际效应原理所构成。

环境自生境能力——气候作为宇观环境，具有自组织、自繁殖、自调节、自修复功能，这就是环境自生境能力。这种自生境能力一旦弱化或整体性丧失，就形成气候失律；恢复气候、重建生境，就是通过恢复自然（地球和宇宙）环境的自生境能力来恢复气候周期性变换运动的自生境功能。

生境主义认知论——生境乃生生不息的地球环境和大气环境。生境主义是对生境的系统认知和本质把握：生境主义的思想基石，是生态理性哲学；其存在论依据，是"人是世界性存在者"；其生存论依据，是"自然为人立法，人为自然护法"；其认知来源，是整体生态化；其价值来源，是生命中心论。恢复气候、重建生境，就是实现"自然、生命、人"共在和"环境、社会、人"共生。

生境逻辑法则——亦即自然逻辑、世界存在逻辑、生命逻辑，是世界、事物、生命按自身本性而敞开存在的逻辑，就是生境逻辑。生境逻辑是人造的观念逻辑的指南，它的宏观表达，是宇宙和地球遵循自身律令而运行，自然按照自身法则而生变，地球生物圈中的物种按照物竞天择、适者生存的法则而生生不息；其微观表达，是任何具体的事物、所有的个体生命、一切具体的存在，均按照自己的本性或者内在规定性展开生存，谋求存在。

限度生存原理——乃世界的有限性原理。由于感官的有限性，形成一种常识认知：世界具有无限性。这是小尺度观照大尺度事物所获得的感觉性、感受性认知定位。但实际上，具体的事物无论接受小尺度或大尺度的观照，都是有限度的；整体的事物，比如地球或宇宙、存在世界等，在小尺度观照下，它是无限的；但在大尺度或者说在它自身尺度观照下，同样是有限度的。世界、存在、事物、生命的有限性，形成其限度生存法则：任何事物，无论小尺度事物还是大尺度事物、无论具体存在物还是整体的存在世界，一旦无视其限度法则、超越自身有限性，它就会沦为反面。今日之气候失律、环境死境化，均是人类之无限度强力指向自然宇宙、环境世界所造成的"反者道之动"。因而，恢复地球和大气环境的自生境功能，要求人类必须遵循自然的生境逻辑法则，学会有限度地生存，这是真正解决气候失律这一世界性难题的关键。

生境利益机制——生境，是者自生生不息的环境；能够促其环境生并生生不息的利益，就是生境利益，或可说，凡是能够在事实上推动或促进宇宙、气候、地球、生命、人共在互存、共生互生的利益，就是生境利益。生境利益的三重自身规定使其形成了三重取向：其一，其利益的生境关系化：生境利益包括了构筑这种生境关系的个体或群体的利益，但它绝不仅仅是个体与群体单方面的利益，而是构筑这一实际存在关系或生存关系的双方或多方共享的利益。其二，其利益生殖化：生境利益是现实的生态关系中使双方或多方利益生殖的利益。生境利益就是使实际生存关系缔结的各方都能获得生生不息的存在意向和生存动力的利益。其三，其利益谋取与给予的互生机制：生境利益既是一种谋取的利益，也是一种给予的利益，是谋取与给予同时生成、同时展开的利益形态。

境主义价值体系论——从减排和化污入手解决气候失律这一世界性难题，必需生境主义价值体系导航。发挥生境主义价值体系的导航功能，需要以层累原理、突变原理和边际效应原理为自然伦理土壤，以"自然、生命、人"共在和"环境、社会、人"共生的生境逻辑法则、限度生存原理和生境利益机制为生存指南，以由利益共互原理、普遍平等原理和权责对等原理为构成内容的原理体系及所统摄的公正原则体系为行动规范。

第一篇

气候伦理学的学科基础

第一章 气候伦理研究何以可能？

在人们的常识思维里，气候是纯自然现象，虽然它随时在影响人的存在和生存，但人却不能影响气候，因而，气候对人的影响是单向度的。在这种认知背景里，要将气候与伦理联系在一起来进行讨论，并企望通过讨论来构建气候伦理学，就面临一个前提性的质问，这就是"气候伦理研究何以可能？"的问题。解决这个问题，既构成考察气候伦理问题的前提，也构成创建气候伦理学的前提。检讨这个前提问题，构成本章的基本任务。

要考察创建气候伦理学是否可能的问题，需要从"气候伦理"概念入手，因为学科构建总是以基本概念的确立为起步。

"气候伦理"这个概念，由"气候"和"伦理"所合成：气候是指一种天气变化过程；伦理却是指一种蕴含实际利害取向的人际关系。对这种蕴含实际利害取向的人际关系做出得体的权衡，就表现为道德（反之，就是不道德）；这种展布道德之价值实现的利害权衡行为一旦注入内心，就形成个人的品性和气质；一旦以一种持续不变的方式表现出来引导行为，就构成人的生活的习惯或社会的风俗。

从整体观之，伦理是人为性的，气候却是自然化的，因为气候是大气运动的展布状态，是天气变换运动的宏观过程。要将气候与伦理这两个概念合成为"气候伦理"，其根本前提有二：一是气候本身必须蕴含伦理意味；二是伦理必须具有囊括气候的指涉功能。要理解气候对伦理的蕴含性和伦理对气候的指涉功能，需要重新理解"人际关系"这个概念。"人际关系"中的"际"字有两层基本含义：一是指"交界或靠边的地方"；二是指"彼此之间"。综合此二者，"人际"一词意指**人与他者**之间的**交界状**

态，这个"他者"可能是人，也可能是物，更可能是具体的物理环境或宏观的自然条件，或可说，人的存在及其生存敞开所关联起的一切，都构成了"人际"的内容。以此为基本视野，伦理学所讲的"作为蕴含实际利害取向的人际关系"，在事实上展布出人与他人、人与群、人与社会、人与其他物种生命、人与地球生态、人与宇宙星球运行等六种关系维度。在这六种关系维度中，人与物种生命的关系、人与地球生态的关系和人与宇宙星球运行的关系，都与气候发生关联，产生联系。换言之，物种生命、地球生态、宇宙星球运行此三者，都与气候的变换运动发生直接的关联。正是这三种复杂的关联性，使"气候"与"伦理"相整合变得可能："气候伦理"这个概念，意指气候作为一种天气过程同样构成一种蕴含利害指涉性的宇观性人际关系，这种宇观性人际关系在人与宇宙、人与地球生态、人与物种生命这三个维度上形成，但同时要指涉人与他人、人与群、人与社会这三个关联维度。

　　仅从概念本身的语义指涉论，"气候伦理"这个概念蕴含两层基本语义：一是指气候作为一种天气过程，它蕴含某种充斥利益指涉性的（宇观）人际关系；二是指可以从伦理角度入手来考察气候问题。前一层语义内容表达了一个事实：即气候作为一种天气过程，也是伦理的。但这一事实与我们的常识思维不吻合，由此形成一个问题：气候作为一种天气过程其本身具有伦理蕴含吗？对这个问题的肯定性解答，则为气候伦理奠定了自然基础。后一层语义内容则表达了一种可能性：从伦理入手来探查气候变化是可能的，但它同样蕴含一个问题，即形成这一可能性的依据何在？对其依据的求证，则为气候伦理学的成立提供了学科基础。由此不难看出，"气候伦理"概念本身蕴含着两个需要求证的前提：

　　（1）气候伦理的自然基础何在？

　　（2）气候伦理的学科基础何在？

　　解决这两个前提性问题，也就从根本上解决了气候伦理研究何以可能的问题。

一、气候运行的伦理意蕴

气候伦理得以构建的自然基础问题，实际上可表述为气候本身是否具有其内在的伦理意蕴？求证气候的内在伦理意蕴，构成了气候伦理学研究的逻辑起点。

1. 气候运行的时空韵律

求证气候是否具有内在的伦理意蕴，应该从理解"气候"概念入手。

气候是自然界的大气运动现象。自然界的大气运动，其实是融入宇宙之中而形成的一种整体运动，但当它一旦进入人的视野，或者说当地球上的人类物种因进化而获得人质化觉醒，睁开人的眼睛并以人的方式来打量世界时，时间和空间意识必然产生，自然界的大气运动也由此在人的视野中获得时空的特质，并形成空间特征、产生时间尺度。由此，自然界的大气运动状态就被时间和空间所刻画成具有区别性的不同状态，这即是天气和气候。

"天气"与"气候"，是既相关联又相区别的两个概念：天气和气候，是人对自然界大气运动状态所进行的不同描述，正是通过这两种描述，将天气和气候予以区别。这种区别表征为描述自然界大气运动的时间尺度和空间尺度：人类用"空间"概念来表述大气运动的边界范围，却用"时间"来刻画大气运动的周期性。概括地讲，天气是大气运行的短期过程，它是指某一地区在某一较短时间内的大气状态（如气温、湿度、压强等）和大气现象（如风、云、雾、降水等）的整合呈现。作为大气运动的短期过程的天气，它体现两个特征：一是局部区域性，即天气过程始终是在某一局部区域发生，比如"东边日出西边雨"，这是对天气的局部区域性运动变化的最形象的描述；二是短周期性，即天气过程始终呈现变化快、周期短的特征。在气候学和气象学里，对天气的短周期性的时间刻度以"天"为基本单位：天气运动的周期性被表述为三种状态，即 5 天以下为短期天气过程，5—10 天为中期天气过程，10 天至三个月是长期天气过程。超过三个月这一时间长度，则属于"气候"。区别天气与气候的不是它们的性质，而是其运动的空间范围和时间长度：气候是大气运行的长期过程。这里的"长期"只是相对天气运动的"短期"而论：天气作为大气运动的短期过程，它的最长时间是三个月，超出三个月的时间长度，它不是天气而是气候。因而，气候运动的"长期"性，实际上既是对天气运动过程的延长，也同时包含天气于其中。概论之，"天气"概念是对大气运动的具体状态的描述，它更突出其空间性状态；"气候"概念却是对大气运动的宏观描述，亦是对天气变化的背景描述，它更突出其时间性特征。正是基于如上要求，刻画气候的时间刻度以"年"为基本单位，并由此形成人类对气候运动的周期性的把握用"年""十年""百年""千年""万年"等多种时间尺度来刻画，形成"年际""十年际""百年际""千年际""万年际"的气候周期性。

气候的周期性，是指气候运动的方向性和可逆性。

气候运动的方向性，是指气候运动具有其自身朝向。气候运动之自身朝向具有不变的持续性，正是这种持续不变的朝向，才使气候运动获得了**内在秩序性。**

气候运动的可逆性，是指气候运动具有自循环功能：它总是以自身方式朝某个方向展开持续运动，达到一定的临界点时，它又反过来朝相反的方向运动，达到一定的临界点时它又如是而返，以此循环不息。正是这种**持续往返**的**自循环**运动，才使气候变换运动获得自我敞开的**时空韵律**。

要言之，气候运行的方向性源于其内在秩序要求；气候运行之持续往返的自循环功能，表征为时空韵律。但气候运行所展开的时空韵律最终源于气候运行的内在秩序要求，是其内在秩序要求的感性呈现和运动展布。换言之，气候运行是周期性的，气候运行的周期性源于气候自身的内在秩序要求，这一内在秩序要求恰恰是气候的本性，气候的本性就是气候以自身方式展开自身和运作自身。气候按照自身本性而运行，表现出固有的运动节律就是气候运行的时空韵律。

2. 气候运行的宇观伦理

"气候"（climate）概念源于古希腊文 Kλcμα，意为倾斜，即朝着某个方向倾斜。所以方向性构成了"气候'概念的本质语义。气候是人类对自然界认知的最早对象之一，因为气候的变化直接影响到人的生活，所以气候成为人们最关注的自然事物。无论中西，天文学和地理学都成为最早的学科，并且都比其他学科优先发展，是因为它们都与气候直接关联：气候的变换运动直接影响到人的生存，激发人们特别关注气候的变化，努力了解和掌握气候变换运动的规律。由于这种生存冲动的持续敞开，推动了古代天文学和地理学的发展。在古希腊哲学早期，米利都学派（Milesian school）探求世界本原和宇宙生成规律，无不源于对气候变化的直观：泰勒斯（Thales）的"水"本原论、阿那克西曼德（Anaximander）的"无定"本原论、阿那克西美尼（Anaximenes）的"气"本原论，以及他们所共同发现的转换生成的宇宙生成论思想，都从气候运行的周期性变化的直观中获得智慧的灵感与心灵的觉悟。也正是这种思维的积淀，才为亚里士多德（Aristotle）将气象问题的思考纳入其哲学体系并使之成为其体系构建内容。亚里士多德的《气象学》（Meteorology）不过是对古希腊人对气候的成熟认知的经验总结：在古希腊人看来，地球上气候无论是在空间维度上所呈现出来的差异性，还是在时间尺度上呈现出来的差异性，都是源于太阳辐射地面所形成的不同倾斜角度。所以在古希腊人看来，导致气候运行变化的根本原因并且也是唯一原因，就是太阳辐射地面所形成的倾斜性。古代气候学家通过这种"倾斜论"所形成的气候观而建立起"热带""温带""寒带"等概念及以地球为中心的气候观和气候理论。这种以地球为中心的气候观和气候理论直到15世纪中期才被打破。以哥伦布（Christopher Columbus）为先行者的地理探险，不仅开辟了新大陆，而且发现了推动气候运行的周期性生成的因素除了太阳辐射外，还包括大气环流、地面性质、生物活动等因素。以此来看，所谓气候，不过是指太阳辐射、地球轨道运动、大气环流、地面性质、生物活动等因素相互作用所生成的变换运动的天气过程。①

---

① 唐代兴：《气候伦理：恢复失律气候的社会方法》，《南京林业大学学报（人文社会科学版）》2012 年第 3 期。

从根本论，气候运行是一个动态生成的系统，这个系统由太阳辐射、地球轨道运动、大气环流、地面性质、生物活动等六大要素构成。但将此六大要素整合构建起一个动态生成的周期性运动变化系统的那个因素，却是指使气候成为气候的那个内在规定性，亦或可说是气候按照其自在方式而运作自己的那种力量。这种力量的最终源泉却是**自然力**，即地球和宇宙创化自己和创化世界的那种野性狂暴创造力与理性约束秩序力之对立统一朝向，构成了气候的内在秩序要求和外在秩序张力。气候的内在秩序要求，就是气候的**自在本性**，它构成气候运行所遵循之"理"；气候的外在秩序张力，就是气候的**时空韵律**，它构成气候运行所张扬之"道"。

气候运行的自在本性（即内在秩序要求）与外化展布的时空韵律（即外在秩序张力），最终源于自然伟力向大气释放并凝聚为气候运行的真正动力。如"导论"中"图导-1　气候周期性变换运动的自动力机制"所显示：气候运行的内在秩序要求始终以一种持续不变的方向来展布自身，并形成周期性的时空韵律，这一由内向外的运行过程，蕴含一个鲜为人知的秘密，这就是气候运行由内向外的敞开过程将其内在秩序要求释放出来形成感性的周期性时空韵律的运行机制到底是什么？更具体地讲，是什么力量推动气候朝着持续不变的方向敞开自身之自在本性和秩序要求，从而塑造出生生不息的宇观环境生态，并维护地球生命存在？

要破解这秘密，需要从气候本身的动态构成角度入手。

宇宙星球运行所形成的天体动力　世界是一个整体。作为世界之基本构成的地球和宇宙，同样是这个整体的一部分，它们因为气候的原因而构成世界这个整体，并按照共互生成的方式而存在。从这个角度看，气候连接起宇宙（天）和地球（地）而构成世界的**宇观**环境，但这一宇观环境又现实地由宇宙和地球构成，所以，宇宙和地球构成了气候变换运动的宏观力量。

宇宙和地球如何共同构成气候变换运动的宏观力量？这是理解气候运行之内在机制的真正入口。要理解宇宙和地球如何共同构成气候变换运动的宏观力量，须审视宇宙的构成。宇宙由天体系统构成，但在构成宇宙的天体系统中，如太阳系，最重要的因素却是太阳这颗恒星，因为它能够通过核聚变而放射出炽烈的热能，这种炽烈的热能不仅构成了地球上化学、生物的基础，也构成了气候敞开自身过程的动力。所以，在整个太阳系中推动宇宙运动的重要力量是太阳，并且影响气候变化的第一个因素也是太阳。

太阳作为能量之源，以核聚变辐射的方式发挥自身功能。具体地讲，太阳辐射形成对地球的照耀，就是日照。日照是影响气候变化的首要因素，但日照并不直接地控制气候的运动变化，而是众多因素的共同作用才形成了气候运动变换的周期性。在这众多因素中，最重要的却是天体中"地球轨道的变化"①。地球轨道变化是周期性的。这一周期性规律由塞尔维亚数学家兼天文物理学家米卢廷·米兰科维奇（Milutin Milanković，1879—1958）所发现，并由此提出气候变化的周期性理论。米卢廷·米兰科维奇的气候周期性理论的核心思想是：在地轴的倾斜和地球的转动轴中，都存在着地球的偏心轨道和周期性变化现象。"与冰川旋回相伴随着出现的全球性气候的主要波动是由全球各地所获得的太阳辐射量的形式的变化所引起的，而后者又是由地球的几何轨道的缓慢变化所造成的。"②并且，气候周期性变化受到三个天文因素以及这些因素本身的周期变化的影响。这三个天文因素即是地球轨道偏心率的变化、地球轨道所描绘出来的平面有关的地球两极轴倾斜的变化以及二分点的前行（岁差）（précession）③。在这三个要素中，对气候运行的周期性变化产生最重要影响的却是地球轨道运行所形成的偏心率。地球轨道运行偏离地心的根本原因，恰恰源于地球本身的椭圆体结构，即地球的轨道与并非圆形的椭圆之间所形成的偏心率，"会在圆（偏心率为零）到 6% 之间变化，目前这个

---

① ［德］沃尔夫刚·贝林格：《气候的文明史：从冰川时代到全球变暖》，史军译，社会科学文献出版社 2012 年版，第 17 页。

② 徐钦琦：《天文气候学及其在古生物学研究中的应用》，见穆西南：《古生物学研究的新理论新假说》，科学出版社 1993 年版，第 57—80 页。

③ ［德］沃尔夫刚·贝林格：《气候的文明史：从冰川时代到全球变暖》，史军译，社会科学文献出版社 2012 年版，第 17 页。

数值是 1.67%。偏心率的变化使得地球到太阳的平均距离也随之改变。"[①] 这种改变将产生两种结果状态：如果地球轨道是圆形的，太阳与地球之间的距离就远，地球表面接收到的能量将会减少，气候就由此而趋冷；反之，太阳与地球之间的距离越近，地球接收到的太阳能量将会增多，气候亦因此而趋于变暖。由于地球的椭圆性结构，使地球轨道所描绘出的平面有关的地球两极轴倾斜的变化，同样体现其周期性，其周期性变化的标志是黄赤交角，"黄赤交角有一个约为 41000 年的周期。在一百万年的时间里，这个角度在 24.5°至 21.9°之间进行变化，目前这个数字是23.27°这个角度在以年为刻度的范围内是稳定的。平均每年，当倾斜角度增加时，赤道地区吸收的太阳能量减少而两极增多。除此以外，季节性的反差也会增加；与北极不太严峻的夏天相对应的是南极十分严酷的冬天。相反，当黄赤交角减少，这种季节性的反差也会随之减小，这恰好有利于冰川结冰。"[②] 影响气候周期性变化的第三因素就是气候的岁差。气候的岁差是指由椭圆形的地轴围绕太阳转动和自转指向因为重力作用导致在空间中缓慢且连续的变化。气候的岁差形成于两个因素：一是椭圆形的轴围绕太阳转动并经过地球运行产生一个相对恒星 135000 年的完整旋转期，岁差会在太阳距离地球最远（远日点）以及最近（近日点）的那年发生变化；二是地球像陀螺一样的震荡并展开自转，地球旋转时产生的离心力使得赤道附近有所隆起，"也就是说，两极的地轴描画出一个圆锥状。这根如今指向北极星的轴在约 26000 年的时间里描画着一个圆。这个叫做'轴进动'（précession axiale）或'宇宙进动'（précession astronomique）的运动，它构成了"气候进动"——亦气候岁差——形成的原因，[③] 因为在"事实上，地球在近日点轨道上的运动要快于远日点。这个加速由此弥补了一

----

① ［法］帕斯卡尔·阿科特：《气候的历史：从宇宙大爆炸到气候灾难》，李孝琴等译，学林出版社 2011 年版，第 193 页。
② ［法］帕斯卡尔·阿科特：《气候的历史：从宇宙大爆炸到气候灾难》，李孝琴等译，学林出版社 2011 年版，第 194 页。
③ ［法］帕斯卡尔·阿科特：《气候的历史：从宇宙大爆炸到气候灾难》，李孝琴等译，学林出版社 2011 年版，第 194—195 页。

些太阳辐射的影响,在近日点尤为强烈。光谱分析指出了一个双倍的偏心率周期,约为 10 万到 40 万年。"[①] 概括上述,地球轨道运动的偏心率、黄道倾斜、岁差此三者变动的结果产生两个重要作用:一是使冬季和夏季之间太阳辐射量发生重新分配;二是导致太阳辐射量依据纬度重新分配。这两种能量的重新分配引起地质历史上的气候变迁。

地面性质所形成的地理动力 气候的变换运动不仅要受天体运行的周期性规律的影响,也要受地理因素的制约,从而形成"气候地理"。[②]

气候地理形成的第一个因素就是**地质构造**。地质构造是相对地理区域而论的,讲的是海陆分布所形成的地面性质特征对气候的影响,这就是具体的地理区域由于其地质构造的不同,所形成的地面性质特征存在着巨大差异而构成影响气候的重要因素,从而形成具体的气候地理。比如,地中海气候和黄土高原气候,源于各自所处的经纬度和海拔以及沙漠、山脉甚至与海洋接近的不同程度等因素的影响。

地质构造是自然力按照自身方式而创造形成的成果。地质构造所形成的地面性质特征又影响地理气候,并通过地理气候的生成变化影响整个气候的运行。气候地理形成的第二个因素是**地球热量**。气候科学的奠基人亚历山大・冯・洪堡(Alexander Von Humboldt)认为,气候客观地存在着"太阳气候"和"真实气候"的区分:"太阳气候"是以太阳辐射和地球轨道运动所共同生成的气候,它的衡量指标是**气温**;"真实气候"就是地球气候,它是由地球热量所决定的,其衡量指标却是**"地温"**。从人的感觉论,太阳辐射形成的日照强,气温就高,但这只是感觉的温度;实际的温度却是地温:地温高,才是真正的热气候。在生活中,我们所感觉得到的真正的高温,是气温和地温的同时升高;相反的现象可以在冬天感觉得到:在冬天,大晴天,太阳光照好,并不一定能感觉到真正的温暖,相反,由于地温低,大太阳的天气同样感觉寒冷。真实的冷或热,最终由地

---

① [法]帕斯卡尔・阿科特:《气候的历史:从宇宙大爆炸到气候灾难》,李孝琴等译,学林出版社 2011 年版,第 193—194 页。

② [法]帕斯卡尔・阿科特:《气候的历史:从宇宙大爆炸到气候灾难》,李孝琴等译,学林出版社 2011 年版,第 198 页。

温所决定。这就是洪堡为什么将地球热量所形成的气候称之为"真实气候"的原因。从功能讲,由地球热量所生成的"真实气候"才构成了地球生物得以存在、生存和消长的根本性力量:"我们想要了解地球上每一个点每年吸收的热量,以及对农业和舒适生活来说最为重要的东西,每年在不同地方热量的分布量,而不是仅仅对太阳运动、地平线上天体的高度,以及其产生影响的时间最为重要的东西,即半日弧的大小尺寸。"① 虽然如此,但"太阳气候"才是"真实气候"的动力之源,因为太阳是地球的热量之源,但太阳气候对地球气候的影响要通过大气环流和地面性质的变化才会发生作用。

仅就地面性质论,影响气候周期性变换运动的主要因素是海洋、陆地和冰雪圈这三大地球热量库。

形成气候周期性变换运动的强大地面推动力是海洋。因为海洋大约占了整个地球表面积的 70.8%,它为气候周期性变换运动提供了两个东西:一是太阳辐射到达地球表面的热能的 80% 被海洋所吸收。海洋以仅 100 米深的表层海水为整个气候运行提供了 95.6% 的热量,成为整个气候系统的热量库。二是地球上释放出来的二氧化碳,约 80% 为丰富的海洋植物所吸收,所以海洋才是真正意义上的"地球之肺"。

海洋与陆地构成了整个地球表面,并决定了地面性质特征,也决定了地理气候变化的方向和频率。陆地对气候变化的影响既是动力学的,也是热力学的。陆地对地理气候变化的动力学功能,主要通过山脉地形的构造来实现,山脉地形和海陆分布成为推动大气环流的重要因素。陆地对地理气候变化的热力学功能,主要通过土壤和植物来实现。

客观地看,地质构造形成海陆分布的地面性质,但冰雪圈却构成地面性质的整合性特征,形成地球气候的根本控制因素。冰雪圈由大陆冰盖、冰川、海冰、永久性冻土及季节性的雪盖所构成。在整个地球表面,陆地上被冰所覆盖的面积大约占陆地面积的 10.6%,海洋被冰所覆盖的面积

---

① 〔法〕帕斯卡尔·阿科特:《气候的历史:从宇宙大爆炸到气候灾难》,李孝琴等译,学林出版社 2011 年版,第 198 页。

大约占海洋面积的 6.7%。海洋和陆地所形成的冰雪圈对地理气候变化的作用主要体现在两个方面：一是覆盖海洋和陆地的冰雪增加太阳辐射到地球表面的反照率；二是阻止着地表与大气间的热量交换。

太阳与地球相向运行所形成的大气环流 太阳辐射和地球热量的共振，就形成真实的大气。或可以这样说，大气就是太阳辐射和地球热量散发运动围绕地球环流。从根本论，大气决定着太阳辐射对植物的影响，但大气环流总是需要太阳辐射散发的热量才能维持。然而，太阳辐射供给地球表面的能量并不相等，这是"因为地球位于一个复杂的轨道上并且全球海洋内部出现了不规则的大陆，因而太阳所能分布的能量也不能相等。引起这个不相等的主要原因是地球大气的运动。"[1] 由此形成太阳辐射到地球表面的能量分布总是有其强弱区分，形成这种强弱区分的主要因素有二：一是地球在天体运行轨道的复杂性，这种复杂性根源于地球自身的椭圆形结构；二是地球表面因为海洋分布的结构造成了陆地的不规则性，陆地的这种不规则性同样是形成太阳能量分布不均匀的重要原因。仅就后者而言，影响大气环流的主要地球因素有如下七个方面：一是地球板块构造；二是火山活动；三是由较热地区和相对较冷地区之间的气压差所造成的大气风；四是科里奥利力，即地球自转运动作用于地球上运动质点的偏向力；五是大陆与海洋之间所形成的反射率差异；六是大山的性质，比如山地屏障的高度、山脉的方向等都形成对大气环流发生影响；七是大洋环流。

在这众多的因素中，对大气环流产生重要影响的因素有三：一是地球板块构造，形成地球上地幔中部分地壳移动（即漂移）造成了洋流变化，并由于大陆相互碰撞而挤压出的山脉改变了风向和降水模式，这一过程也影响了海平面以及陆地与水域的比例。[2] 二是火山活动，它源于独特的地球构造。火山爆发会将灰烬、气溶胶和气体带入高空，大量的物质微粒被

① ［法］帕斯卡尔·阿科特：《气候的历史：从宇宙大爆炸到气候灾难》，李孝琴等译，学林出版社 2011 年版，第 199 页。

② ［德］沃尔夫刚·贝林格：《气候的文明史：从冰川时代到全球变暖》，史军译，社会科学文献出版社 2012 年版，第 20 页。

抛入大气的平流层，过滤太阳辐射并从而导致气候急剧变冷。七万五千年前的苏门答腊岛多巴火山爆发，就造成了多年的全球性寒冷，并引发一场全球性的生物大灭绝。[①] 1815 年印度尼西亚境内的坦博拉火山爆发，也造成了多年的寒冷气候，庄稼歉收和大范围的饥荒。三是大洋环流。地球表面被海洋占据 70.8%，如此广阔的空间自然因为水、风、太阳能、科里奥利力等因素的整合推动而生成浩荡不息的大洋洋流。因为"海洋也同样因受到太阳辐射的影响发生不均匀的回暖。海洋在赤道地区平均获得的能量最大，但随其纬度的增加，能量却会随之递减。它们之间的差距会不停地增长，就像大气的情况一样，不规则的复杂水流通过搅拌海洋水域来应对这种不平衡。这种搅拌运动只限于局部，且只会影响海洋的上层：仅就波涛的情况而言，它们是由公海的风引起的；但波涛干扰的海浪却是由局部的风和邻近的大陆边缘引起的。很大程度上由月球引力所引发的潮汐，同样是海洋搅拌中局部因素的一部分。"[②]

大气环流形成的重要因素是洋流。洋流即大洋环流，它由太阳能、风、科里奥利力共同形成。"在某种情况下，风会吹动海水表层，引发'水的召唤'，从而使来自较深层的较冷海水上升。这个现象被称为'涌上流'（upwelling），这常常是由于沿海风的缘故。冷水的涌升抑制了上升气流，也令沿海地区变得干燥。表层的寒流拥有同样的效果，而表层的暖流，如墨西哥湾暖流，则会减弱沿海气候。冷水的上升有着使海洋环境肥沃的效果，因为这使得矿物盐也随之上升，同时也增加了植物浮游生物的数量，而这些生物正是海洋生态系统中的生产力的基础。"[③]

地球生物活动影响气候变换运动　地球生物包括海洋与陆地上的微生物、植物和动物，它们共同构成了地球生物圈。地球生物圈的形成源于两

---

① Michael R. Rampino et al.,"Volcanic Winters", *Annual Review of Earth and Planetary Siciences*, Vol. 16 (1988), pp. 23—34.

② ［法］帕斯卡尔·阿科特：《气候的历史：从宇宙大爆炸到气候灾难》，李孝琴等译，学林出版社 2011 年版，第 201 页。

③ ［法］帕斯卡尔·阿科特：《气候的历史：从宇宙大爆炸到气候灾难》，李孝琴等译，学林出版社 2011 年版，第 201—202 页。

个主要因素：一是太阳辐射为地球提供了热量，为地球产生生命和维持生命的存在、繁衍创造了气候条件。二是地球的地质构造所形成的海陆分布造成了气候地理，使不同的生物得以产生，并为不同的生命提供了适应存在和繁衍的地理气候条件。另一方面，地球生物的存在、生息、繁衍，又调节着气候。地球生物对气候的调节，主要通过光合作用，吸纳二氧化碳，释放氧气来实现。

综上所述，由太阳辐射、地球轨道运动、大气环流、地面性质、生物活动等要素整合生成形成气候变换运动的周期性和时空韵律化，不仅源于气候的自身本性所生成的内在秩序要求性，而且还源于自然的伟力。概括地讲，自然主要由宇宙和地球构成，自然伟力即宇宙和地球按自身本性整合运作所展布出来的整体力量；宇宙和地球按自身本性而相互推动所展布出来的规律性力量，就是宇宙律令和自然法则。宇宙律令和自然法则通过宇宙和地球的相向周期性运行而引导地球生物，并形成地球生物的存在、生息、繁衍的原理，亦可称之为地球生命原理。宇宙律令、自然法则、生命原理，此三者蕴含于气候的周期性变换运动过程中，构成了**宇观伦理**的内在向度。

二、气候认知蛛网的澄清

气候的自身本性表述为气候变换运动的内在秩序要求性，气候按自身本性有节律地运行，就是气候周期性变换运动所敞开的时空韵律。气候变换运动的内在秩序要求性和外在时空律韵律性，使气候运行获得了**自然伦理**特质，这种自然伦理特质构成了气候伦理学得以产生的自然基础。然而，以此并不能表明气候伦理学能够成立，它只是表明了创建气候伦理学获得了可能性，要使这种可能性能够变成一种现实，还需要具备其现实的条件。这个现实的条件就是气候本身丧失周期性的时空韵律，即只有当气候运行的外在时空韵律与其内在秩序要求发生了根本性的分离，并形成一种巨大的分离张力变成持续强化的现实时，创建气候伦理学的可能性才变成现实性。因为气候周期性变换运动的内在秩序要求与外在时空韵律之间所形成的巨大分离性张力，不仅破坏了整个地球及其宇宙的周期性运行规律，也从根本上动摇了地球生命存在安全和人类可持续生存的根基，在这种境况中，气候伦理学必然诞生，研究气候伦理问题才成为紧迫的现实要求。因而，要探讨气候伦理学何以可能，还必须正视**气候失律**问题。

1. 气候争论的不同伦理立场

气候丧失内在秩序要求和外在时空韵律这一自然现象，其实是伴随着人类活动介入自然界的频度和强度不断增加，其对自然界产生的破坏性的负效应层累性积淀突破其生态临界点的体现。人类活动过度介入自然界所造成的对自然生态的破坏性效应，从 19 世纪开始就已经有明显的表现，只是到了 20 世纪后期才逐渐成为一个重大的自然生存问题和人类生存问题而被科学所认知、被社会政治和经济领域所关注。在政治领域，谋求国际合作而展开全球恢复气候的努力，从 1972 年第一次世界环境会议就已经开始，至 2016 年，联合国政府间气候委员会先后组织召开了二十二次世界气候大会。联合国气候委员会不停息地运作，世界气候大会的连续召开，极大地推进了气候科学的发展，同时也激发气候政治学、气候经济学、气候社会学研究的兴起。因而，在气候问题的探讨上，实践和理论的同步构成了人类历史上最难得见到的独特风景。在气候问题上，其理论与实践的同步展开，所面临的根本问题是恢复气候的利益分配公正问题，但其前提性问题是关于气候本身的认知冲突，这种认知冲突构成了当代人类进行社会整体动员解决气候分配公正这一难题的认知障碍；同时，谋求对这一认知障碍的解决，构成了恢复气候之利益公正方案设计和实施的首要前提。

要切实解决气候认知上的各种障碍，须正视当前广泛散布于理论和实践两个领域的气候论争。在气候领域，有关争论都围绕"气候变化"而展开。客观论之，有关于"气候变化"的争论主要体现在三个方面：一是气候变化的方向与趋势问题；二是气候变化的形成原因问题；三是面对气候变化应不应该采取行动的问题。

气候变化的方向与趋势问题 关于气候变化的方向与趋势问题的论争，是纯粹的科学论争，其论争的主流观点是**气候变暖**，相反的观点是**气候变冷。**

大气对气候的影响，符合能量守恒定律。直达地球表面的太阳辐射减去反射出去的辐射就等于地球的热辐射。海洋与大气在气候系统中共享热能，并对区域气候造成影响。除水蒸气之外，这些吸收性气体包含甲烷、含氯氟烃、氧化亚氮和二氧化碳等微量气体。在这些微量气体中，二氧化碳的比例始终发生着变化，并且这种变化不断地改变着气候：大气中的二氧化碳，"在 19 世纪末是 230ppm，到 20 世纪末上升到 350ppm。"① 这种趋势使科学家们于上世纪末逐渐形成如下共识：第一，绝大多数科学家认为，进入 21 世纪，大气中不断增长的二氧化碳浓度可能会达到工业化以前浓度的两倍；第二，所有气候学家一致同意存在于大气中的温室气体效应是真实的，并且，大气中温室气体浓度的持续增加将会引发地表增温；第三，根据历史观测资料和物理直觉，绝大多数科学家同意在过去一个世纪地球已经变暖。第四，根据风险分析，大多数科学家认为，面对全球气候变暖，应该采取积极行动。正是在这种共识背景下，1990 年 2 月 1 日，美国 49 名诺贝尔奖获得者和 700 名科学家联名写信给当政的布什总统，呼吁美国政府应采取行动以对付全球气候变暖。

从整体观之，气候变暖虽然还具有许多不确定性，但是已成为大多数科学家的共识，因为气候变暖论建立在对计算机气候模型的历史（观测资料）分析和现实分析基础上的，是在通过对气象历史及其现代剧变分析所形成的科学数据基础上得出的结论：导致气候变暖的根本原因是二氧化碳、甲烷、一氧化二氮等温室气体的增加。

温室气体是使地球表面、海洋、大气层之间保持必要温度的气体，地球生命就是在这一必要气温下产生和存在的。气候变暖是指因为其他因素的参与，使地球表面、海洋、大气层中所保持的平均气温（15℃）升高：

① ［德］沃尔夫刚·贝林格：《气候的文明史：从冰川时代到全球变暖》，史军译，社会科学文献出版社 2012 年版，第 19 页。

史前气候资料表明，大气中二氧化碳的含量与地球温度有密切联系。通过对冰川冰芯的检测，确证过去 4 万年间大气中二氧化碳浓度一直稳定在 280ppm。[1] 但从 1750 年以来，大气中二氧化碳含量上升了 1/3，占到 380ppm。[2] 自 1750 年以来，由人为因素造成的对气候产生巨大影响的温室气体中，二氧化碳约占 75%、甲烷约占 18%、一氧化二氮占 7%。导致气候变暖的主要原因是二氧化碳的增加，目前大气中二氧化碳的当量为 430ppm。[3] 联合国政府间气候变化专门委员会在发布的第四次报告中指出："气候变暖确定无疑，观察全球平均空气和海洋温度上升、冰雪大范围融化、全球平均海平面上升，得出这个结论不言而喻。在过去的 12 年（1995—2006），有 11 年位列全球地表温度有人口记录以来最温暖的 12 个年份之内。"[4] 这份报告还指出，"2005 年大气中二氧化碳浓度超过了过去 65 万年自然的浓度范围（180—330ppm），这可以从冰核中得到确定。"[5]

但与此相反的观点却认为气候一直处于变冷的趋势。支持气候变冷的依据主要有三：一是目前气候变暖论所得来的气象数据本身存在问题，因为大部分气象站位于城市，或者位于城市开发地带——这些地区在过去 100 年中已经逐渐被城市化了。城市仅仅是地球的一小部分，城市化过程形成了"城市热岛效应"，气象观测的城市化所得来的气温升高的数据，不具有客观性，因而亦不构成气候变暖的依据。[6] 二是对冰盖的研究，"格陵兰过去一百年甚至更长时期的温度记录的最新研究发现，迄今为止最暖的十年是 20 世纪 30 年代和 40 年代，其中 1941 年是最温暖的一年。相比之下，20 世纪末的两个十年，即 20 世纪 80 年代和 90 年代，则比之

①　[澳] 大卫·希尔曼、约瑟夫·韦恩·史密斯：《气候变化的挑战与民主的失灵》，武锡申、李楠译，社会科学文献出版社 2009 年版，第 27 页。

②　[英] 迈克尔·S. 诺斯科特：《气候伦理》，左高山等译，社会科学文献出版社 2010 年版，第 29—30 页。

③　Fourth Assessment Report：Climate Change 2007：Working Group Ⅰ：*The Physical Science Basis：Technical Summary*.

④　IPCC，Climate Change 2007，p. 5.

⑤　IPCC，Climate Change 2007，p. 2.

⑥　K. P. Callo et al.，"Temperature Trends of the Historical Climatology Network Based on Satellite‐designated Land Use/Land Cover"，*Journal of Climate*，Vol. 12 (1999)，pp. 1344—1348.

前的其他六个十年都冷。尽管 21 世纪略微暖了些，但格陵兰的气候是低于二十世纪三十年代和四十年代的水平的。"[1] 三是哈德利中心（Hadley Centre）和东英吉利大学（University of East Anglia）气象研究中心在 2009 年联合公布了 2001—2008 年全球气温数据：

表 1-1 2001—2008 年全球气温数据报告[2]

单位：℃

年 份	全球气温数据	年 份	全球气温数据
2001	0.40	2005	0.48
2002	0.46	2006	0.42
2003	0.46	2007	0.41
2004	0.43	2008	0.31

注：表中全球气温数据是指高出 1961—1990 年间全球平均气温估计值的摄氏温度。

气候变化的形成原因问题 自然界的气候变化，无论是呈现变暖态势，还是呈现变冷趋势，都涉及其变化之因的问题。面对这个问题，形成自然论和人为论两种观点。

人为论者认为，气候变化（变暖）及其不断加剧的态势，主要由人为造成。美国地球物理联合会及其组织的研究证实：太阳黑子活动或火山爆发，都不能解释地表温度的加速上升；而且，太阳能输出的差异性也不能以任何科学的方式解释地表温度上升。真正导致二氧化碳浓度增加和地表温度加速上升的原因是人类活动：人类大量燃烧煤、石油和天然气，释放在动植物化石中封存了千百万年的气量这一过程，在不断提高大气中二氧化碳的浓度。

从整体看，人为论是这场论争中的主流观点，但自然论观点也不容忽视。自然论者认为，"地球气候一直以来都取决于和人类活动全然无关的

　① B. M. Vinther et al., "Extending Greenland Temperature Records into the Late Eighteenth Century", *Journal of Geophysical Research*, Vol. 3 (2006), p. 3.

　② ［英］奈杰尔·劳森：《呼唤理性：全球变暖的冷思考》，戴秦、李振亮译，社会科学文献出版社 2011 年版，第 4 页。

自然变化。"① 推动气候变化的主要因素是太阳活动的变化和洋流的变动。② 另外，火山爆发也是推动气候变化（变冷而不是变暖）的重要自然因素："事实上，数百万年来，火山喷发排放的二氧化碳，与将二氧化碳缓慢移至海洋中的化学风化作用以及生物活动之间的平衡，控制着天气中二氧化碳的含量。火山也能较快地影响气候，火山喷发会将大量的尘土、火山灰以及含硫气体带到大气中。尘土以及火山灰，很快降落到地面，但含硫气体会与水结合，形成微小的悬浮水滴，阻挡入射的太阳光，大规模的火山喷发，能使地球温度在几年内，处于相对较低的水平。"③ 比如，1813 年以来，美国先后发生了三次大规模的火山喷发，1816 年美国以及欧洲经历了"没有夏天"的一年。并且在这一年，美国佛蒙特州 6 月降雪，与此同时发生大面积霜冻灾害，农作物绝收，大范围地区食物短缺。该年冬天，气温低到-40℃以下，许多人逃离美国东北部而迁往南方。进入 21 世纪以来，世界范围内火山连连爆发，导致了全球性高寒气候不断出现。现任英国皇家气象学会执行会长、英国政府气象变化政策顾问保罗·哈达克（Paul Hardaker）教授指出，"目前我们还不能将个别天气事件归咎于气候变化。我们应该区分预估的气候变化的可能影响和属于气候正常变化的一部分的天气。……人类始终无法控制天气或气候，但在历史上却适应过变化，熬过了冰川期和沙漠化。"④

面对气候变化应不应该采取行动的问题　面对剧变的全球气候，无论有多大分歧，但有一点却在整体上达成了共识，即气候变化是客观存在的。然而，面对气候变化应不应该采取应对行动？却存在着根本的观念对立，它首先体现在对气候变化与当代灾疫（自然灾害和疫病的简称）关系

---

① ［英］奈杰尔·劳森：《呼唤理性：全球变暖的冷思考》，戴黍、李振亮译，社会科学文献出版社 2011 年版，第 17 页。

② Met Office/Hadley Centre, *Climate Change and the Greenhouse Effect*, December, 2005, p. 10.

③ ［美］安德鲁·德斯勒、爱德华·A. 帕尔森：《气候变化：科学还是政治》，李淑琴译，中国环境科学出版社 2012 年版，第 79 页。

④ Paul Hardaker, "Sense about Science", *Making Sense of the Weather and Climate*, London, 2007, p. 56.

的看待上，形成关联论和无关联论两种对立的观点。

关联论者是其主流，他们认为气候变化带来了灾疫，首先是气候灾害，并由气候灾害引发出各种地质灾害、社会灾害；并且剧变的气候还引发出各种意想不到的疫病的爆发。2005 年，世界卫生组织发布《生态系统和人类健康问题综合报告》，指出气候剧变不仅导致土壤损失、饥荒和冲突，而且因为大多数生态系统状况的衰败所形成的不可持续性，以及生态系统服务的脆弱甚至由于其无力应对进一步气候恶化的服务丧失，使越来越多的人群陷入气候恶化而承受长期持续的传染病的压力。[①] "公共卫生专家认为，每年因全球气候变暖引起的中暑、沙门氏菌和其他食品污染，以及庄稼收获减少造成的营养不良等共致使 15 万人丧生。"[②] 从整体论，气候变化构成当代人类生活中各种灾疫爆发的根本之因。但无关联论者却反对这种观点，他们认为气候变化与各种灾害疫病爆发无关。更具体地讲，所有的灾害疫病，都不与工业化、城市化、现代化进程构成因果关系。

关联论者认为近代以来所形成的日益全球化和日常生活化的灾疫都与气候变化息息相关，并且气候变暖构成灾疫频发的最终动因，那么调节和改变气候，就成为重要任务。为此必须减排，必须将减排作为自我拯救的基本战略。与此相反，无关联论者认为气候变化与灾疫无关，气候变化也与发展经济、排放二氧化碳无关，所以自然反对减排，并认为减排是一场国际政治阴谋。

梳理上面的论争，实际上是面对气候所形成的两种对立观点在三个宏观问题上的呈现。将如上论争做一简要概括，其主流观点可表述为：人类活动增加了二氧化碳排放，导致了气候变暖；气候变暖，从根本上改变着地球生态，给人类带来了种种意想不到的灾害与疫病，严重威胁到了地球生命的安全和人类的存在，改变这种状况的唯一努力方向，就是全面实施

---

① World Health Orgaization, *Ecosystem and Human Well-being*: *Synthesis*, Geneva, 2005.

② ［澳］大卫·希尔曼、约瑟夫·韦恩·史密斯：《气候变化的挑战与民主的失灵》，武锡申、李楠译，社会科学文献出版社 2009 年版，第 31 页。

减排，调节气候，减少灾疫，恢复地球生态。反之，反对的观点亦可表述为：人类活动并没有导致气候变暖；气候变化是自然力所为，它既与人类活动无关，也不构成灾疫的原因，所以，"气候变化的科学共识是场政治阴谋"[1]，减排最终不过是发达国家对贫穷国家和发展中国家的限制借口，也是发达国家对贫穷国家和发展中国家展开资源剥夺的新方式。

> 正如我们看到的，在全球变暖问题上，也许最惊人的事实是，尽管二氧化碳的排放速度比过去快得多，但全球变暖在当前并未发生——尽管对于自然界几乎每一个不利的发展，人们都会自动将其归咎于全球变暖。[2]

> 不管怎样，全球平均气温只是一个统计学上的人造数字。实际上的温度变化丰富多样，在日夜冬夏之间不停变换。温度在全球各地的差异也大得惊人。而且，具有适应力强这一最大特征的人类，已经成功地征服了地球的绝大部分地区。芬兰和新加坡分处地球两端，却都被广泛认为是经济上非常成功的典范。赫尔辛基的年度平均气温低于5℃，而新加坡则超过27℃——两地温差足足超过22℃。如果人类能够成功地应对如此巨大的温差，那么为何就不能适应长达一百年的漫长岁月里仅仅3℃的温度变化，这实在令人费解。[3]

透过如上三个方面的气候论争，不难发现一个隐秘的事实：面对气候剧变及其恶化所形成的两种针锋相对的观点，其实不过是科学观点和政治观点的相互混合，即关于气候的论争，既是一种超现实的纯正的科学探索的论争，也一种迎合现实的具有实利取向的政治选择的论争。当将这一超现实的问题和现实的问题捆绑在一起时，这种分歧和论争就会无休无止，

---

[1]　[美]安德鲁·德斯勒、爱德华·A. 帕尔森：《气候变化：科学还是政治》，李淑琴译，中国环境科学出版社2012年版，第51页。

[2]　[英]奈杰尔·劳森：《呼唤理性：全球变暖的冷思考》，戴黍、李振亮译，社会科学文献出版社2011年版，第108页。

[3]　[英]奈杰尔·劳森：《呼唤理性：全球变暖的冷思考》，戴黍、李振亮译，社会科学文献出版社2011年版，第32—33页。

并且往往会迷失方向。因为这两种论争对峙的背后所隐藏的却是各不相同的伦理立场。化解这种对峙、达向全面共识的根本前提，却是寻求一种共同的伦理态度的构建，并形成一种共守的伦理立场和伦理准则。为此，有必要将气候的科学问题和气候的政治选择问题剥离开分别讨论。本章注目于气候的科学论争问题，以探求一种化解如上论争而达成纯正气候共识的伦理态度、伦理立场、伦理准则。

2. 重建气候讨论的逻辑起点

在纯正的科学层面，审查有关于气候的论争，就会发现这些论争在很大程度上并不是科学探索本身的论争，实际上是由概念使用的随意化和对随意使用的概念本身的语义含糊不清所引发出来的论争。因而，要真正达成气候科学的普遍共识，减少或消除无意义的论争，首先需要澄清概念。

如前所述，关于气候的各种论争都是围绕"气候变化"概念而展开的。客观地看，科学层面所存在的那些似是而非的论争，都是因为使用"气候变化"这个语义含糊的概念所致。

> 不管是有意还是无意，"气候变化"（climate change）一词的不准确使用的确造成了混淆，这也是加重宗教信仰危机的原因之一。气候变化一词涵盖的意义很广，包括气候变换（其发生一直是自然的）、全球变暖（正如我们所见，其发生在有限程度上是20世纪最后25年的事情，并被广泛预估为很大程度上还会在接下来的年份和世纪里发生，但21世纪至今为止根本就没有发生）。恰恰在这种混淆的核心，存在着地区变暖的现象。按理，这种地区变暖应该被视为一种气候变换的例子，但人们往往将它看成全球变暖的证据，尽管地表温度记录证明了现在并没有发生什么全球变暖。①
>
> 在本书中，我始终谨慎地使用"全球变暖"这一术语，而不使用吸引眼球的头韵体的含湖词汇"气候变化"　（climate

---

① ［英］奈杰尔·劳森：《呼唤理性：全球变暖的冷思考》，戴黍、李振亮译，社会科学文献出版社 2011 年版，第 126—127 页。

change)。这部分是因为气候历来都在变化，它一直处于"已完成"且"将变化"的状态中，其原因与人类没有任何关系，而且还没有得到人们的完全理解。①

奈杰尔·劳森（Nigel Lawson）这两段文字，至少表达了如下四层意思：其一，使用"气候变化"概念来描述剧变甚至恶化的气候状况及气候态势，是不准确的，是语义模糊的，是与过去一段时间以及未来地球气候的进一步恶化趋势完全不相吻合的。其二，气候变化与气候变暖、气候变冷、气候变换等概念有联系，但这些概念并不能互用，它们之间存在着语义和使用范围的区别。其三，气候变化可能会出现气候变暖现象，但气候变暖现象往往只是局部性的，即地域性的气候变暖是可能的，全球气候变暖至今并未出现。其四，"气候变化"概念不是一个事实判断概念，而是一个事实陈述概念。"气候变化"所陈述的是**气候事实**：气候始终是一种处于"已完成"且"将变化"的进程状态中，变化构成了气候的自身规定性。

奈杰尔·劳森认为人们在还没有对"气候变化"有完全理解的情况下，就随意地使用这个概念，最终只能导致对气候状况及其气候趋势的不得要领的理解。客观地看，要完全理解"气候变化"，须先理解"气候"概念，这需要抛开计算机分析模型，因为计算机分析模型将气候静态化，这种静态化气候的方式本身就使气候在计算机分析模型中逃逸了，鲜活的动态不息的气候状态就不存在了，剩下的只是一种观念化的计算机模型下的"平均气候"，或者说**统计学气候**：

　　气候描述的是某地在一段时间内的平等气候状况。……气候包括气温以及其他组成因素，如湿度、降雨量、云量、风等。并且气候所代表的，不仅仅是这些因素的平均状况，同时也是对平均情况差异的统计。**气候的差异或极端天气情况的变化，可能要**

---

① ［英］奈杰尔·劳森：《呼唤理性：全球变暖的冷思考》，戴黍、李振亮译，社会科学文献出版社 2011 年版，第 3 页。

比平均统计情况的变化更为重要。（引者加粗）①

气候与统计学气候有根本区别：统计学气候是通过计算机模型分析而求出气候的平均值或气候的统计曲线的变化规律；气候则是天气**按自身方式**而变换运动的过程。

> 气候是……在自然界中形成的、并可以转换成供人们利用的物质或能量的气候要素的总体。②

> 气候指的是在太阳辐射、大气环流、下垫面性质和人类活动在长时间相互作用下，在某一时段内大量天气过程的综合。它不仅包括该地多年来经常发生的天气状况，而且包括某些年份偶尔出现的极端天气状况。③

所谓气候，是指太阳辐射、地球轨道运动、大气环流、地面性质（即"下垫面"）、生物活动等各要素相互作用所形成的运动、变换的天气过程。气候作为天气过程，变化是它的常态；并且，作为天气过程的气候，其变化是有自身规律的。在宏观尺度上，这种规律可用"第四纪气候""全新世气候"或"百年气候规律""灾变周期""疫病周期"等概念来表述；中观尺度上，亦可表述为春夏秋冬一年四季，二十四节气；而如气温昼高夜低、晨凉午热晚寒等，却是气候变换的微观表述。同时，气候作为天气过程，其变化也可能是无规律的，比如冬暖、春寒、夏冷，或者下雨就寒冷，天晴就暴热。气候变化的无规律，是指因各种因素的影响而致使本有规律地变化的气候丧失其规律性的运行，比如"极端气候""极端天气""极端气温"等，都是人们对气候无规律变化状况的判断性描述。

气候**本身是变化**的，变化既是气候的自身规定性，也是气候的基本样态，更是气候的基本特征。因而，"气候变化"概念所表述的仅仅是重复的语义和这种重复语义给人的思维制造出来的混乱，除此，这一概念再不

---

① ［美］安德鲁·德斯勒、爱德华·A.帕尔森：《气候变化：科学还是政治》，李淑琴译，中国环境科学出版社 2012 年版，第 57 页。

② 高绍风等编：《应用气候学》，气象出版社 2001 年版，第 16 页。

③ 周淑贞：《气候学与气候学》，高等教育出版社 1997 年版，第 1 页。

表达其他任何的实际语义。所以，"气候变化"并不是一个得体的描述急剧恶化的天气状况及持续态势的概念，也不构成对急剧恶化的气象状况及持续趋势进行科学研究的核心学科概念，更不构成气候伦理研究的出发点。

气候不仅是变化的，而且其变化也是有规律的。气候变换运动的规律体现在其内在规定性和外化运行状态两个方面：气候变换运动规律的内在规定性，就是浓缩自身本性的内在秩序要求，它的具体内涵就是宇宙律令和自然法则；气候变换运动规律的外化运行状态，就是其时空韵律。气候就是按照内外表里两个方面的规范而有规律地运行，即周期性的运行。我们可以将这种周期性运行方式称之为**气候变换**，比如一年之中春夏秋冬四季气候的不同，再比如一天之中早晨、上午、下午、晚上、深夜，其气温也各不同，但这种不同是以**回环**的方式而展开的，所以用"气候变换"概念来描述气候的这一有规律的变换运行，是较客观的。

气候作为天气过程，其有规律地展开和运行体现一种时空韵律性。气候作为天气过程展开自己的时空韵律性，最终以大气过程为动力：大气过程通常以空间波动和时间周期的方式来推动气候有规律地变换[①]，具体地讲，是太阳辐射和地球轨道的互动变化影响大气环流而推动气候有规律地变化[②]，并使气候变换运动呈现周期性时空韵律特征。

大气过程以空间波动和时间周期的方式推动气候有规律地变换，最终要受太阳辐射、地球轨道运动和大气环流的影响，一旦太阳辐射、地球轨道运动、大气环流的周期性运动弱化或者发生紊乱，气候有规律的变换状态将被打破，形成**气候失律**。

气候失律，是指气候变换遭受各种外在因素的强劲冲击，使其丧失自身时空韵律特征而处于持续无序状态。换言之，气候失律是指因多种外力的作用，致使天气丧失其有序变换的自身规律而朝向无序方向运行的持续

[①] 张家诚、李兰：《气候的周期性和预报可能性》，《吉林气象》1997 年第 3 期。

[②] 刘子英、赵敏：《气候周期性变化的新假说》，《邯郸农业高等专科学校学报》1995 年第 2 期。

状态与过程。气候失律**亦是**气候变换运动的天气过程，但它却是一种丧失其内在秩序要求和外在时空韵律的**逆生性**天气过程，这种逆生性天气过程同时呈现四个特征：

一是无节制性：气候失律就是气候变换运动丧失自我节制（规律）而处于野性暴虐的敞开状态，比如一云晴就暴热，或下雨则寒冷，就属于此。又如，高寒与酷热无序交替展于，亦是气候丧失周期性变换运动规律而野性暴虐的极端状态。

二是无序化：气候一旦失律，它就以暴烈无序的方式敞开，酷热和高寒是其无序敞开的两个极端状态。

三是无方向性：气候失律，其混乱无序的异动体现其盲目的、没有持续不变的方向感的混乱过程，具体地讲，就是气候变换运动丧失了自返性循环规律。

四是持续性：气候以无序的暴虐方式敞开无方向的运动，如果是偶然的、短期的，则不是气候失律，因为"多年来经常发生的天气状况，而且包括某些年份偶尔出现的极端天气状况"① 都是气候周期性运行的自然体现，只有当无序的、暴虐的无方向性的气候变换运动处于持续的长期状态时，才构成失律。

对丧失内在秩序要求和自身时空韵律特征而处于无序**盲动**状态的持续气候状况，可以用"极端气候""极端天气""极端气温"等语言来予以情境性描述。气候失律是一种持续性的长期过程，这种持续性的长期过程却始终是由一个又一个当下失律情境况连缀起来的，而这一个又一个当下失律的情境状况就是"极端天气""极端气温"或"极端气候"。这种展开气候失律的当下"极端气候""极端天气""极端气温"，既可沿着气候变暖的方向敞开，也可沿着气候变冷的方向敞开，更可能以"气候变暖"和"气候变冷"交替推动的方式敞开。比如 2012 年自入夏以来，暴雨与酷阳、极端高温与寒冷交错展开，就是典型例子。从更大范围讲，气候变暖和气候变冷、极端高温和极端寒冷，始终是交替出现的，这是因为气候变

---

① 周淑贞：《气候学与气候学》，高等教育出版社 1997 年版，第 1 页。

换运动既是全球性的，更是地域性的。比如在气候一直攀升的总体态势下，2008 年初高寒却席卷全国，整个华南和华中地区猝不及防，高速公路冰封，电网被压坏，城市断电，物流中断。2009 年，印度和南欧出现创历史记录的热浪，但中国的华北地区却降特大暴雪。2010 年初，北半球遭受强寒流袭击，从东北亚到俄罗斯、从西欧至美国大平原，持续强降雪和大降温，成为 30 多年来最冷的一年，但中国却持续高温，比如 2010 年 7 月上旬，北京市不管是城区还是郊区，其地面温度都超过了 60℃，其中最高为 68.3℃，以至于可以在路面井盖上 3 分钟将鸡蛋烤个半熟。

概括上述，真正能够真实揭示并理想呈现当前全球气候急剧恶化的科学概念，应该是"气候失律"，因为"气候失律"概念能真正消解因"气候变化"概念而带来的语义模糊，引导人们获得一种明朗的语义澄清，并达成气候恶化的全新共识。并且，"气候失律"概念才构成当前气候社会学——包括气候政治学、气候经济学、气候文化学——等学科研究的认知前提。并且唯有在"气候失律"这一认知前提下，气候伦理研究才可获得真正的认知出发点和应有的研究视域与方法。

三、气候失律的伦理诉求

1. 推动气候失律的最终力量

气候失律的实质表征，是气候变换运动丧失自身节律，即丧失自身的内在秩序要求和外化的周期性时空韵律。气候变换运动丧失自身节律的最终之因，恰恰是维持气候有节律地变换运动的宇宙力量和地球力量的弱化或丧失。

宇宙力量推动气候失律 宇宙敞开自己即天体运动。天体有序运动是维持气候有节律地变换运动的首要力量。天体有序运动敞开为两个主要维度：一是宇宙星球的有序运行；二是太阳这颗散发炽烈热量的恒星的有序运行。

在一般人的眼里，气候变换运动与宇宙星球的运行没有什么关联，其实不然，宇宙星球的运行才是气候营运、变化的宇观动力。比如公元 536 年这一年全球性气候恶劣，世界各地饥荒四起，民不聊生。英国树轮年代专家迈克·白利（Mike Baillie）认为这一恶劣气候是由当年那颗陨星撞击地球，将大量寒冷尘埃播撒至全球各地所致。白利的论断并非虚妄，2004 年 9 月 3 日，一颗自身拥有 100 万公斤重量的大陨星闯入地球的大气层，释放出超过一千吨当量的核弹威力的能量，留下的尾迹将烟雾和尘埃扩散到大气层里，它们停悬在 56—18000 米的高空连续几个星期不散去。澳大利亚科学家安德鲁·克莱克希克（Andrew Klekociuk）指出，"陨星带到地球上的尘埃的总量目前虽然无所确定，但每年大致的数量有 4 万吨。"进一步研究表明，太空尘埃的确可以导致气候异常，因为"它们反射阳光，使地球变得很冷，它们吸收阳光，使大气层变得很温暖，它们也可以向被子一样悬浮在大气层上，使地球上的热量难以散发出去，它们还可以促进雨云的形成，给地面带来更多的降水。"[1]

宇宙星球的有序运行，太阳是其重要因素：太阳是构成天体有序运动的根本力量，因为天体有序运行的重要标志就是太阳这颗散发巨大热量的恒星的周期性运动与地球轨道变化的周期性运动的有机互动。这种有机互动对气候变换运动有节律地调节的具体方式，就是太阳辐射。气候失律的首要表征，就是太阳辐射。太阳辐射是地球表面能量获得的主要源泉。太阳辐射能量的变化，直接影响地球及地球生命状况，但首先影响气候状况，并通过气候变换运动来影响地球及其生命存在状况。引发太阳辐射能量变化的主要因素有二：一是太阳与地球的距离，其形成太阳辐射在大气上界的分布，反映出全球气候的空间分布和时间变化的基本状态是相对静态和稳定的。导致太阳与地球之间距离变化的根本因素是地球轨道偏心率。太阳辐射到地球表面的热能对气候的影响，导致气候失律，是由地球轨道偏心运动所造成的。[2] 二是大气对流层状况：大气对流层是动态变化

---

① 张唯诚：《地球历史上的气候异常》，《知识就是力量》2009 年第 2 期。

② ［美］Anthony N. Penna：《人类的足迹：一部地球环境的历史》，张新、王兆润译，电子工业出版社 2013 年版，第 269 页。

的，它的动态变化的朝向、速度和有序性程度，既决定着大气臭氧层状况，也决定着太阳辐射到地球表面的日照长度和强度。维持气候有节律地变换运动的力量弱化或丧失的根本原因，恰恰是大气对流层状况的恶化。

大气对流层状况恶化不过是自然界大气环流的逆生化。在自然界，形成大气环流的重要因素是空气、阳光、水。阳光，是太阳运行所散发出来的热能。太阳热能的释放速度和强度决定气候的变化，也影响着水的凝聚和蒸发速度。水必以太阳热能的释放为动力，连接起宇宙和大地生命的共生链条，在"大气圈→岩石圈→生物圈→水圈"之间循环生成：地球表面的水通过阳光照射和温度升高而成为漂浮上空的水蒸气，这些漂浮在上空中的水蒸气经过高空冷却后凝结为小小水滴回落到地面，这一过程就是水在大气环流中的循环过程。大气环流的逆生化，就是空气、阳光、水三者互动运行的失律，此三者的失律造成了大气对流层状况的恶化。

大气对流层状况恶化造成的直接恶果，是臭氧层遭受破坏而形成臭氧空洞。臭氧层的作用主要是吸收紫外线：太阳向地球辐射所形成的短波（UV－B）紫外线大多对生命有破坏作用，这些破坏生命的短波紫外线大约90%被臭氧分子吸收，从而大大减弱了它到达地面的强度，对地球生命起保护作用。如果运动于对流层和平流层之间的臭氧含量一旦减少，臭氧层变得稀薄而出现臭氧空洞，地球表面遭受 UV－B 段紫外线辐射的强度会大大增加，不仅直接改变地球表面温度，改变降雨，也不断改变大气运动，包括改变对流层大气和平流层大气的有序流动，从而进一步改变气候。

臭氧层改变，臭气空洞出现，整个大气环境必然恶化，导致这一问题的最终原因不是自然力，而是人类介入大气的活动。科学研究表明，人类活动导致臭氧空洞出现和大气环境恶化的真正原因有二：一是人类大量地生产并使用诸如制冷剂、喷雾剂、发泡剂、清洗剂等氟氯化碳类物质，这是一类大量破坏和"消耗臭氧层物质"的物质，它会长期停留（大约10年时间）于大气之中，分解和破坏臭氧分子，打破臭氧层中原有的动态平衡。随着时间的推移，排放到大气层中的氟氯化碳类物质层累性集聚不断增多，臭氧分子急剧减少，导致臭氧层加速稀薄，臭氧空洞必然形成并不断扩大。二是人类源源不断地向大气层排放各种污染物，比如各种工业废气、生活废气、汽车尾气、飞机排出的废气等。尤其是旅游业全球化兴起带动航空业野性发展的今天，全球范围内往来穿梭不息的飞机，成为流动不息的废气排放机，源源不断地排放废气。飞机在天空中飞行所排放出来的窒息性气体、二氧化碳和水蒸气，构成巨大的大气污染源。首先，飞机在 9000—12000 米高空飞行所排放出来的窒息性气体，直接破坏大气臭氧层，使大气臭氧层加速稀薄，臭氧空洞扩散，日照尤其是红外线辐射更强烈，由此成为地温和气温升高的重要原因。其次，飞机的动力能源是燃油。有关专家指出，全球 3% 的矿物性燃料是被飞机消耗的。比如，英国航空公司 2014 年共消耗 500 万吨燃油；具体地讲，一架波音 747 客机从在伦敦上空盘旋到降落在希思罗机场这一时间里要消耗一吨左右的油量。德国航空航天研究所在前不久发表的一份报告中指出，飞机向大气排放二氧化碳等废气所造成的危害，是其他交通工具的三倍。最后，飞机向大气层排放的水蒸气中含有大量的黑色尘埃和硫，这两种成分使飞机排放出来的水蒸气形成蒸汽带云团，既使太阳热能无任何"阻拦"地辐射地面导致地球外层变暖，同时又会阻滞地球热量向空中散发，导致地球"温室效应"更为严重。

地球力量推动气候失律　大气恶化、臭氧层稀薄、太阳辐射强度增加，此三者形成合力推动气候失律，不仅源于人类源源不断地扩大生产、使用氟氯化碳类物质和排放各种废气，更在于地球自净化能力日益衰竭甚至在一些地区整体性丧失。导致地球自净化能力日趋衰竭甚至丧失的直接原因，是原始森林消隐，地球表面植被覆盖率大面积减少，草原退化和锐减，耕地无机化和土壤白色污染化、土地沙漠化和荒漠化，江河断流使之成为污染源，湖泊富氧化和海洋富氧化与沙漠化。但导致所有这些因素形成的最终原因，却是人类的作为。人类为了不断提升物质幸福水准而展开工业化、城市化、现代化运动，追求经济持续高增长，自然无所顾忌地征服自然、改造环境、掠夺地球资源，由此造成了地球自净化能力的整体性衰竭。

　　从根本讲，大气环流是衡量气候是否有节律变换运动的"晴雨表"，或者说"风向标"，但大气环流是否有节律，却取决于空气、阳光、水的互动方向和互动状况。如果空气、阳光、水此三者有序互动，大气环流就成为气候有节律地变换运动的护卫力量；反之，如果空气、阳光、水此三者无序互动，就会导致大气环流逆生化。影响甚至决定空气、阳光、水此三者是否有序互动的重要力量，是地面性质状况。所谓地面性质，就是地球的表面性质，它由地质构造所形成的海陆分布所造成。森林、江河、湖泊、山脉、草原、海洋、平原、丘陵等均是地球表面的构成要素，它们的存在状况及生存倾向构成了地球表面性质。比如海洋，它之成为真正的"地球之肺"，就在于它不仅是地球表面最大的热量储存库，还因为它是地球表面最大的二氧化碳及其他温室气体的净化器，更在于海洋浮生植物成为地球表面最大的氧气生产工场。气候失律的重要原因，恰恰是海洋与大气能量交换失律。

　　关于气候失律的原因探讨，有许多的科学假设，其中一种引人注目的假设能够解释气候失律如何与海洋运动关联，或者解释海洋运动状况如何构成推动气候失律的重要力量。这个科学假设即：整个世界存在着一种能量交换机制，这种能量交换机制的运行可以调节全球气候系统。在这个能量交换机制中，海洋运动与气候变化之间构成一个循环模式：海洋担负起热量运输系统的作用，即具有热量"传送带"功能，它从穿透大气的太阳能吸收很多热量，将热量绕着地球传送。从根本论，地球上的淡水和盐水的比例维持着气候平衡，因而，世界上咸水和淡水之间的比例一旦突破动态平衡的状态，就会发生气候变冷或变暖。比如，一旦咸水量增加到一个较高水平，很快便会产生气候变冷的长期过程。反之，如果温度上升，积雪融化，淡水增加，海洋的盐浓度改变，全球气候循环同样遭受影响而变暖。[①] 海洋运动将太阳热能传送到地球，首先表现为向太阳吸收热能，然

---

　　① ［美］Anthony N. Penna：《人类的足迹：一部地球环境的历史》，张新、王兆润译，电子工业出版社 2013 年版，第 270 页。

后才向地球输送热量。海洋向太阳吸收的阳光（即热能）越多，海水就越温暖，这是因为回输系统加速，所以促进了海洋和气候系统加速变暖。科学家们追踪研究发现，人类燃烧化石燃料所排放出来的二氧化碳，每年大约有 20 亿吨被海洋所吸收，另外有 25 亿吨被陆地生物所吸收。[①] 由此不难发现，海洋是地球上最大的碳储存库，它吸收了自 1800 到 1994 年期间排放的所有二氧化碳的 48％。在全球海洋中，北大西洋仅占海洋面积的15％，但它却吸收了自 1800 年以来所排放出来的二氧化碳的四分之一。[②]而且北大西洋所吸存的碳，恰恰是北海这条夹在大不列颠和北欧之间的狭长海盆地运送过来的，所以北大西洋成为地球上的碳"肾"，它能处理掉人类所排放出来的 20％的二氧化碳。[③] 然而今天的海洋吸存二氧化碳的能力却被不断弱化，溯其原因主要有二：一是气候的改变导致了北大西洋这个碳"肾"功能弱化，形成了"肾"亏状态。二是海洋中碳酸盐的数量减少：河流从石灰石和其他包含石灰的岩石上流过，将碳酸盐融入海洋，与被吸入海洋中的二氧化碳发生反应。在自然状态下，碳酸盐的浓度与海洋吸收的二氧化碳之间处于平衡状态，但自工业革命以来，海洋中的二氧化碳浓度不断上升，碳酸盐在海洋中的数量越来越少，海洋的酸性程度越来越高，海洋吸收二氧化碳的能力越来越弱。[④]

另一方面是日趋严重的海洋沙漠化，也使海洋成为气候失律的重要因素。

导致海洋沙漠化的主要因素有二：一是海洋开发所造成的各种污染以层累方式聚集，既构成海洋生物繁殖的杀手，又推动海洋不断弱化其气温调节功能。二是海洋石油污染，这成为人类活动改变地面性质的重要因

① R. A. Feely et al., "Impact of Anthropogenic CO_2 on $CaCO_3$ System in the Oceans", *Science* Vol. 305 (2004), pp. 362—366.

② C. L. Sabineet et al., "The Oceanic Sink for Anthropogenic CO_2", *Science* Vol. 305 (2004), pp. 367—371.

③ H. Thomas et al., "Enhanced Open Ocean Storage of CO_2 from Shelfsea Pumping", *Science* Vol. 304 (2004), pp. 1005—1008.

④ ［澳］缔姆·富兰纳瑞：《是你，制造了天气：气候变化的历史与未来》，越家康译，人民文学出版社 2010 年版，第 26 页。

素。海洋石油污染主要来源于三个方面：首先是海洋石油运输所形成的海上石油泄漏。据相关数据显示，每年大约有 10 亿吨以上的石油通过海上运往消费地，由于运输不当或油轮失事等各种原因导致每年约有 100 万吨以上石油流入海洋。其次是海洋石油开发导致大量石油漂浮海面。最后是工业化过程中所产生的废油，每年大约有 200 万－1000 万吨被源源不断地倾注到海洋中。由此三个方面，"被源源不断地倾倒进海洋中的石油层累性地积聚而形成油膜浮于海面上，抑制海水蒸发，导致海上空气日趋干燥；与此同时浮游于海面的油膜，又抑制了海面潜热的转移，导致海水温度变化加大，海洋失去调节气温的作用，形成海洋沙漠化效应。"[①]

　　森林亦是如此，它既影响大气中二氧化碳的含量，也形成独特的森林气候，更影响周边区域的气候条件。因为森林既是天然的"绿色蓄水库"，也是陆地上的"绿色海洋"，它对地球生命和人类生存同时发挥五个方面的功能：（1）森林对人类生存的需要而言，就是林业，它成为人类生存所需要的燃料和饲料生产的基础。（2）森林以自身的身体构筑起防风固沙墙，保养土壤，既是动植物和微生物的根本栖息场所，也对人类和地球生命发挥防护滋养功能。（3）森林还有涵养水源、净化污染、清洁空气等功能。（4）森林更具有对地球区域环境的生境功能，它为土壤、空气、水三者实现生境循环提供了动力。（5）森林更具有美学功能，并因为其所呈现出来的自然美、环境美、生态美而产生对人的心理滋养功能。但是，近代以来不断加速的工业化、城市化、现代化进程，却因其无度滥伐森林导致森林的地球覆盖率加速减少，在这个方面，中国显得更为突出。比如，在秦汉时期，中国的原始森林覆盖率是 46%，到清代乾隆道光年间，其覆盖率只有 26%。20 世纪 50 年代初，全国原始森林尚有 127 亿立方米，但到 20 世纪末，却被砍伐掉了 100 亿立方米，其天然林覆盖率仅有 2%。即使在这种状况下，砍伐森林的活动还在继续，据林业方面统计数据表明，1999—2003 年期间，全国每年平均超采林木 7554.21 万方，减少林地 1110 万亩。森林面积迅速减少，森林对地球及地球生物圈的防护滋养

---

① 周淑贞：《气候学与气候学》，高等教育出版社 1997 年版，第 248 页。

功能、生态净化功能和对土壤、空气、水三者的生境循环功能大大削弱，其结果必然推动气候朝着无序方向敞开，导致气候灾害，并由气候灾害诱发地质灾害及各种疫病爆发。2010年甘肃舟曲特大泥石流灾难就是滥伐森林、竭泽而渔的典型案例。

不仅如此，近代以来不断加速的工业化、城市化、现代化进程，导致森林、草原、海洋、江河、山脉、平原等地面性质状况越来越由人力所决定，人类为了经济增长、物质利益、财富指数而无度砍伐森林，过度放牧草原，无限度地开垦土地，无理性地开发海洋和湖泊，无节制地截拦、断流江河……这既成为大气环流失律的罪魁祸首，亦是气候失律的最终原因。

概括如上内容，气候失律的直接推动力是天体无序运动；天体无序运动根源于太阳向地球辐射长度和辐射强度的改变；太阳辐射长度和强度改变的直接原因，是臭氧层破坏、臭氧稀薄、臭氧空洞出现和扩散；造成臭氧层破坏、臭氧空洞出现和扩散的真正原因，却是大气环境的破坏；大气环境遭受破坏，却源于被不断生产出来的氟氯化碳类物质和不断排放出来的废气，这恰恰是人类的杰作，即人类为不断改变和提高自己的存在环境、居住条件和物质生活水平而作用于自然界，介入大气层、干扰和破坏气候所造成的后果。反过来看，由于人类的贪婪，无限度地作用于自然界，并以大量生产氟氯化碳类物质和无限度地排放各种废气而破坏大气环境，使臭氧变稀、臭氧空洞出现和扩散，从而导致太阳向地球辐射的长度和强度改变，其直接结果是改变了日照：改变日照，第一是改变了气候地理，改变了地球热量，包括地球热量的聚散速度和聚散方式；第二是改变了大气状况；第三是改变了降雨，包括降雨范围、降雨方式、降雨频率、降雨强度、降雨时间；第四是由此弱化了地球对大气的净化能力。如此四个方面的改变，才导致气候的根本性逆转，形成气候失律进入持续强化的历史进程。所以，追根溯源，人类才是导致当代气候失律的最终原因。

2. 气候失律改变一切存在

我们终结了自然的大气，于是便终结了自然的气候，尔后又改变了森林的边界。①

气候失律就是对大气的终结。麦克基本（Bill Mckibben）此论并非虚妄。从根本论，地球与宇宙的动态循环，才使世界成为充满生机的活动的世界；但地球与宇宙的动态循环，却要通过气候来调节。气候一旦失律，最终导致整个世界动态循环的生态链条断裂，从而改变整个自然界及一切存在。

其一，气候失律推动了大气气温和地表温度的无序改变，这种无序改变导致了温室效应或寒冷效应。客观论之，一方面，气候的变换运动取决于气温的变化，气温的变化又受制于地球温度的变化；另一方面，气候失律又无情地改变了大气，大气一旦改变，则必然改变地球温度，最终改变地球表面性质。②

其二，气候失律推动了地质结构的改变，地球结构一旦被改变，地球的存在状态就会发生巨大的变化。世界历史学家弗莱德·斯派尔（Fred Spier）指出："板块构造可能在推动生物进化（包括人类进化）方面起到了主导作用。地球陆地物质的位置不断变化导致了洋流的变化，这种变化也影响了全球气候。我旨在举例说明生态和气候体系在影响人类进化方面的主导作用。"③　然而，地质结构变化与气候失律之间恰恰呈互动取向，因为"地球是一个鲜活的、动态的、有时有着剧烈变化的星球。现代气候能够供养有机生命，应对剧烈的气温变化，这是地球本身所界定变化的结果。这些变化包括，地球上大陆板块的碰撞，地球具备用海洋吸收太阳能的热量并反射阳光的能力，还具备影响洋流强度和流向的能力。**大气变化，地壳运动及全球气候是互相关联的力量。这种力量改变了地球历史并**

---

① ［美］比尔·麦克基本：《自然的终结》，孙晓春等译，吉林人民出版社 2000 年版，第 74 页。

② 张翼：《气候变化及其影响》，气象出版社 1993 年版，第 179 页。

③ Fred Spier, *The Structure of Big History: From the Big Bang until Today*, Amsterdam: Amsterdam University Press, 1996, p. 19.

且创造了一个适宜于所有生命形式繁衍发展的环境。"① 比如气候变暖,
冰川融化,海水上升,陆地淹没,海平面扩张,地球生物圈的生存空间变
窄。另一方面,人造工程也可以通过改变地质结构来改变地球的存在状
态,推动气候进一步失律。在这方面,有其正反方面的例子:为使地球表
面自生境功能恢复,抑制气候失律,美国自 20 世纪 80 年代始,就开始有
步骤地拆除爱德华兹大坝、棒伦峡谷大坝这样的 70 多座巨型大坝。② 而
三峡工程之类的江河工程则是另一方面的典型例子,因为这类江河工程淹
没大量陆地,既改变地域性地貌和陆地生态格局,也造成江河流域地质结
构和存在状态发生巨大改变,这些改变形成无形的巨大合力,不仅导致地
震频发或高烈度地震爆发,而且也成为地域性气候发生根本变化的重要原
因。比如,如果信息完全公开和完整的话,或可以发现三峡工程以及西部
江河流域林立的水电大坝是如何实质性地改变了西部地区甚至整个南方气
候及其降雨方式的。

其三,气候失律更改变了自然界的降雨方式、降雨过程及降雨的范
围、频度和强度。2010 年,中国南方十余省(包括遭受持续特大干旱之
后的西南地区)发生持续强降雨;2011 年 9 月,华西、黄淮地区异常强
降雨;2012 年 6 月广东特大暴雨,同年 7 月北京等地特大暴雨;2015 年
5—7 月,整个南方发生灾难性的强暴雨……这些都是气候失律导致降雨
改变的典型例证。

其四,气候失律最终导致地球上物种大量灭绝,生物多样性锐减,由
此推动地球生物圈生存状况发生巨大改变。③

其五,气候失律更影响人类的社会性生存。因为气候失律既影响农
业、牧业、渔业,改变农牧渔业的生产方式和经营方式,也影响大气与水
之间的循环方式、循环节奏,并通过改变整个降雨而改变水资源状况。并

---

① 〔美〕Anthony N. Penna:《人类的足迹:一部地球环境的历史》,张新、王兆润译,电子
工业出版社 2013 年版,第 10 页。

② 威廉·R. 劳里:《大坝政治学——恢复美国河流》,石建斌等译,中国科学出版社 2009
年版,第 92 页。

③ 骆高远:《气候变化及其影响研究》,中国科学技术出版社 2005 年版,第 2 页。

且，气候失律还从根本上改变了人类生存处境，包括不断改变人类的生产方式、生存方式、生活方式和交流交往方式，更改变人类的健康状况和健康方式，比如气候日趋变暖，给地球上各种细菌繁殖提供了土壤，为各种病毒传播创造了条件；而无序的高寒和酷热气候交织出现，又成为制造流感、气道高反应性等疾病的元凶，因为高寒和酷热的无序展开，从根本上扰乱了人体生物钟。人体生物钟的改变的普遍反应，就是人的身体能力的弱化，抵御疾病的能力降低。

其六，气候失律最终导致各种各样连绵不断的气候灾害，并引发各种地质灾害和流行性疾病的无序爆发。

3. 气候失律导致灾疫失律

气候失律与灾疫频发，这二者之间构成互生关系：一方面，气候失律制造出各种人间灾疫，推动当代灾疫失律；另一方面，当代灾疫失律又加速了气候的恶化。气候失律与灾疫失律的互动，演绎出当代世界风险社会和全球生态危机。

灾疫自古有之，它作为自然运行的异动现象，具有偶然性、随机性、突发性等特征，但这种偶然性、随机性、突发性的灾疫，其爆发也是有规律可循的，这就是灾疫的"准周期性"[①] 和"空间群发性"。[②]

灾疫的空间群发性，是指灾疫在某一地区相对集中地出现，比如中国，其洪涝灾害更多地出现在南方和西部，北方更多地发生干旱和冰冻。从全球范围讲，智利、日本、中国等是地震多发国；从国家范围论，中国的地震多发区是华北和西南。概括地讲，形成灾疫的空间群发性的重要因素有二，即自然和文明。威廉·H. 麦克尼尔（Willian H. McNeill）在探讨人类瘟病史时指出，从公元前五世纪到公元纪元时期，就已经形成了雅典、秦汉、印度和中东这"四个疾病圈"："可以推断，到公元纪元时，至少四个不同的文明疾病圈已经形成，每一个疾病圈内的传染病，一旦越出固有的边界，肆虐于以前没有患病经历或免疫力的人口，都将是致命的。

---

① 　高庆华：《中国 21 世纪初期自然灾害态势分析》，气象出版社 2003 年版，第 54 页。
② 　杨兴玉：《灾疫失律：人类社会的当代生存境遇》，《河北学刊》2010 年第 6 期。

疾病圈之间相互影响的前提是发生某种交流，这种交流允许传染链扩展到新的地盘，而且新地盘的人口也足够稠密，可以永久性支持这种传染病，或至少支持一两季。雅典的瘟疫似乎就是这种情形；类似的情形无疑发生于印度、中国或其他地区，只是没有留下可追溯的踪迹。"① 比如，两宋时代 320 年间，共发生流行型疫病 204 次，但这些疫病主要集中在北宋首都开封、南宋首都临安以及成都府路三地。其间，开封先后爆发疫病 27 次，临安及周边地区爆发疫病 63 次。②

灾疫不仅体现其空间群发性规律，而且还呈现其"准周期性"。有关于灾疫的"准周期性"规律，不少学者分别从宏观和微观两个方面予以了探讨。在宏观领域，如徐道一就提出"在近五千年中已发现千年尺度以内的四个群发期，即夏禹宇宙期、西周宇宙期、两汉宇宙期和明清宇宙期。近一千年来，还出现了时间尺度较短的六个自然灾害群发时期。"③ 地质学家李四光曾提出"晋宋和六朝初期"和"北宋末期和南宋初期"为两大瘟疫期的准周期理论。④ 在微观领域，如俄国学者齐热夫斯基（Alexander Chizhevsky）发现：1750—1901 年间"霍乱大流行基本上是发生在太阳活动的峰年附近"；英国科学家英格发现了类似的规律，揭示 1700—1979 年间，"除了 1889 年例外，其余 11 次流感大流行发生在太阳活动最强的时期"。⑤ 国内学者李梦东研究发现，当代甲型流感"每隔 2—4 年流行一次，大约每隔 10—15 年大流行一次"。⑥ 青年学者杨兴玉在整合如上研究成果的基础上，提出"灾疫的时空韵律性"。⑦ 当灾疫的时空韵律性被外力所打破时，它就处于失律状态。打破灾疫的时空韵律，使之沦为失律状

① ［美］威廉·H. 麦克尼尔：《瘟疫与人》，余新忠、毕会成译，中国环境科学出版社 2010 年版，第 66 页。
② 韩毅：《疫病流行的时空分布及其对宋代社会的影响》，载朱瑞熙：《宋史研究论文集》，上海人民出版社 2008 年版，第 506—509 页。
③ 中国科学技术协会学会工作部：《中国减轻自然灾害研究》，气象出版社 1992 年版，第 5 页。
④ 龚胜生：《中国疫灾的时空分布变迁规律》，《地理学报》2003 年第 6 期。
⑤ 徐振韬：《太阳黑子与人类》，天津科学技术出版社 1986 年版，第 113 页。
⑥ 李梦东：《传染病学》，科学技术文献出版社 1994 年版，第 6 页。
⑦ 杨兴玉：《灾疫失律：人类社会的当代生存境遇》，《河北学刊》2010 年第 6 期。

态的根本力量是气候。日本瘟病史家饭岛涉指出，"对于疫病史我们需要用更加复杂的视角来审视。其中之一就是气候变动，温暖与寒冷的交替可能会左右植被以及疾病的发生条件。"① 竺可桢曾通过对我国近 5000 年气候史研究得出一个结论：两宋时期，从公元 960 年到 1000 年间，正好处于我国气候变化的第三温暖期，年均气温比现今高约 1℃—2℃；从公元 1001 年到 1279 年间，我国气候变换运动则处于第三寒冷期。② 所以气候失律是导致北宋初期和南宋后期疫病大流行的根本原因。进入 21 世纪，推动全球灾疫频频爆发、首尾相连的根本原因，却是厄尔尼诺海流，即太平洋赤道带大范围内海洋和大气相互作用后失去平衡而产生的一种气候现象，它推动当代灾疫打破自身时空韵律结构而滑向失律状态。中国境内 1998 年的特大洪灾，2003 年的 SARS 流行，2008 年初席卷全国的高寒，2009 年华北特大暴雨，以及 H1N1 的全球性爆发等，都是气候失律推动灾疫失律的表现形态。

4. 恢复气候的伦理引导路径

气候失律导致了灾疫失律。灾疫失律是一世界性难题，解决它的关键是化解气候失律，促进气候重新恢复自身时空韵律。这不仅需要气象学、气候学、地球科学等自然科学研究，更需要展开大科际整合的人文社会科学研究，尤其是需要进行气候伦理研究。

气候变化是气候的动态本性，气候按其自身本性而变化不息，自有其时空韵律。气候失律是气候变换运动打破自身时空韵律的体现，具体地讲，是太阳辐射、地球轨道运动、大气环流、地面性质、生物活动等因素持续地异动变化所形成的整体合力推动了气候失律。在推动气候失律的众多因素中，除了地球轨道运动外，其他因素的持续异动变化都与人类行为直接相关。因而，研究气候伦理，就是探讨太阳辐射、大气环流、地面性质、生物活动的持续异动变化如何推动气候失律。为此需要具体考察两个

---

① ［日］饭岛涉：《作为历史指标的传染病》，载余新忠主编：《清以来的疾病、医疗和卫生——以社会文化史为视角探索》，生活·读书·新知三联书店 2009 年版，第 36 页。
② 李铁松等：《两宋时期自然灾害的文学记述与地理分布规律》，《自然灾害学报》2010 年第 1 期。

问题：一是需要揭示太阳辐射、大气环流、地面性质、生物活动各因素之间的异动变化规律；二是需要探讨太阳辐射、大气环流、地面性质、生物活动之异动变化与人类行为之间的内在关联，揭示人类之无度行为以何种方式影响或改变物种活动、地面性质、大气环流、太阳辐射，并最终成为气候失律的强劲推手。

考察如上两个问题，首先需考察人类行为影响和改变气候各要素之间的内在规律，最终揭示导致气候失律的层累规律。层累规律揭示：人类行为影响气候各要素的力量是相当微弱的，但这些微弱力量一旦通过人类活动而产生就不会消失，因为它会以层层累积的方式积聚起来，并以渐进方式改变着地球生物的存在状况、地面性质、大气环流及太阳辐射。这种层层累积的和缓慢推进的方式蕴含着一个原理，即层累原理，它揭示了人力作用于气候、导致气候失律的生成机制（详细阐述见《恢复气候的路径》第一章）。其次揭示气候在人类行为挂动下突破自身时空韵律所表现出来的自身失律规律，即突变规律：气候失律是以突变方式爆发出来的，比如2012年7月北京的暴雨，杭州、福州、武汉的暴烈高温，南京持续高温下的"水晶天"，均是气候突变的体现。对气候失律爆发的突变规律的理性总结，就是突变原理（详细阐述见第二章）。

气候失律所体现出来的层累原理，不仅揭示了气候失律的渐进生成性和人类行为影响气候的层层累积性规律，而且也揭示了恢复气候将同样需要遵循这一原理：人类要节制自己的行为，必须学会限度生存；并且只能通过限度生存的方式，渐进影响物种生命，当改变生物状况、地面性质、大气环流的功效层层累积达到一定程度时，气候才可遵循突变原理而得到全面恢复。也就是说，恢复气候，是可以突变的方式而展现的，但消解气候的失律状况，促成气候重获时空韵律的过程却是渐进的和层累的。

气候变换运动遵循自身时空韵律，与人力无关；相反，气候失律是气候打破了自身变换运动的时空韵律，它与人力相关：人类无限度地介入自然界的行为构成了气候失律的最终推手。并且，在人类按照自己的意愿来安排自然、改变地球的力量日益强大的当代进程中，人类愈是向地球要资源，其行为就愈是无限度；人类行为愈是无限度，气候失律就表现得愈暴烈。比如，人类越是努力追求物质主义的高技术化生存，由其所形成的碳排放就越居高不下，污染就更严重，由此所造成的臭氧空洞就越大，太阳辐射地面的热能则愈强烈，就会增强对大气环流的影响，气候失律就越暴烈。在这种不断加速恶化的气候状况下，气候伦理研究的根本任务，就是全面、深入、系统地探讨人类行为无度扩张与气候失律的暴烈泛滥之间的内在生成关系，揭示二者之间**生境逻辑**，以及**限度生存**所形成的生境前景，以引导人类重新认识自己、重新确立其存在目的，节制其无限度的物质主义欲望，收敛对自然界的行为，构建可持续生存式发展的人类机制，努力创造低污染或零污染的低碳生活，重建环境生境化①，这应是恢复气候的根本路径。

基于如上基本要求，气候伦理研究的重要任务有三：

其一，气候伦理研究必须持守实践理性姿态，系统地审查人类与地球生命之间、人类内部（即国家与国家，以及发达国家与发展中国家）之间的不平等、不公正如何推动了气候失律。在此基础上揭示气候失律所引发出来的系列道德问题，探讨气候失律所制造出来的这种不平等、不公正引起"国际关系与经济关系的特征与道德准则"②等问题，以及谋求解决这些问题的根本之道。

其二，气候伦理研究必以自身努力而为当代人类提供一种全球视野和全人类胸襟，并为发达国家和发展中国家能够达成共识、形成合作共同应对全球气候失律带来的生存挑战，提供共享的世界性平台、公共价值系统、共守的限度生存原则及其行为规范体系。

其三，气候伦理研究的实质性努力，首先要为"人、生命、自然"的

---

① 自然环境生态的生境化有两个具体指标：一是恢复地球承载力；二是恢复自然界的自净力。地球承载力和自然自净力的恢复，这是地球物种生活回归其本性状态的根本体现，也是其地面性质即森林、草原、江河、大地、湖泊、海洋等重获生生状态的根本体现。有关于自然环境生态生境化的详细阐述，可参见唐代兴、杨兴玉：《灾疫伦理学——通向生境文明的桥梁》，人民出版社2002年版。

② ［英］迈克尔·S.诺斯科特：《气候伦理》，左高山等译，社会科学文献出版社2010年版，第78页。

共生探索其代际公正的广阔道路，开辟代际储存的可持续生存方向，"气候伦理涉及个体、组织、国家、国家联盟之间的多层次、多向度的复杂关系。在时间维度上，气候伦理涉及代际分配、代际公平等核心问题。无论气候变暖导致人类不可持续发展这个前提是否成立，人们在论述气候伦理时都会把每个人的幸福计算在内，也更于把改善或改变气候状况的伦理责任落实在每个人身上。"① 其次要为'人、生命、自然"的共生探索更为人性化的幸福生存姿态和日常生活方式。这种幸福生存姿态，就是生境化生存姿态；这种日常生活方式，就是每个人都必须立即大幅度减少对能源和资源的消费②而过一种简朴的生活。"简朴生活方式，就是以自然法为准则和引导力的生活方式。衡量和评介简朴生活方式，其宏观指标是实施有限度的消费，推崇高尚的情感消费、健康的精神消费和创造的美学消费；其具体指标就是健康、快乐、美。……简朴的生活是使人性重新回复于和谐、宁静、平易的方式。自愿的简朴生活方式，对于每个人来讲不是有没有能力达到，而在于我们愿不愿以简朴为美，以简朴为快乐，以简朴为幸福。自愿过简朴的生活，其行动者标有三：一是减少温室生活或使温室生活零度化。……二是以步代车。……三是全面推行物尽其用的社会风尚。抑制并最终取消一次性产品；移风易俗，改变喜新厌旧的高浪费生活习惯，抛弃奢华的生活追求。"③

---

① 曾建平：《气候伦理是否可能》，《中国人民大学学报》2011 年第 3 期。
② 黄卫华、曹荣湘：《气候变化：发展与减排的困局——国外气候变化研究述评》，《经济社会体制比较》第 2010 第 1 期。
③ 唐代兴、杨兴玉：《灾疫伦理学——通庐生境文明的桥梁》，人民出版社 2002 年版，第 340—341 页。

第二章 气候伦理研究的学科视野

　　人类活动过度地介入自然界所形成的负面因素层累性集聚推动气候失律，为恢复气候必然产生伦理诉求，并由其伦理诉求而孕育气候伦理学并促使其诞生。进一步讲，气候伦理学的诞生，并不是"气候伦理""气候伦理学"这类概念的产生，而是它的研究对象范围的明确、学科视野的清晰以及学科话语体系的生成。本章首先从整体上呈现气候伦理学的诞生之路，然后在此基础上探讨气候伦理学研究的对象范围，并从整体上勾勒气候伦理学的学科蓝图，构建气候伦理学的"范畴-概念"系统和话语体系，以为后面的思考打开认知的视域空间。

一、气候伦理学的诞生之路

　　气候作为一种变换运动的天气过程，它所敞开的是一个自然史问题，具体地讲是一个宇宙史问题：宇宙的开端即气候的产生，宇宙的生成运动史亦是气候史；反之，气候史展开了宇宙史。宇宙对气候的生成，通过天体运行、地球轨道的周期性变换运动和太阳辐射而实现；气候对宇宙的推动，却以生物多样性存在和生命新陈代谢为动力：生物史、生命史从一开始就与气候史紧密地联系在一起，"气候的变化对于生物进化和生物多样性起着重要的作用；同样地，生物对于原始大气的变化也作出了很大的贡献。"① 现代大气的变化运动更是如此，因为"生命与气候之间的明显联系存在于一个主要方面：大气化学成分的变化在很大程度上取决于生命系

---

　　① ［法］帕斯卡尔·阿科特：《气候的历史：从宇宙大爆炸到气候灾难》，李孝琴等译，学林出版社 2011 年版，第 2 页。

统的新陈代谢。"① 由于如上因素所形成的复杂性，形成气候以变换运动为常态。"在过去 50 亿年——从地球形成开始，气候一直在变化，并且将来仍然继续变化。"② 对气候因素的相互作用及其变换运动的一般规律的研究，这是气候科学的工作。

气候作为一种丧失自身时空韵律的天气过程，它所敞开的既是一个自然史问题，也是一个人类社会史问题。如第一章所述，气候变换运动是其常态，或者说原生态；气候失律却是气候的逆生态。形成气候失律这一逆生态状况的动力因有多种：一种是纯粹的自然力因素，比如星球陨落、火山爆发等现象的发生都可导致气候失律。但这种以纯粹的自然力为推动力形成的气候失律问题，只属于气候科学研究的内容，即需要气候科学研究气候失律的自然成因以及大尺度意义上的周期性律动，它并不涉及价值判断，也不进入价值评价领域，更不涉及道德问题，因为纯粹以自然力为推动力的气候失律，根本不具有道德的蕴含性，虽然"气候的每一次变化都会对地球上的生命造成影响。但自然并不是一个道德体系。一些种类的动植物能在温暖的条件下活得更好，另一些则是在寒冷的条件下才生存；一些物种需要更潮湿，另一些则需要更干燥。对自然而言，生态系统变化是中性的：对一个物种的伤害会使另一个物种受益。"③ 另一种导致气候失律的因素却是人类活动，以人类活动为最终推动力的气候失律，却应该属于社会科学研究的内容。因为对以人类活动为最终推动力的气候失律的研究，必然涉及价值判断、价值评价问题，更涉及道德问题。更具体地讲，在人力导致气候失律的历史进程中，隐含着一个道德体系；并且，对气候失律的人力原因的探讨，必然涉及对现有道德体系的检讨；对如何恢复气候的问题的探讨，必然涉及对现有道德体系的重建问题。所以，气候失律

---

① ［法］帕斯卡尔·阿科特：《气候的万史：从宇宙大爆炸到气候灾难》，李孝琴等译，学林出版社 2011 年版，第 218 页。

② ［德］沃尔夫刚·贝林格：《气候的文明史：从冰川时代到全球变暖》，史军译，社会科学文献出版社 2012 年版，第 242 页。

③ ［德］沃尔夫刚·贝林格：《气候的文明史：从冰川时代到全球变暖》，史军译，社会科学文献出版社 2012 年版，第 247 页。

问题最终需要伦理学的介入。

1. 气候经济学孕育气候伦理学

气候失律始终是一种自然事实，但生成这一自然事实并推动它扩散、泛滥的推力却客观地存在着自然力主导和人力主导的区分；并且，这种区分是时间意义上的。以时间为判据，以自然力为主导的气候失律，可以宽泛地界定在近代以前。做如此界定的主要依据是人力介入自然界的力量的大小：在农牧文明时代，人类活动虽然也介入自然界，但其所介入自然界的活动仅局限于地面，因为人类仅靠摄取地面资源就可维持生存，并且也只有能力摄取地面资源来维持生存，比如耕种土地生产粮食，驯养和放牧牲畜解决肉食，砍伐树木作为生活燃料等即是如此。在农牧文明时代，人类介入自然界的力量相当有限，主要还是靠适应自然力而谋求生存，加之人口稀少，所以人类活动对气候的影响很小，小到可以为人类所忽视。但近代以来，由于科技革命的节节胜利，推动工业革命全面展开。工业革命的基本标志是工业化、城市化和物质生活现代化。工业化、城市化、现代化进程使人类介入自然界的能力与日俱增，其介入自然界的范围迅速扩大到三维领域：首先是全面开发地面资源，土地作为最大的资源伴随人口的剧增而被大量开垦，荒野、湿地逐渐消隐；森林、树木不仅作为重要的地面资源而广泛地运用于生活领域，而且也作为最容易牟取的动力能源而广泛地运用生产领域，其结果是原始森林隐退。原始森林的急速隐退，加上无限度地放牧，也推动草原加速沙漠化。其次是全面开发地下资源，过去以木材为生产和生活的能源的方式，迅速由煤、石油、天然气等化石燃料所取代。最后是向太空进军，这主要从三个方面展开：一是向其他星球进发，寻求新的生存空间和资源市场；二是日益繁荣的航空业和航空旅游业，成为空间开发的一般形式；三是以军备竞赛为动力的航天核军工业以前所未有的速度竞相发展。人类不断创造和提升自我能力从广度和深度两个方面无限度地介入自然界这一过程，实际上再不是人类适应自然界的过程，而是征服、改造、驾驭自然界的过程，或者是影响自然的存在方式和逆转自然的运动方向的过程。正是这一双重过程展开所造成的对自然界的破坏而生成的负面效应通过层累的方式聚集起来，形成强大的逆生态力量，推动气候失律。荷兰诺贝尔奖得主保罗·克鲁岑（Paul J. Crutzen）曾指出，人类活动已经强烈地影响了气候，以至于导致自然气候的消失而只有"人造气候"。在克鲁岑看来，自从工业化出现以来——这可以追溯到 1784 年蒸汽机的发明开始，人类活动所制造释放出来的微量气体——尤其是二氧化碳气体——在很大程度上改变了地球的大气，这把人类推向了一个新的起点，即**全新世**结束了，人类塑造的一个新纪元，即**人类世**已经开始了。[①] 克鲁岑所论并非耸人听闻，自工业革命兴起以来 200 多年间，人类活动通过无限度地介入自然界的方式对气候产生的影响力不断增加，这种增加不是瞬间实现的，而是以**持续层累**的方式予以强化和提升。并且，人类活动对气候的影响不仅因为工业化、城市化和现代化进程不断加速，更因为不断增长的人口而不断加速。尤其是今天，世界人口已经突破 70 亿、家畜达到 15 亿的情况下，这种影响气候的增长力度和强度更是巨大。"拉迪曼（William Ruddiman，引者注）认为，1950 年左右出现了另一次重大突破。从那时起，人类活动以从前无法想象的规模改变着自然。据估计，到 20 世纪末，森林砍伐、农业、畜牧业和建筑已经改变了地球表面的 30%—50%。直到 20 世纪中叶，人类才开始影响环境和气候；从 20 世纪中叶至今，人类的影响已经主宰了地球系统的方方面面，从大气到陆地、海洋和沿海地区，对气候也是如此。"[②]

　　人类活动从深度和广度两个方面无限度地介入自然界，破坏地球环境生态，影响大气，导致气候失律，气候失律又以气象突变的方式制造气候灾害，影响人类存在，这主要表现在如下两个方面：

　　一是气候失律造成持续不断的气候灾害，气候灾害造成巨大经济损失。比如，2005 年 8 月 25—29 日，卡特里娜飓风登陆美国佛罗里达州、新奥尔良外海岸和路易斯安那州。其受灾面积相当于英国的国土面积，造

---

　　① Paul J. Crutzen et al.，"The Anthropocere"，*IGBP Newsletter*，Vol. 41（2000），p. 12.

　　② ［德］沃尔夫刚·贝林格：《气候的文明史：从冰川时代到全球变暖》，史军译，社会科学文献出版社 2012 年版，第 245 页。

成高达 812 亿美元的财产损失，致使百万人被迫转移和 1800 人死亡。再比如，我国从 2004 年到 2008 年间因气候失律所造成的各种气候灾害，其直接经济损失累计达 11276.2 亿元。

表 2-1   2004—2008 年中国气候灾害及经济损失情况

年 份	农作物受灾情况/公顷		人口受灾情况		直接经济损失 /亿元
	受灾面积	绝收面积	受灾/万人	死亡/人	
2004	3765.0	433.3	34049.2	2457	1565.9
2005	3875.5	418.8	39503.2	2710	2101.3
2006	4111.0	494.2	43332.3	3485	2516.9
2007	4961.4	579.8	39686.3	2713	2378.5
2008	4000.4	403.3	43189.0	2018	3244.5

注：表中数据源自 2005—2009《中国灾害统计年鉴》。

二是气候失律推动气候灾害持续爆发，不仅造成了地球生命毁灭和人口巨大伤亡，而且不断破坏人类的存在基础，解构着人类的可持续生存秩序，并由此四个方面因素的整合生成人类存在的危机。

气候失律通过气候灾害之手带来的市场打击和经济破坏，使气候和它造成的巨大人类灾难进入了经济学家们的视野，由此形成气候经济学。

气候经济学研究关注的核心问题有二：一是有关于将气候失律与温室气体联系在一起的科学进程是如何影响经济分析的。将气候失律和温室气体联系起来进行整体考察的科学进程，不断发现气候敏感性和气候失律的不确定性，这两个方面导致了经济分析的不确定性。气候变化经济学报告《斯恩特报告》（2006）的著者，英国著名经济学家尼古拉斯·斯特恩（Nicholas Stern）勋爵指出，气候失律导致经济分析不确定性的原因直接来源于如下五个方面："第一，通过消费和生产，人们释放出温室气体。二氧化碳是特别重要的，占温室气体的 3/4，是人类所造成的全球变暖效应的罪魁祸首；其他有关的温室气体包括甲烷、一氧化二氮和氢氟烃（HFCs）。第二，这些飘浮的气体在大气层中积聚成大量的温室气体，关系重大的是温室气体的总存量，而不是它们具体的产生地。温室气体存量的积聚速度取决于'碳循环'，包括地球的吸收能力和其他的反馈效用。第三，大气中的温室气体存量汇聚了热量并导致全球变暖，其程度取决于'气候敏感性'。第四，全球气候变暖的过程导致气候变化。第五，气候变化以各种复杂的方式影响人、动物和植物，最显著的方式是如暴风雨、洪水、干旱、海平面上升等。这些变化有可能改变我们这个星球上的自然地理和人文地理，影响我们生存的地点和方式。"① 气候敏感性造成如上五个环节中的每个环节的不确定性，又反过来增进了气候敏感性。气候敏感性由此形成的如上五个方面的不确定性之间的互动循环，推动经济学必须为适应这种敏感性和不确定性而改变自己：首先，无论是在起源上或者是在影响上，虽然也体现地域性的，但最终集聚为全球性，因而，气候失律是全球性的，它对经济的冲击既是地域性的，但更是全球性的；其次，气候失律给人类存在和可持续生存带来的影响是长远的，所以它对人类的经济冲击和影响也是长远的，并且这种影响和冲击必然要受到大气中温室气体存量和流量进程的支配；再次，在科学链条的大部分环节中都存在大量的不确定性；最后，气候失律所造成的潜在影响异常大，并且这种影响在整体上是不可逆的。② 正是基于对如上四个特征的深刻认知，斯恩特勋爵指出，在当代气候失律的大生存背景下，经济学研究应重点考虑如下三个问题，并把这三个问题置于经济学讨论的中心位置：首先，经济学必须注重气候失律带来的各种风险和不确定性，并围绕其风险和不确定性而展开；其次，面对气候失律所带来的不可逆的风险和不确定性，经济学讨论必然考虑经济与伦理学之间的联系，包括应充分考虑代内和代际之间存在着重大而潜在的政策取舍以及与他人和环境相关的权责观念；最后，面对

---

① Nicholas Stern，"The Economics of Clima e Change"，*American Economic Review*，Vol. 98，No. 2（2008），p. 2.

② Nicholas Stern，"The Economics of Clima e Change"，*American Economic Review*，Vol. 98，No. 2（2008），p. 2.

不断恶化的气候失律，经济学研究还必须同时考虑国际政治经济政策的作用。①

经济学一旦关注气候失律带来的风险和不确定性，首先必须抛弃因不确定性而形成的怀疑论思潮和对气候失律的不作为态度，因为怀疑论者们认为气候失律并不是世界性的紧要问题，气候失律所带来的风险远不如世界性贫困、艾滋病蔓延、核武器的竞相研制所带来的风险大，以及主张面对气候采取不作为的方式是最大的节约成本［比约恩·伦伯格（Bjorn Lomborg）］②的观念，实际上是对人类不负责的观念。大气物理学家杰拉德·罗（Gerard Roe）指出，气候失律所表现出来的不确定性，恰恰表明气候变换运动本身的复杂性和敏感性：因为气候变换运动的复杂性，才形成各种气候风险的不可控性；由于气候变换运动的敏感性，才导致失律的气候的微小变化都将可能造成结果上的巨大差异。③ 以不确定性为借口而拒绝采取积极的应对行动，是一种极不负责的错误观念，应予以抛弃。其次，应该将气候风险和成本纳入管理经济学，建立气候风险-经济收益的市场机制和气候风险成本-收益分析方法体系。这样一来，经济学与伦理学的必然关系就获得了前所未有的突显：因为一旦将气候风险和成本管理纳入经济学，并建立气候风险-经济收益的市场机制和气候风险成本-收益分析方法体系，就必须涉及其构建原则的普遍确立问题，探讨构建原则的普遍确立，却不可避开伦理学，即经济学家们面对气候失律造成的经济市场的敏感性和不确定性而予以专业讨论的过程中，不得不涉及伦理道德问题。比如，美国加州大学伯克利分校经济学教授乔治·阿克尔洛夫（George A. Akerlof）于 2006 年发表的《关于全球变暖的思考》（*Thoughts on Global Warming*）一文的第三部分则是讨论面对气候变暖如

---

① Nicholas Stern, "The Economics of Climate Change", *American Economic Review*, Vol. 98, No. 2 (2008), pp. 4—5.

② 黄卫华，曹荣湘：《气候变化：发展与减排的困局——国外气候变化研究述评》，《经济社会体制比较》2010 年第 1 期。

③ David Biello, "Climate Change's Uuncertainty Principle", *Scientific American* (October 25. 2007), http://www. scientificamerican. com/article/climate-changes-uncertainty-principle.

何有效减排的"政策的道德基础"问题。① 总之，气候经济学研究必然孕育气候伦理学，并使之迅速诞生。

2. 气候政治学催生气候伦理学

从经济学角度探讨气候失律造成经济市场的敏感性和不确定性等问题时，则必然面对一个难题，这个难题就是大气的全球性和非所属性。大气是"世界公地"，是全球化的公共资源。气候失律所带来的气候风险和成本管理——更具体地讲，为恢复气候而积极应对气候失律，实施减排和化污——这是在全球范围内展开大气资源分配，这就涉及到如何解决"公地的悲剧"的问题，由此使气候经济学的核心问题在本质上构成了国际政治学问题，这就是为什么一旦把气候问题纳入经济学讨论的中心就必须要充分考虑"国际政治经济政策的作用"的根本原因。由此看来，气候失律不仅改变着经济学，更改变着政治学，也改变着社会学、法学、教育学和人类文化学。这些改变从根本上表现在政治上必须终结**地域主义、国家主义**和绝对单一的**自利主义**以及只顾当前的**实利主义**，必须走向**宇观生态、世界主义**和**可持续生存的未来主义**。这种改变是突如其来的，它让人们措手不及并应接不暇，更让国家主义的政治操作束手无策。但这种改变却是绝对不可逆的，从它发生改变的那一刻开始，就注定了必须要走出一条彻底改变现有模式的道路来，但开凿通畅这条道路，却需要伦理学作为根本的社会方法论。从根本论，只有当自觉地运用伦理学、并以此为开凿其通道的工具时，从封闭地域主义走向宇观生态、世界主义和可持续生存的未来主义的生境道路，才可通畅开辟。这可以从国际气候政治学的艰难探索历程得到证明。

客观地看，对地球环境生态的关注与行动，从19世纪末就开始了：19世纪，独立战争后的美国经济得到快速发展，但这种粗放型的经济发展却是建立在对自然资源的掠夺式开发基础上的，它导致土地、森林等资源大量浪费和环境生态破坏，由此导致许多物种灭绝。这种状况引发有识

---

① ［美］乔治·阿克尔洛夫：《关于全球变暖的思考》，载曹荣湘主编：《全球大变暖：气候经济、政治与伦理》，社会科学文献出版社2010年版，第42—43页。

之士的关注和批评，并形成 19 世纪资源环境的保护运动。法国科学历史学家帕斯卡尔·阿科特在其环境科学研究代表作《气候的历史：从宇宙大爆炸到气候灾难》中指出，在 19 世纪末，欧洲国家经常举办保护自然环境生态和某些动物保护的国际性会议，正是这些活动推动环境生态关怀不断向前，并逐渐形成社会化共识。也正是在这种不断求得共识的大背景下，1968 年联合国教科文组织（UNESCO）在巴黎召开了由专家组成的政府间会议，其主题是如何合理地利用和保护地球生物圈的资源。4 年后的 1972 年，在斯德哥摩尔召开了第一次国际环保大会。在这次会议上，环境问题作为一个现实的国际政治问题被完全突显出来，"核军事、种族歧视、南非种族隔离以及殖民主义"和环境破坏遭到谴责，此次会议为国际合作共同维护地球环境生态奠定了国际法基础。在这一基础上，1983 年联合国成立了世界环境与发展委员会（WCED）。这个由挪威总理格罗·哈莱姆·布伦特兰夫人（Mme Gro Harlem Bruntland）领导的委员会，于 1984 年 10 月召开了首次会议。会议布置论文征集并设立专家委员会。三年后出版了《布伦特报告》，该报告系统报告了人类面临的严峻环境问题，正式提出了拯救地球环境的三大措施：一是提倡发达国家应该"节能减排"；二是建立可持续发展的全球理念；三是为真正落实此二者应考虑着手解决两个问题：（1）应解决发展中国家的债务问题，以减少国家、民族之间的不平等；（2）应将用于核军事和武器装备方面的支出转移投入到世界环境生态治理方面。

《布伦特报告》提出了环境治理的国际政治蓝图，为 1992 年里约热内卢"地球峰会"的召开制定出政治指南。并且，1988 年，世界气象组织和联合国环境规划署建立政府间气候变化专门委员会（IPCC）。1990 年，IPCC 就全球气候突变状况及态势发布了第一次气候评估报告（尔后 1995 年、2001 年、2007 年和 2014 年先后发布了第二、三、四、五次全球气候评估报告），为里约热内卢"地球峰会"的有序召开提供了组织条件和研究的科学依据。

里约热内卢会议有 177 个国家参加，并有 118 个国家元首出席此会议，参会者 30000 人。此次地球盛会结出了三项丰硕成果：

第一项成果是发布了地球宪章，即"里约宣言"。

第二项成果是形成了三个文件：第一份文件是由 27 条原则组成的可持续发展文件，强调和平、发展和环境保护三者的相互依存和密不可分性，突出"人类则处于可持续发展问题的中心"，主张人类应该"既满足当前需要，又不削弱子孙后代满足其需要能力的发展"，并促成发达国家确认"考虑到它们对全球生态系统的压力和所拥有的资源"，"在寻求国际可持续发展的过程中应承担一定的责任"。第二份文件是"21 世纪议程"，它为 21 世纪人类设定了可持续发展目标，并指出实现这一目标的前期工作就是从 1993 年到 2000 年，联合国预算每年需要 1250 亿美元的投入，发达国家考虑在此项目上投入其国民生产总值的 0.7%，即 1000 亿美元，但却不作任何过期的承诺。所以，此项目的落实不仅在理论上存在着每年 250 亿美元的缺口，而且在实际操作上没有任何保障（比如，1997 年，法国投入了其国民生产总值的 0.56%，美国只投入了其国民生产总值的 0.18%）。第三份文件即关于如何应对气候的全球协定，这个协定由三部分内容构成，即森林协定、生物多样性协定和气候变化协定，此三大协定构成了《联合国气候变化框架公约》（UNFCCC），这是 189 个国家所组成的联合国政府间谈判委员会就气候变化问题所达成的公约，该公约规定到 2000 年，其二氧化碳排放量低于 1990 年标准。《联合国气候变化框架公约》在此次会议期间（即 6 月 4 日）由地球首脑会议通过，并于 1994 年在法国批准生效（但美国拒绝在此协定上签字）。

第三项成果就是在环境治理问题上自发组成两个利益集团，即由发达国家组成的富裕国家集团和由发展中国家组成的"77 国集团"。这两个利益集团因为环境利益而缔结成两个对立的政治阵营；并且，这两个政治阵营以其自我利益最大化为目标而拉开了环境保护和恢复气候的拉锯战。这场旷日持久的拉锯战由柏林会议（1995）、日内瓦会议（1996）、京都会议（1997）、布宜诺斯艾利斯会议（1998）、波恩会议（1999）、海牙会议（2000）、马拉喀什会议（2001）、新德里会议（2002）、米兰会议

（2003）、布宜诺斯艾利斯会议（2004）、蒙特利尔会议（2005）、内罗毕
会议（2006）、巴厘岛会议（2007）、波兹南会议（2008）、哥本哈根会议
（2009）、坎昆会议（2010）、德班会议（2011）、多哈会议（2012）、华沙
会议（2013）、利马会议（2014）而得到全面展开，其间虽然在更广泛的
意义上不断达成新的共识，但最终没有制定出切实有效的行动方案来。从
实质论，一年一次的世界气候大会，实质上成为各国首脑聚集的口舌会
议，而在行动上各国都在我行我素。正是因为如此，阿科特才如此愤慨地
说："不管怎么说，直到现在，京都协议书就是个灾难！关于这个问题，
在欧洲，三个国家在 2005 年和 2007 年以其高排放量突出：西班牙——超
过了 53%；葡萄牙——超过 43%；爱尔兰——超过 26%。这些骇人的数
字源于欧盟委员会研究中心（2008 年 6 月）。"① 自里约热内卢会议达成
《联合国气候变化框架公约》之后的第 5 年，京都会议制定出《京都议定
书》，该议定书在理论上达成了恢复气候的行动方案，尔后围绕《京都议
定书》所展开的气候会议，不仅没有任何实质性进展，反而在温室气体排
放上更加严重，因为自京都气候会议召开以来，"发达国家在 2008 到
2012 年间的目标，应该是相比 1990 年的六种温室气体排放减少 5.2%。
但在 2009 年这个目标还没有达成，反而往相反方向发展！诸如中国、印
度这样的发展中国家，也没有任何减少的目标。在布什政府领导下的美
国，没有签署。加拿大，根据京都协议，本应该相比 1990 年减少 6% 的
排放量，却反而增长了 25.3%！现在这个国家必须减少 31% 的排放量才
能达到其被指定的目标……需要补充的是，大欧洲，情况也不容乐观：
2006 年，西班牙相比 1990 年增加了 50% 的排放量。那些解释这一结果的
理由也相当令人质疑。中国按其居民人数分配二氧化碳排放，声称他们比
其他国家污染要少。美国声称其能源消耗方面的人均技术收益相比产品资
源要高得多：90 美元的国内生产总值，一个中国人排放 3.54 吨二氧化碳
而一个美国人只排放 0.77 吨。俄罗斯，炒作西伯利亚这个极妙的碳井。

① ［法］帕斯卡尔·阿科特：《气候的历史：从宇宙大爆炸到气候灾难》，李孝琴等译，学林
出版社 2011 年版，第 253—254 页。

发展中国家要求得到和发达国家一样的发展机会。因此，直接地说，京都议定书没有什么未来，因为它将在2012年缔结，而且，从2007年以来，就没有任何一个专家提出过相反的意见；在世界水平上，今年，温室气体的排放量和1997年比较已经增加了35％。政府间气候变化专门委员会最悲观的预计已经被超出，这是何等悲剧的结果！"① 这个自1992年以来至今以二十余年时间为代价来展开的有关于恢复气候的全球目标何以落实的拉锯战，却以大多数国家温室气体排放量高增长为其实质性体现。这恰恰说明在恢复全球气候这块"世界公地"上，人们既没有找到各国利益的平衡法则，也没有找到解决眼前利益和长远利益之间的协调原理。导致这种状况出现的**深层认知**原因，恰恰是气候问题的国际政治解决缺乏伦理学的入场。气候失律的政治学考量和为恢复气候而锐意开辟国际政治合作的自救道路，必然催生出伦理学。促进地球存在和人类生存生境化的气候伦理学的真正到场，将可为在全球范围内恢复气候而实施国际协作减排，提供达成行动共识的伦理准则和行动方ït。

3. 气候伦理学的"破土"历程

概括如上内容，气候失律作为重大的生存问题引发社会的日益关注，是通过科学为其搭建桥梁，展开气候经济学探讨，催生气候政治学，并使气候政治学踏上实践探索的世界之路。只有当气候经济学和气候政治学讨论进入世界性进程但又无法解决其前进之阻碍时，才召唤气候伦理学的入场。气候伦理学的诞生，则必须把气候失律这一宇观环境问题推向所有学科并使其成为关注的重心，并由此形成以"气候问题"为切入点和关注焦点，推动当代科学和学术的全面更新。

作为"世界公地"的气候问题，是气候失律并由此引来的气候恢复与生境重建问题，所以究其气候问题的实质，是地球生命和人类生存的宇观环境问题。回顾对气候失律所做的最初伦理思考，却散见于生态伦理学和环境伦理学论著中，这方面的主要成果有贝尼托·穆勒（Benito Müller）

① ［法］帕斯卡尔·阿科特：《气候的历史：从宇宙大爆炸到气候灾难》，李孝琴等译，学林出版社2011年版，第255—256页。

的 *Equity in ClimateChange：The Great Divide*（2002）、路易斯·宾格里·罗莎（Luiz Pinguelli Rosa）等人的 *Equity and International Negotiations onClimate Change*（2002）、唐纳德·A. 布朗（Donald A. Brown）的 *American Heat：Ethical Problems with the United States' Re-sponse to Global Warming*（2002）等。2004 年，美国宾夕法尼亚州立大学洛克伦理学研究所以 "气候变化的伦理维度" 为主题予以专题立项，预示气候伦理学获得孕育。当该项目成果 White Paper on The Ethi-cal Dimensions of Climate Change 于 2007 年公开发表，标志气候伦理学开始破土。其后，三部气候伦理研究专著即迈克尔·S. 诺斯科特（Michael S. Northcott）的《气候伦理》（*A Moral Climate：The Ethics of Clobal Warming*，2007）[1]、詹姆斯·加维（James Garvey）《气候变化的伦理学》（*The Ethics of Climate change*，2008）、埃里克·波斯纳和戴维·韦斯巴赫（Eric A. Posner and David Weisbach）的《气候变化的正义》（*Climate Change Justice*，2010）[2]相继问世，气候伦理学在**形式**上获得真正的诞生。其中，诺斯科特的《气候伦理》着重讨论了气候突变的人类原因及其所形成的广泛影响与危机，贯穿 "合乎道德的气候应该是什么" 这一主题；加维的《气候变化的伦理学》重在总结全球变暖的有力证据，指出气候变暖 "不存在争议"，然后在此基础上揭示在应对气候变暖的各种可能对策中，应充分发挥伦理学的功用。波斯纳和韦斯巴赫合著的《气候变化的正义》却侧重考察气候变化所引来的全球分配正义和代际正义问题。之所以将前期的这些气候伦理著作定位为是 **"形式上"** 的气候伦理学，并且只是使气候伦理学获得了 "形式上" 的诞生，是因为这些成果仅仅属于气候伦理学的外围性探讨，均没有对气候伦理问题本身做正面而系统的讨论。不妨将《气候伦理》和《气候变化的正义》两著的章目录于下：

---

① ［英］迈克尔·S. 诺斯科特：《气候伦理》，左高山等译，社会科学文献出版社 2010 年版。

② ［美］埃里克·波斯纳、戴维·韦斯巴赫：《气候变化的正义》，李智等译，社会科学文献出版社 2011 年版。

由此可以看出最初的这批气候伦理成果的基本内容是对气候失律所产生的后果的描述，并在这些后果描述中发现解决气候失律问题本身包含了伦理诉求。所以，这些以"气候伦理"为形式标志的最初成果对气候伦理学的创建做出了两个方面的实质性贡献：（1）分别从不同角度发现了气候变化背后的伦理问题；（2）揭示了人类要应对气候失律、恢复气候，必须以伦理为依据。

国外的气候伦理研究打开了气候伦理学的探究视野，并很快跨越空间阻隔而获得世界性的关注。中国的气候伦理学研究就是在这种背景下展开的。

国内气候伦理研究的最早成果，应该追溯到徐玉高、何建坤二人撰写的《气候变化问题上的平等权利准则》（2000）。此文不同于后来的气候伦理文章的地方在于：认为解决气候问题的根本问题不是正义问题，而是平等问题。因为任何正义的探讨都需要构建一个使之能够得以实施的平台，这个平台只能是平等。但该文却并没有引来直接的响应。直到2008年开始，气候伦理问题才引发王小文（2008）、高国希（2008）、郜书锴（2009）、钱皓（2010）、史军（2010）、华启和（2010）、徐保风（2010）、杨通进（2010）、王苏春（2011）、翟章宇（2011）、郑艳（2011）、梁帆（2011）、秦天宝（2012）、李开盛（2012）、陈俊（2013）、张丽苹（2013）、杨廷强（2014）、彭本利（2014）等众多学者的关注和探讨。时至目前，CNKI 显示，直接探讨气候的伦理问题的文献大致可归为四个方面：一是面对国际气候研究的否定派观点以及气候变化的不确定性因素，对气候伦理研究何以可能的问题予以形上拷问，如史军《气候变化科学不确定性的伦理解析》（2010）、曾建平《气候伦理是否可能》（2011）、华启和《气候问题的善恶追问》（2012）等；二是展开气候变化的基本伦理问题探讨，如王小文《气候变化伦理学初探》（2008）、王昕《"他者"与气候变化问题伦理学的基础》（2012）、皮修平等人《气候经济伦理学论纲》（2010）等；三是专题讨论气候正义的问题，如李春林《气候变化与气候正义》（2010）、钱皓《正义、权利和责任：关于气候变化问题的伦理思考》（2010）、曹晓鲜《气候正义的研究向度》（2011）、彭本利《气候正义是气候治理的基础》（2014）、杨廷强《资本逻辑与气候正义》2014）等；四是应对气候变化的伦理对策思考，如杨通进《全球正义：分配温室气体排放权的伦理原则》（2010）、张容南《气候正义诉求下的气候伦理原则》（2011）、郑艳与梁帆合著《气候公平原则与国际气候制度构建》（2011）、李开盛《论全球温室气体减排责任的公正分担》（2012）、戴思薇《气候变化的代际正义问题研究》（2012）等。有关气候正义的文章最多，在仅有的 100 多篇气候伦理文章中，气候正义方面的文章却占去 53 篇。但气候伦理问题并不只是一个正义问题，正义只是气候伦理的一个道德原则，由于多数气候伦理文章只把气候的伦理问题锁定在正义问题上，使气候伦理探讨的路子越来越狭窄。由此形成目前国内气候伦理研究的三个特征：一是研究气候伦理的学者们，除极个别外，大都缺乏后续性研究，往往发表一篇或两篇文章后就从这个领域退了出去；二是缺乏深入、整体、系统的研究，时至目前，尚无气候伦理的专题论著问世，并且，从国家社科基金立项来看，2008－2014 年，国家社科基金以"气候"为主题的立项共 74 项，大都从社会学、政治学、法学、环境科学等领域切入，气候伦理研究方面的立项却只有一项；三是往往孤立、静止地看待气候伦理问题，没有把它作为地球生命存在和人类可持续生存的宇观环境来看，更没有把灾疫治理、国家能力与气候恢复纳入一个动态生成的整体来审视。对形成气候伦理研究这三个方面特征的原因的追问，则可以发现，面对气候伦理问题，无论是国外研究还是国内研究，都是在没有完全明确气候伦理学的研究对象范围的前提下展开的。这种状况的出现当然很自然，因为学科诞生的最初阶段都会有这样的经历，但随着研究的继续，必须改变这种状况，唯有如此，气候伦理研究才会获得向前推进的可能性；也唯有如此，气候伦理学的创建才成为现实。

二、气候伦理学的对象内容

1. 气候伦理研究的学科对象

气候伦理学的研究对象，虽然与气候直接相关，但却不是气候，而是气候伦理。"气候伦理"这个概念有两层含义：一是指气候本身蕴含伦理意趣、伦理诉求。因为气候作为一种变换运动的天气过程，它敞开为周期性的时空韵律。这种时空韵律不仅蕴含其内在的秩序要求性，更体现出宇宙律令和自然法则：气候周期性变换运动张扬着体现宇宙律令和自然法则的自然伦理。从这个角度看，气候伦理学就是研究气候的自然伦理。二是指从伦理角度研究气候问题，包括气候失律状况、特征、趋势、原因及背后的伦理动机、价值导向、道德模式，以及恢复气候的可能性、条件、努力方向、途径及其应该遵循的伦理原理、原则、方法。气候伦理学当然要涉及前者，这是气候伦理学得以建立的自然基础；但却更侧重于对后者的探讨，这是气候伦理学的目标所在。

从伦理角度入手来研究气候，其首要问题就是**气候失律**。从伦理角度探讨气候失律问题，必要涉及气候变换运动的自然伦理何以可能？这是气候伦理学考察气候伦理的自然前提。从根本讲，气候作为变换运动的天气过程，是以尺度变化的方式敞开的。从实质论，气候就是天气变换的过程，这是与人类无关的自然过程，但却与宇宙和地球周期性运动直接相关，与自然创造力和秩序力直接相关。正是因为如此，气候作为天气变换运动过程始终是有规律的，这种规律内聚为气候变换运动的内在秩序要求，外化为气候变换运动的时空韵律。气候变换运动的内在秩序要求性与外化张扬的时空韵律性，同样是自然的，也与人类活动无关。

气候失律是对气候变换规律的打破，它表征气候之内在秩序要求性与外化时空韵律的丧失。仅当代论，导致气候丧失自身变换运动之内在秩序要求性和外化时空韵律的最终力量不是宇宙和地球力量，而是人类活动，是人类活动过度介入自然界，通过改变生物活动、地面性质的方式层累性地改变大气环流和太阳辐射，最终破坏了气候变换的节律。人类活动成为气候失律的最终之因始于工业革命：在工业革命之前，气候变换运动客观地存在着小尺度变换与大尺度变换两种形态，小尺度变换是气候运行时空韵律化的**常态**方式，大尺度变换是气候运行时空韵律化的**非常态**方式，比如冰河期气候、小冰河期气候，就是其非常态化的大尺度变换的典型方式。气候变换的大尺度方式，虽然在表现形态上有些近似于气候失律，但它在实质上却与气候失律有根本区别。这种区别主要体现为三个方面：首先，气候运行的大尺度变换作为**非常态**方式，它呈偶发性，其爆发次数具有可数性，并体现非频率性；与此不同，气候失律却是气候运行的**常态**方式，它呈持续增强态，体现全球性和日常生活化取向，具有越来越强的频率度，具有爆发的不可数性。其次，气候运行的大尺度变换有其持续不变的方向性，即大尺度变换的气候运行，要么是朝变暖方向展开，要么是朝变冷方向展开；气候失律却是既无持续的方向性，也无秩序性，它是变冷与变暖、高寒与酷热交替无序展开。比如，成都市 2013 年 9 月 28 日的温差是 10℃，即最低气温 15℃，最高气温是 25℃，在成都这个具体的地域，一天中的温差高达 10℃，这在过去从来没有过，而且也不会持续保持这样大的温差，这就是气候失律的局部表现。最后，气候运行的大尺度变换是朝着某个方向有序展开而具有不可逆性；但气候失律却恰恰相反，由于它总是在变冷和变暖、高寒与酷热之间无序运动，所以在其运动变换的方向上始终具有可逆性。

概括地讲，气候变换运动，是自然力所为；气候失律，是人类活动作用于自然界所遗留下的破坏性因素层累性生成的产物。以此我们自然得出其明确的区分：气候变换运动，是**气候自然学**研究的基本对象，气候自然学包括气象学、气候学、天体物理学、地球物理学等学科。气候失律，则构成**气候社会学**研究的基本对象，气候社会学主要包括气候政治学、气候法律学、气候经济学、气候公共政策学、气候文化学、气候伦理学等。

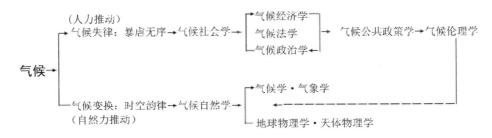

图 2-1　气候研究的跨学科视野

为更好地理解上面的简图，有必要做三个方面的提示性解释。

首先，界定气候变换是气候自然学研究的基本对象，这只是在气候按其自身规律变换的状况下才可成立。在气候变换丧失自身规律的状态下，气候学、气象学、天体物理学、地球物理学等自然科学也要研究气候失律状况。同样，气候失律虽然构成气候社会学研究的基本对象，但它必须以气候变换为前提，其最终目的是引导人类改变自己的活动方式、活动范围，促进气候恢复自身规律。换言之，研究气候变换的时空韵律和内在秩序要求性，挖掘气候变换所蕴含的自然伦理规律，这是探讨造成气候失律的伦理原因和恢复气候的伦理导向的根本前提。

其次，导致气候失律的最终原因是人类活动：气候失律是由人力推动所造成的。要理解这一判断，需要改变人类的习惯性思维。人类的习惯性思维最突出地表现为我们无论是作为整体（比如国家）还是作为个体（比如个人），都只关注身边的事物，只关心眼前的利害，漠视远方的事物，漠视整体的存在，忽视与眼前无直接关联的现象及其所发生的事件或变化。习惯性思维很难理解直接与间接之间的内在关联性，很难发现具体与整体、当前与未来、个人与自然世界之间的生变关系，因为习惯性思维始终是一种**实利性**的形下思维。因此，改变习惯性思维方式的基本方法，就是突破实利性的形下思维习惯，以超越性的姿态将思维提升到形上层面，以形上的方式来思考问题。

解决了认知的主体问题，接下来需要思考理解"气候失律是由人力推动所造成"这一判断的正确途径。这需要重新回到"气候"概念。如第一章所述，宇宙星球运行、太阳辐射、地球轨道运动、大气环流、地面性质、生物活动等因素的相互作用，才形成气候有规律的变换运动。在构成气候变换运动的如上要素中，只有宇宙星球和地球轨道运动才不受人类活动的影响，除此之外其他所有因素都与人类活动有关联，都不同程度地受到人类活动的影响。

首先看太阳辐射。太阳辐射是形成气候变换的基本因素。太阳辐射到地面的强弱程度，与大气中的臭氧相关。大气层中的臭氧，不仅是促进大气光合过程的重要氧化剂，也是调节气候的主要因素，因为臭氧既吸收太阳光中大部分紫外线并将其转换为大气所需要的热能，也能吸收 9—10 微米的热红外线使大气层加热。臭氧的这两大功能的发挥，使它对平流层的温度结构和大气运动起决定性的作用。具体地讲，臭氧浓度变化既影响平流层大气的温度和运动，更影响全球热平衡，推动全球气候变换或失律运动。自工业革命以来，大气中臭氧日趋减少，臭氧层空洞出现并日渐扩大，其直接结果是太阳辐射的强度增加，热能增多，使平流层大气的温度升高，打破了热平衡，并构成气候失律的重要推力。

其次看大气环流的逆生化和地面性质死境化。从根本讲，大气层中臭氧稀薄和臭氧空洞出现及其不断扩大，导致太阳热能——尤其是紫外线——向地面辐射强度增加，太阳能量以急剧增强的方式发生巨大变化，引发地球变暖。[①] 除此之外，推动太阳辐射状况发生改变的根本性因素就是大气环流。形成大气环流的重要因素是空气、阳光、水，此三者的有序环流就构成了大气环流。影响空气、阳光、水三者是否有序环流的决定性因

---

① ［美］安德鲁·德斯勒、爱德华·A. 帕尔森：《气候变化：科学还是政治》，李淑琴译，中国环境科学出版社 2012 年版，第 80 页。

素，恰恰是森林、草原、海洋、江河、山脉等地面性质状况。在工业革命前，森林、草原、海洋、江河、山脉等地面性质状况主要由自然力所决定，工业革命后却逐渐地主要由人元所决定：人类为了经济增长、物质利益、财富指数而无度砍伐森林，过度放牧草原，无理性地开发海洋、无节制地截拦和断流江河等，以一种意想不到的方式制造了地面性质的死境化。地面性质死境化，成为导致大气环流逆生化的罪魁祸首，亦是导致太阳辐射失律的最终原因。大气环流逆生化和太阳辐射失律形成合力所造成的最终结果，就是气候失律。

其三，因为气候失律，才产生气候社会学。气候社会学研究无论从哪个维度切入，都要涉及三个方面的基本内容并围绕它而展开：第一，气候失律对地球世界和人类社会产生的负面影响有哪些？具体地讲，气候失律造成了哪些方面的地球生态危机和人类生存风险？第二，如何化解气候失律所造成的地球生态危机和人类生存风险？第三，为化解气候失律所带来的地球生态危机和人类生存风险，我们应该**做什么**和应该**不做什么**？

面对气候失律的恶化态势，我们对应该做什么或应该不做什么的选择，都必须客观而正确地看待气候：即气候既是全球化的公共资源，也是地域性的国家资源，更是个人的生存条件，比如霾污染持续扩散形成的霾气候，是气候失律的极端方式，但它目前却在中国境内无阻碍地扩散，这就表明气候失律的地域性而不是全球性。再比如说酷热与高寒，同样也是在具体的国家境内的具体地域爆发，绝不可能在全球**每个**地方**同时**爆发。以国家为基本单位，气候作为全球性的公共资源，它是"世界公地"；但与此同时，气候作为国家资源，它却成为**国家的**私有资源；同样地，在国家范围内，气候也成为地方性资源，比如北方的气候与南方的气候、北京的空气质量和上海的空气质量，是完全不同的。所以，任何"搭便车"的想法和做法，最终都是首先害自己，然后才是害他者。国家是如此，个人更是如此。那种认为气候失律与自己无关的想法和做法，除了自私主义的习惯性动机以外，就是纯粹的无知所形成的天真。面对日趋恶化的气候失律态势，我们选择应该做什么或应该不做什么，都必须具备如上正确认知，努力抛弃"搭便车"之私欲冲动及由此所形成的责任逃避。

面对不断恶化的气候失律态势，围绕"应该做什么和不做什么"之基本问题，气候社会学研究的首要领域就是气候政治学。气候政治学以如上三个问题为探讨的基本内容，最后需要达成一种全新的气候政治共识。这一全新的气候政治共识，首先是国家范围的，但最终是全球主义的。只有在这种全球主义气候政治共识下，才可形成全球化的气候政治实践框架。只有在这种全球共识引导所形成的全球化的气候政治实践框架下，才可真正解决所有既来自于发达国家、也来自发展中国家的政治分歧，全面实施全球化减排。

气候政治学探索要走向实践领域，形成对人类活动的有效规范，必须走向对气候法律学的落实。气候法律学围绕如上三个问题展开探讨，必须为气候政治学走向实践规范的构建——即为国际气候法律体系和国家气候法律体系的构建奠定法理基石，包括世界主义的气候法学思想、气候法学原理、气候法学原则、气候法学方法。这是为国际气候法律体系——包括立法体系和司法体系——的构建创造共识平台。所以，气候法律学构成了气候社会学的基本规范领域。

气候社会学的重要领域是气候公共政策学，它以如上三个问题为探讨的基本内容，需要达成一种全新的气候公共政策共识，这一共识既要以国家为立身之根本，更要积极主动地走向国际合作。只有在这种以国家为出发点和最终目标指向的气候公共政策共识下，才可形成全球化的气候公共政策实践框架。只有在这种国家主义共识引导所形成的全球化气候公共政策实践框架下，才可真正解决所有既来自于发达国家、也来自于发展中国家的公共政策分歧，真正以"谁消费谁付费"和'谁受污染谁得补偿'为根本原则，在全球范围内实施气候消费的历史性清偿和当前气候消费的强制减排相结合的国际公共政策，并以此为平台，在政治、经济、技术、文化、科学、教育、环境生态等领域全面展开生境化的新型国际合作。

气候社会学的重要领域是气候经济学。气候经济学以如上三个问题为探讨的基本内容，需要达成一种全新的气候经济共识，这一气候经济共识应该是国家主义与全球主义的有机结合。只有在这种以国家主义为旨归的全球主义气候经济共识下，才可形成全球化的气候经济实践框架。只有在这种全球化的气候经济实践框架下，才可真正解决所有的既来自于发达国家、也来自于发展中国家的经济分歧，全面开发低碳化的生境技术、生境能源、生境经济生产方式、生境消费方式和生境生活方式，全面发展全球化的以生境主义为导向的低碳经济、低碳消费、低碳生活，这就是厉行节俭、简朴生活的低碳方式。

气候社会学的综合领域是气候文化学。气候文化学以如上三个问题为探讨的基本内容，需要达成一种全新的气候文化共识，这一文化共识既要体现民族个性和民族人格，更要张扬世界主义精神和人类情怀。只有在这种融进民族个性、民族人格和世界主义精神、人类情怀的气候文化共识下，才可真正创构起全球化的气候文化认知框架和整体蓝图。只有在这种气候文化认知框架和蓝图下，才可真正解决所有既来自于发达国家、也来自于发展中国家的文化分歧，全面发展全球化的气候文化。

气候社会学，或者更具体地讲气候政治学、气候法律学、气候公共政策学、气候经济学、气候文化学要能围绕如上三个方面的问题展开其正确探讨，并根据各自领域要求而构建起独具特色的学科理论，能从不同方面指导治理环境、恢复气候的社会实践，则需要接受气候伦理学的引导。气候伦理学就是围绕如上三个方面的问题展开深入系统的研究，为气候政治学、气候法律学、气候公共政策学、气候经济学、气候文化学的研究和探讨构建其伦理共识平台，提供伦理共识的基础知识、价值导向系统和伦理原理、指导实践行动的道德原则及其规范体系。

2. 气候伦理研究的学科范围

气候政治学、气候法律学、气候公共政策学、气候经济学、气候文化学等新型社会学科围绕气候失律问题而展开如上方面的探讨，最终要分别从气候政治领域、气候法律领域、气候公共政策领域、气候经济领域、气候文化领域达成一种全球性共识，构建一种全球化的实践框架，并引导全球化的减排化污的实践行动，这需要伦理学的介入。因为只有伦理学才可为不同领域的不同认知、不同行动提供共同的人性基石、认知原理、价值导向系统、行动准则及其规范体系。伦理学介入气候社会学，必然诞生气候伦理学。气候伦理学将为气候社会学研究，具体地讲就是为气候政治学、气候法律学、气候公共政策学、气候经济学、气候文化学等学科研究提供探究气候失律的各种问题以及恢复气候的人性基石、认知原理、价值导向系统、行动准则及其行动规范。由此，气候伦理学以气候失律为根本问题而展开研究，必然要赋予"气候伦理"这一学科研究对象以如下三个维度的内容：

首先，气候伦理学必须考察气候变换运动的自然伦理问题。从整体观之，气候变换的自然伦理问题涉及四个方面的基本内容：第一，推动和维持气候变换的自然力，是否蕴含着一种自然伦理？第二，如果自然变换运动确实内在地蕴含着一种鲜为人知的自然伦理，那么这种自然伦理的实质内容是什么？其生成的最终依据又是什么？第三，这种自然伦理是否与人类伦理构成内在的关联？第四，如果自然伦理与人类伦理之间确实存在着一种内在关联性，那么这种内在关联性是什么？它如何得到一种存在论展现并怎样才可能发挥出一种生存论功能？

对如上问题的拷问与澄清，既是探讨气候伦理、考察气候失律的认知前提，又是气候伦理学能够引导人们恢复气候、并使气候变换运动重获时空韵律和内在秩序本性的最终伦理依据。

其次，气候伦理学研究必须对气候失律予以严肃的伦理检讨。这一伦理检讨应该从四个方面展开：第一，人类活动推动气候失律的内在人性动力是什么？第二，激励人类活动失控并从而导致气候失律的外在伦理体系是由哪些要素构成的？包括人类伦理理想、道德目的、伦理认知原理、核心价值、道德原则、行动规范、伦理方法等。第三，这种推动气候失律的伦理体系是如何形成的？形成这种伦理体系的最终依据是什么？第四，推动气候失律的人性动力是怎样被激发出来的？

最后，气候伦理学研究必须围绕如何恢复气候而构建达成全球共识的气候公正，对这一问题的探讨可以从如下几个方面展开：

第一，气候伦理研究为何将"气候公正"作为恢复气候所必需的全球共识？为此而必须区分"气候公正"与"气候正义"，包括二者在其性质、指涉范围和实施功能等方面的区别，并在此基础上探讨"气候公正"的自然伦理依据和人性伦理理由。

第二，气候伦理学研究必须构建气候公正的目的论。探讨并实施气候公正的目的，就是重建生境，包括气候生境、地球生境和人类生境，实现生境文明。重建生境的具体体现，就是恢复气候，使气候变换重获自身之周期性时空韵律。

第三，气候伦理学必须对气候公正予以人性论拷问，其核心任务是探讨并实施气候公正的人性基石是什么。具体地讲，一是如何发现其天赋的人性要求；二是探求通过恢复气候而再造人性的基本进路与方法。

第四，气候伦理学必须探讨气候公正的原理构建。探讨并实施气候公正，就是恢复失律的气候、重建地球环境生态和社会环境生态的生境化，为此而必须遵循层累原理、突变原理和边际原理，包括气候的边际成本原理和边际效应原理。

第五，气候伦理学必须探讨气候公正的**不作为**道德。实施气候公正，恢复气候，人类必须学会"不做什么"，即必须具备其不作为的道德能力。气候公正的不作为道德展开为两个方面：一是面对自然、地球和地球生物圈，人类应该明确自己作为的界限，清楚哪些方面不需要人类作为，哪些方面人类不能作为。比如，不滥伐森林，不过度放牧草原，不在江河流域上截流修建水电站等，即属于此。二是面对生活，应该明白自己的作为界限，清楚哪些方面不需要人作为，哪些方面人不能作为，以及这种不作为内容如何化为具体的、日常生活化的内容。比如碳排放，就客观地存在着作为的界限和不作为的内容。碳排放是人的生活的基本需要，人活着，要生活，必须排放碳，但人对碳的排放这一作为只能限制在基本生活需要这个限度内，对于超过其基本生活需要的领域，就应该在碳排放方面采取不作为方式，这种不作为所体现出来的道德，就是不作为道德。比如，本可乘坐公共汽车去办的事情，不要开小汽车去办；再比如在室内温度28℃

及以下，不开空调；又比如室内改用节能灯；等等，就属于此。

第六，气候伦理学必须探讨气候公正的**作为道德**。实施气候公正，恢复气候，人类还必须明白"应该做什么"，具备自觉作为的道德能力，即通过自觉的努力行动而改变地球环境生态，恢复气候，实现气候生境。气候公正的作为道德，同样涉及两个方面：一是面对自然、地球和地球生物圈，必须学会"应该做什么"。比如，培育森林，保护湿地和荒野，维护生物多样性，拒绝和严禁捕食野生动物，珍视大地上的每一株花草，每一棵树木，不向河流倾倒垃圾、废物，维护江河清洁等，就属于此。二是面对社会和生活，必须学会"应该做什么"，比如为了恢复气候，我们必须学会改变自己的存在态度、生存方式、生产方式、消费方式和生活方式。学会节制物欲，学会节俭地生活，学会善待生命、善待地球、善待自然、善待气候等即是。

第七，气候伦理学必须探讨气候公正的伦理教育。实施气候公正，恢复气候，不是一时之功，也不是少数人之力，而是人人之事，需要人人努力；实施气候公正，恢复气候，更是持续展开的人类生存之战和社会生存之战，需要人人将其化为人生生活过程中的必为之事。这首先需要将人从物质主义和消费主义的梦魇中唤醒过来，通过改变自己来改变地球生态状况。所以，恢复气候，重建气候生境，需要社会整体动员展开以气候公正为主题的启蒙教育，这一启蒙教育的实施必须是政府、社区、家庭、学校四位一体化。唯有通过这种持续不衰的气候伦理教育，气候公正意识才可社会化形成，恢复气候、重建气候生境才能成为现实。

3．气候伦理研究的基本内容

客观地看，气候失律在事实上引发出三个方面的伦理问题：一是气候本身的伦理问题；二是气候失律所表现出来的伦理问题；三是恢复气候所需要重建的伦理问题。气候伦理学就是系统地考察气候失律所引发出来的这三个方面的伦理问题，并以此为前提而探求恢复气候的全球性伦理行动方案。

气候的自然伦理问题　气候作为变换运动的天气过程，它本身蕴含着复杂的伦理问题。如果将其予以宏观梳理，可以概括为如下四个方面。

其一，气候作为变换运动的天气过程，它本身就是由太阳辐射、地球轨道运动、大气环流、地面性质、生物活动等各种宇观因素协调作功而生成的。在自然状态下，气候变换运动的根本问题，是太阳辐射、地球轨道行动、大气环流、地面性质、生物活动等宇观因素是按照什么方式而有节律地运行？并且，使这些宇观因素按照这样的方式运行的最终推动力量又是什么？对前一个问题的探究，将可能发现气候变换运动的奇妙的自组织结构，这种内在化的自组织结构可能蕴含着一种自然伦理意蕴甚至自然伦理诉求。对后一个问题的考察，将有可能揭示神秘的自然伟力与气候之间的自生与生它、自律与他律的对立统一张力，具体地讲就是其对立统一机制、规律、原理。

先看第一个问题，太阳辐射、地球轨道运动、大气环流、地面性质和生物活动，它们既是构成气候有节律变换运动的根本要素，也是推动气候朝着有节律的方向变换运动的根本动力因。太阳辐射、地球轨道运动、大气环流、地面性质、生物活动这诸要素之所以具有如此的双重功能，就在于它们有其自身组织机制释放这种功能而生成其自组织结构。构成太阳辐射、地球轨道运动、大气环流、地面性质和生物活动这些宇观因素所内在蕴含的自组织功能和自组织结构的内在力量，恰恰是它们的共有本性，即它们是按照自身方式而存在并展开生存运动的。太阳辐射、地球轨道运动、大气环流、地面性质、生物活动的这一共有本性整合构成了气候本性，即气候是按照自身方式而存在并展开尺度变换运动的。在这一有节律的尺度变换运动中，气候之自身本性既内驻又释放，其内驻的形式就是气候之内在秩序要求性，其释放的形态就是气候变换运动的时空韵律性。

进一步看，气候及其构成要素均按其共有本性而展开互动生成的最终推动力，恰恰是自然伟力。自然伟力即其创造宇宙、地球及万物生命和一切存在者的那种野性狂暴创造力和理性约束秩序力及其对立统一张力。自然伟力在创造宇宙、地球、生命和一切存在者的过程中，也将其野性狂暴创造力与理性约束秩序力及其对立统一张力熔铸进它的创造物中，从而内聚为它的创造物的自创生和互创生的原动力。这种自创生和互创生的原动力，就是太阳辐射、地球轨道运动、大气环流、地面性质、生物活动的自在本性，也是气候变换运动的内在本性。在这一本体论意义上，气候有规律地变换运动本身蕴含了伦理意味，张扬着伦理诉求。这种伦理意味和伦理诉求是纯粹自然意义的。

其二，无论从宇观方面讲还是从微观方面看，气候作为变换运动的天气过程展布出自身的节律，这种节律就是气候的时空韵律性。比如，在同一个季节里，一天之中早中晚的气温是动态变化的，但这种变化在同一个季节里，每天大体是相同的，这种几乎按照大体相同的节奏而发生的周而复始的气候变化，就是气候的时空韵律性。一个季节里每天的天气变化拥有这样的时空韵律节奏，一年之中的春夏秋冬四季的气候变化，在一个具体的地域中同样呈现出这样的周而复始的时空韵律节奏来。在农业时代，人们通过对冷暖的感觉和经验的总结而形成四季观念和四季原理，四季运行其实就是气候在一年之中的周期性变换，因而，春夏秋冬四季不过是一年之气候变换所表现出来的周期性的时空韵律。气候作为变换运动的天气过程所呈现出来的这种时空韵律性蕴含了什么意味的自然伦理情趣？或者换言之，气候作为变换运动的天气过程，为什么要以时空韵律的方式展布自身？展布气候之时空韵律的最终力量是什么？这种力量又是依据什么而推动气候展布其时空韵律性？

概括如上所述，气候变换运动所表现出来的时空韵律，以及这一时空韵律所蕴含的自然伦理意味和诉求，恰恰源于气候之内在秩序要求性，这种内在秩序要求性是气候之自身本性的内驻形式。这种体现自然伦理意味和诉求的内在秩序要求性的本质规定，却是自然伟力，即自然伟力在创造宇宙、地球、生命世界时将其野性狂暴创造力与理性约束秩序力及其对立统一张力灌注其中。因而，气候变换运动按其内在秩序要求而表现时空韵律的最终推动力，具体地讲是气候的自身本性，抽象地说是自然伟力。

其三，气候作为变换运动的天气过程，它本身就是一种资源：气候既是一种宇宙资源，也是一种地球生命资源，更是一种人类存在资源。作为一种资源，它首先具有**生**的能力，其次它具有**用**的功能，最后它具有**自我规定、自我节制**的限度性。气候亦是如此，首先，气候作为变换运动的气候过程，它既具有他生性，又体现自生性：气候的他生性，源于它的最终原动力是自然伟力，具体地讲就是太阳辐射、地球轨道运动、大气环流、地面性质和生物活动的互动作功；气候的自生性，体现在气候总是要按照自身本性要求接受自己的内在秩序要求而周期性运行，并张扬其变换运动的时空韵律。其次，气候作为变换运动的天气过程，既需要用它，又必须为它所用：前者展开为它对宇宙星球、太阳辐射、地球轨道运动、大气环流、地面性质、生物活动的互动作功与整合发挥；后者却表现为地球生命的存在、万物的生长以及人类的生存，都离不开气候，都因为气候本身的时空韵律性而获得相应的存在位态和生存方式，比如高寒地带、热带、温热地带等不同地区的动植物的生长和人类生存方式，包括饮食方式、休闲方式等都存在很大的不同。由此可以看出，最后，气候是限度性的。气候的限度性首先表现在它的自我限度性，气候展布自身的时空韵律性，其实就是它按照自己的内在秩序要求而自我限度的典型表达；其次表现为对他者的限度性，这种限度性就是任何事物、任何物种生命，当然也包括人类，只能在气候变换运动的时空韵律中存在和生存，逾越这一时空韵律或打破这一时空韵律，将面临存在的危险和生存的危机。今天，其连绵无穷的气候灾害，以及由此而引发出来的地质灾害、流行性疾病等，都是气候变换运动打破了它自身时空韵律之逆生态呈现形态。

其四，气候作为变换运动的天气过程构成了地球生命存在的宇观环境，当然也构成了人类存在的宇观环境。"环境"这个概念，既具有土壤的功能，也具有平台的功能。气候就是地球生命得以安全存在和有秩序生存的流动土壤和变而不失其内在节律的平台。

气候失律的伦理问题　概括如上四个方面的内容，气候的自然伦理蕴含，就是气候变换运动的内在秩序要求性；气候的自然伦理诉求，就是气候以自身时空韵律的展布而获得了内生的伦理意味和敞开的伦理诉求，具体地讲，就是气候有**节律的生变性、有秩序的功用性和有限度的约束性**。

气候的内在秩序要求性和外化的时空韵律性的丧失，就是气候失律。气候失律，从表面看，它由各种自然力引发。从实质论，它是人类活动改变地球状貌和地表性质，从而影响大气环流、太阳辐射、宇宙星球运行，最终通过不断改变的大气环流、太阳辐射、宇宙星球运行而导致气候失律。

气候失律带来了两个方面的伦理问题：一是气候失律使气候本身丧失其伦理约束，其表现就是它丧失了自身的内在秩序要求和外化时空韵律性，由周期性的有序运动沦为了非周期性的无序运动。二是气候失律最为集中地展示了人类活动面对自然世界所体现出来的非理性状况的严重性。严格地讲，人类理性有两个维度的内容：一是自然理性，二是社会理性。前者是人类活动面对自然的理性，后者是人类活动面对社会的理性。就人类文明的整体历程看，人类活动在面对社会、经营社会、发展社会这个方面，从整体上体现出很强的实践理性的约束力和秩序力，这种社会实践理性的约束力和秩序力展开的积极成果，就是人类对自身文明阶梯的构筑。但在另一方面，人类构筑其现代文明的阶梯，却是无限制、无止境甚至是暴虐地征服自然、改造环境和肆意掠夺地球资源、破坏环境生态、毁灭生物多样性，包括当前全球范围内争夺、开发海洋和进军太空等，都体现了在自然面前的非理性倾向。人类活动面对自然世界所体现出来的这种非理性倾向，集中表现为对自然、地球、大地、生物环境生态的征战主义、掠夺主义和对地球生命的奴役主义。人类活动所表现出来的这种征战主义、掠夺主义和奴役主义价值取向，既在根本上违背了宇宙律令、自然法则、生命原理，也在根本上异化了人性要求。所以气候失律展示了人类最严重的人性扭曲和残缺，暴露出最根本的伦理空疏。

恢复气候的伦理重建问题　对人类来讲，气候失律并不是可以任意忽视的小事，因为气候失律使人类得以安全存在的宇观环境消失了，也使人类可持续生存的土壤枯竭了，气候失律更使人类得以可持续生存式发展的宇观资源丧失了。更为根本的是，气候失律标志人类已经从整体上丧失了自然伦理基石，泯灭了存在的自然良知。恢复气候，使气候生境化，成为人类能否杜绝毁灭真正自救的关键，已成为人类能否最终重获存在安全和可持续生存秩序的关键。

面对气候失律而进行伦理重建，这是恢复气候、使气候生境化的工作前提。为恢复气候而重建伦理，其实质性工作有二：一是整合自然科学资源、智慧和方法，全方位地探讨气候内在秩序要求和外化时空韵律的自然伦理，以及气候与宇宙星球运动、太阳辐射、大气环流、生物活动互动作功的宇宙伦理、自然伦理、生命伦理。引导人类重新认识宇宙律令、自然法则、生命原理和自然人性，并掌握和运用宇宙律令、自然法则、生命原理、自然人性等自然伦理智慧和方法，学会自觉地适应自然、适应气候。适应自然、适应气候，其实就是向自然学习，向气候学习，并在学习中学会遵循自然规律和气候规律。"人类将如何适应，是决定气候影响的关键，评估气候影响必须将其考虑在内。令人遗憾的是，人类如何适应，什么因素影响人类的适应能力等，这些方面的知识是十分有限的。"① 研究气候伦理问题，探索构建气候伦理学，就是要为人们提供这方面的适应知识、适应智慧、适应方法。二是整合人文社会科学资源、智慧和方法，全方位地检讨人性，反省现代文明，并在此基础上重建人类存在的整体方向，构建人类可持续生存的现实目标，探讨并创建以重建性完善环境制度为前提、以人性再造为基础、以追求和维护生境利益为主题、以气候公正为规范、以协作减排和化污为实务的气候伦理指南和恢复气候的社会伦理行动方案。

三、气候伦理学的学科蓝图

检讨气候失律的人类伦理问题，探讨气候的自然伦理诉求，为恢复气候变换运动的时空韵律而重建人类伦理体系，此三者构成了气候伦理学研究的整体学科视野。考察气候伦理学的整体学科视野，首先需要描述气候

---

① ［美］安德鲁·德斯勒、爱德华·A. 帕尔森：《气候变化：科学还是政治？》，李淑琴译，中国环境科学出版社 2012 年版，第 109 页。

伦理学的学科性质和学科指向，然后在此基础上探讨气候伦理学的自身特征，气候伦理学的自身特征必须建立在它与生态伦理学、环境伦理学、灾疫伦理学的比较区别基础上，整体勾勒气候伦理学学科研究的"范畴-概念"系统和话语体系，为其后深入研究提供理性规范的应有疆界和话语平台。

1. 气候伦理学的学科定位

以气候失律为认知出发点，围绕如何恢复气候而展开深入的伦理检讨与实践方案设计，需要抛弃感觉经验描述方式而走理性规范探索的学科化道路，构建气候伦理学。

构建气候伦理学，首要任务是明确其学科性质。从研究的特定对象看，气候伦理学应该属于一门综合性的新型应用人文科学。

气候伦理学是新型的应用人文科学 气候伦理学是处于诞生阶段的新学科，它的"新型"性首先指气候被意识和关注而得以进入伦理学的研究视域，也指它作为一门人文科学，其诞生展示了完全不同的新视野、新理念、新认知、新方法，这种新视野、新理念、新认知、新方法承载了当代人类存在和生存所萌发的新向往、新追求，并最终需要创建一套新的话语方式予以表达，以引导当代人类存在发展朝生存理性方向展开生境重建和家园重建。

气候伦理学专意于关注气候失律并求解恢复气候之道，因为气候失律导致了灾疫失律，并使灾疫日益世界化和日常生活化。气候伦理学以气候失律为研究的基本对象，从伦理入手探讨如何恢复气候，是为解决灾疫失律这一世界性难题，实现生境重建，其最终目的是实现"人、生命、自然"共生。基于这一学科目的，气候伦理学研究的主题有二：一是如何恢复气候，重建气候生境，实现生境文明，这是手段性主题；二是探索创建人类生境幸福的宇观方法论，这是目的性主题。

气候伦理学之所以最终要以人的生境幸福为主题，是因为人与生命世界相连，人与自然宇宙相通，人与过去和未来相依相生，人与群或他者不得分离。人作为世界性存在者的历史与现实，使气候伦理学的人文价值取向既是古典意义的，也是当代意义的，更具有指向未来的瞻前性。因而，气候伦理学的人文特质，既与自然科学相区别，又为人类在新的存在条件下追求人与自然相统一以及人与生命世界相协调提供新的路径与方法：气候伦理学的人文性，以对气候本身所蕴含的自然伦理意蕴和诉求的真正领悟和把握为实质规定，更以对宇宙律令、自然法则、生命原理的整体把握及其与人性要求相融会贯通为基本取向。

气候伦理学是综合性的新型人文科学 基于如上"人文"要求，气候伦理学作为一门新型的人文科学，必然是综合性的。

气候伦理学的综合性，首先呈现为其认知视野的综合，它必须基于自然科学、社会科学、人文科学的整体要求，并超越性地统合此三者以形成一种全景视域的整合视野。具体地讲，气候伦理学必须在考察自然宇宙和生命世界的律动规律、生成法则和人类社会发展的律动规律、生变法则以及人性敞开的可能性趋向这一多维前提下，寻求三者的共生曲线，找到自然宇宙、生命世界、人类社会共互生存的最终法则、依据、公理、方法，这是气候伦理学为陷入灾疫之难的当代人类提供解决之道的绝对前提。

气候伦理学的综合性，还敞开为对学科的综合化。

从定位研究对象的角度讲，气候伦理学与气象学、气候学有其根本的不同：气象学、气候学的研究对象是气候，主题是气候变换运动，重心是气候变换运动的自然动力，目的是揭示和掌握气候变换运动的时空韵律，或者说规律。与此不同，气候伦理学的研究对象是气候失律，主题是如何恢复气候，其关注的重心有二：一是揭示导致气候失律的复杂自然原理、运行机制和人类因素；二是探求恢复气候的人类之道。此两个方面构成了气候伦理学研究的自身规定与要求，它使气候伦理学作为一门新型的人文科学，不仅获得了应用的性质定位，还获得了跨越学科的大科际整合功能。这种跨越自然科学、社会科学和人文科学的大科际整合，既是伦理认知论、知识论的，也是伦理方法论的。并且这种伦理认知论、知识论和伦理方法论成果可为其他学科的气候研究所运用：气候伦理学的跨学科整合所形成的伦理认知论、知识论和方法论成果，具有跨学科的运用功能。

　　客观地看，气候是自然现象，气候失律却既是自然现象，也是人类活动的产物，恢复气候，不仅要遵循自然之道，更需要重构人类方式，包括重构人类的存在方式、生存方式、生产方式、消费方式、生活方式等。所以，气候伦理学不仅要充分运用自然科学——比如气候学、气象学、物理学、物候学、生物学、生态学、环境科学、地球科学、天文学、宇宙学——等学科资源和方法，更要整合政治学、经济学、法学、公共政策、国际政治、财政学、福利社会学、灾害学、疫病学、环境伦理学、生态伦理学、生命伦理学、灾疫伦理学、环境哲学等学科资源。概论之，气候伦理学是一门跨越自然科学、社会科学、人文科学三大领域进行**大科际整合的应用性**人文科学。

　　2. 气候伦理学的学科特征

　　气候伦理学作为一门新型的大科际整合的应用性人文科学，其自身学科特征须通过与相近的生态伦理学、环境伦理学、灾疫伦理学的区别而得到彰显。

　　气候伦理学与生态伦理学的区别　气候伦理学是研究气候的失律与恢复的伦理问题的学科，生态伦理学是研究生态的破坏与重建的伦理问题的学科。二者研究的对象和主题不同，并且其研究得以支撑的自然科学基础也不同：气候伦理学得以构建和发展的自然科学基础是气象学、气候学以及天体物理学和地球物理学；生态伦理学得以构建和发展的自然科学基础却是生态学，更确切地说是生物学。

　　生态学有广狭之分，广义的生态学是研究生物体与其环境之间的相互关系，狭义的生态学主要研究人与地球生物环境之间的动态生成关系。生态伦理学就是自觉运用生态学知识和方法，从伦理角度切入研究生态的伦理价值和人类对待生态的行为规范，更简洁地讲，生态伦理学就是研究人与自然之间的道德关系的应用人文科学。① 与此不同，气候学作为自然地理学和大气科学的分支，是研究气候特征、形成、分布和演变规律，以及气候与其他自然因子和人类活动的关系的学科；气象学则更具体，它集中

----

　　① 刘湘溶：《生态伦理学》，湖南师范大学出版社 1992 年版，第 1 页。

研究大气的天气情况及变化规律和对天气的预报。气候伦理学就是运用气候学和气象学的知识和方法，从伦理角度切入来研究气候周期性变换运动的伦理价值、气候失律所造成的伦理困境以及恢复气候所必须遵循的伦理智慧与方法。以人的存在为出发点来审视，生态问题和气候问题，其实都是环境问题。所不同的是，生态问题所指涉的是地球环境问题，气候问题所指涉的却是宇宙环境问题。从严格意义上讲，生态伦理学是**地域论环境伦理学**的分支：地域论环境伦理学即我们通常所讲的环境伦理学。生态伦理学之所以仅是其地域论环境伦理学的一个方面，是因为地域论环境伦理学还有灾疫伦理学。生态伦理学和灾疫伦理学构成了地域论环境伦理学的正反两个侧面：生态伦理学是地域论环境伦理学的正面，或者说生态伦理学是从正面来探讨地域论环境伦理问题的应用性人文科学；灾疫伦理学是地域论环境伦理学的反面，或可说灾疫伦理学是从反面来探讨地域论环境伦理问题的应用性人文科学。但客观地看，环境伦理学除了地域论环境伦理学外，还有非地域论环境伦理学：前者是环境伦理学的宏观维度，后者却是环境伦理学的宇观维度。气候伦理学即非地域论环境伦理学，或者说是环境伦理学的宇观形态。正是在这个意义上，气候伦理学才构成国际伦理学、全球伦理学。

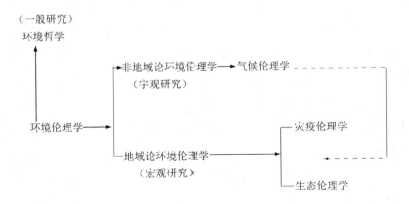

图 2-2　环境伦理学的学科维度

客观论之，生态伦理学所展示的基本视域空间是两维的，即地球生态与人类存在；灾疫伦理学所展示出来的基本视域空间虽然也是两维的，但它却不得不考虑灾疫爆发和治理的气象问题而指向气候。但气候伦理学所展示的基本视域空间却必须是正面的三维，即天（宇宙）、地（地球）、人（人类），它所追求的目的是恢复气候、根治当代灾疫失律和重建地球生境、实现人类生境幸福。所以，气候伦理学既包含了生态伦理学，也包含了灾疫伦理学。气候伦理学实际上是一种视野更宏阔、认知水平更高的生态伦理学和灾疫伦理学。因为生态伦理学的认知视域只局限于人与地球的关系领域，所讨论的基本主题仅仅是人类在追求可持续发展进程中如何与自然保持一种动态协调。气候失律所敞开的暴虐现实，使人与自然之间的生态冲突更加尖锐，因为气候失律所导致的灾疫失律以更为暴虐的方式全球化和日常生活化，人类存在进入全面危机状态，可持续发展观和发展模式面临自我终结，即面临被可持续生存式发展观和发展方式所取代。根治当代灾疫失律的根本前提是恢复气候；要恢复气候，人类必须开辟的自救道路，这就只能探索和重建**可持续生存式**发展方式，重建低碳生活方式。

进一步看，生态伦理学是地域论的。在这里，"地域论"指涉两层含义，一是地球生态论；二是地球生态的区域论，或者说国家论。生态伦理学的这一地域论特征，使它本身只注目于地面和（全球意义上的）局部，而无视（全球）整体，更不愿仰望宇宙太空。与之不同，气候伦理学却因为气候而既必须同时关注宇宙太空和大地，又必须关注地域与全球。所以气候伦理学是非地域论的，它在实质上就是全球生态伦理学或者说宇观环境生态伦理学，并且它在走向实践探讨与行动引导进程中，必须使本身构成国际平台，并在其国际平台上讨论和解决国际层面的伦理问题。具体地讲，气候作为宇宙星球运行、太阳辐射、地球轨道运动、大气环流、地面性质、生物活动等相互作用所形成的互动变化的天气过程，它始终是全球性的。因而，恢复气候、重建气候生境的伦理拷问，亦必须是全球视野的，设计并实施恢复气候、重建气候生境的伦理行动方案，也必须在国际平台上展开，并达成全面的国际合作，"气候伦理学最关键、最富争议的就是如何在国际层面实现公正、平等、协调一致，如何在国际层面实现效率与公平的统一。"①

气候伦理学与环境伦理学的区别 气候伦理学与环境伦理学的区别，始终蕴含在二者的相互联系之中，并展开为如下三个方面。

首先，气候伦理学就是环境伦理学。但环境伦理学不只是气候伦理学，因为环境伦理学客观地存在着两个维度的学科形态，即环境伦理学的宏观学科形态和环境伦理学的宇观学科形态：环境伦理学的宏观学科形态，就是地域论环境伦理学，它的具体学科形态就是生态伦理学和灾疫伦理学；环境伦理学的宇观学科形态却是非地域论的，它的具体学科形态就是气候伦理学。

戴斯·贾丁斯（Joseph R. Desjardins）在《环境伦理学》中指出，环境伦理学"旨在系统地阐释有关人类和自然环境间的道德关系。环境伦理学假设人类对自然界的行为能够而且也一直被道德规范约束着。环境伦理学的理论必须（1）解释这些规范；（2）解释谁或哪些人有责任；（3）这些责任如何被论证。"② 所有形态的环境伦理学，都需要解决这三个基本问题。而作为环境伦理学的宇观学科形态的气候伦理学，同样需要解决此三个层面的问题，但它又不仅限于解决这三个问题，因为无论是环境伦理学的一般探讨，还是生态伦理学或灾疫伦理学，都承受地域论认知的限制而将其研究的主题仅设定为人与自然的道德关系，均体现其地域论视域。与此有别，作为宇观环境伦理学的气候伦理学，则必须要突破地域论环境伦理视野及其认知局限和视域局限，走向天、地、人三维认知，并形成人、生命、自然共互生存的"宇宙、地球、人类"论环境视野。

日本学者加藤尚武认为，纷繁复杂的环境伦理学所求解的基本问题即自然生存权问题、代际伦理问题和地球整体问题："第一，不但人类，而且自然物也拥有适应其生存的权利（万物有灵论），**要克服只有人才拥有**

---

① 黄卫华等：《气候变化：发展与减排的困局——国外气候变化研究述评》，《经济社会体制比较》2010 年第 1 期。

② ［美］戴斯·贾丁斯：《环境伦理学》，林官明、杨爱民译，北京大学出版社 2002 年版，第 12 页。

权利这一近代的权利概念。第二，现代人要对后代的生存和幸福负责（代际伦理），**要打破只有同代人之间取得的共识才有约束力的近代契约中心主义**。第三，做决定的基本单位不再是个人，而是地球生态系本身（地球整体主义），**要从根本上颠覆个人主义的原理**。"① 这三个问题可具体表述为：第一，自然本身拥有生存权，并且自然生存权先于人权，因为自然先于人类生命而诞生。人类不能恣意地否定自然的生存权，以此来审视，对自然的生存权的否定，是人类侵略的开始。第二，生命的存在和生存本身是代际伦理的：生命产生代际伦理。对具有自我意识、自我策划能力和目的性追求能力的人类物种来讲，对后代尤其应肩负使其能够生存的责任。这不仅是生命物种伦理之基本要求，亦是人作为文化的人类的基本伦理要求。环境伦理学就是引导当代人要对后代的生存可能性肩负责任。第三，地球是生态整体的，因为地球既是一个开放的星球，这种开放性主要体现为它生成演化的无限性；地球也是一个封闭的世界，这种封闭性主要体现在地球本身的有限性或者说限度性。由于前者，把地球视为静止的、无生命的客体物，并妄想以人类自己的主观意愿来强加于地球，必将导致人类的不幸；因为后者，把地球看成一个取之不尽用之不竭的资源库，并任意掠夺，这既违背地球生命法则，也违背人的本性。

环境伦理学所思考的这三个基本的地域环境生态问题，是气候伦理学所必须正视的。但气候伦理学不能停留于地域论环境伦理学层面，它必须以气候为起步，拷问宇宙环境生态状况，并最终落脚于地域环境生态而探求其生境化重建。所以，气候伦理学必须以对气候失律和恢复气候进行伦理审查为中介，构建以"宇宙、地球、人类"三者共互生存为目标的生境伦理学，或者说它是生境伦理学的宇观方面。

其次，从环境的生境化角度观之，气候伦理学亦追求环境的生境化。生境化，是指环境生态的生生不息化。生生不息的环境生态，包括了地球

① 加藤尚武，『環境倫理学のすすめ』，東京：丸善うイブスリ，1991，p. 81.

环境生态、社会环境生态、人际环境生态和文化环境生态的生生不息化。① 环境生态的生生不息化，需要具备一个更为宏观的、动态整体运作的环境平台，这就是以宇宙星球运行、太阳辐射、地球轨道运动、大气环流、地面性质、生物活动诸要素构成的天气过程，即气候。气候的变换运动本身将宇宙、地球和人类社会联系了起来，使之构成了一个宇观环境整体。这个宇观环境整体本身所蕴含的伦理因素，以及这种宇观环境整体的动态生成过程所形成的各种伦理问题，既是地域论环境伦理学所不能包括的，也是地域论环境伦理学所无力解决的。因而，必须开辟、探索和创建气候伦理学，来解决这个宇观环境整体的生态问题。从根本讲，如果说气候伦理学也是环境伦理学的话，那它只能是宇观环境伦理学，是融统宇宙环境、地球环境和人类环境于一本的宇观环境伦理学。

最后，气候失律是环境问题，并且，气候失律已成为社会所面临的最难解决的环境问题。这是因为气候失律使每一个国家、每个人都不能独善其身，每个国家、每个人都被卷进气候失律的漩涡之中。第二，气候失律导致了市场失灵，因为气候虽然也有地域性特征，但它最终是非地域的，因为气候本身属于全球公共资源：气候，没有哪个国家能够单独提供，也没有哪个国家能够单独配享。第三，气候失律既在异常深刻的维度上加剧了环境生态危机的**内部化**倾向，同时也更为充分地体现了环境生态危机的**外部化**特征。"我们大量排放二氧化碳，将人类与生态系统暴露于巨大的危机之中。我们可以随意伤害别人却毋须为自己的行为负责，因为受害者在时间上与空间上都与我们相距甚远。"② 面对这种日益加剧和恶化的环境生态危机的内部化集聚与外部化扩散之双重态势，地域论环境伦理学无能为力，只有气候伦理学才可能为其提供一种新的视野、新的思路和新的认知基础和思想，开辟一条新的道路，构建一种新的行动方案和实施的社

---

① 唐代兴、杨兴玉《灾疫伦理学——通向生境文明的桥梁》（人民出版社 2002 年版，第 4 页。

② ［瑞典］克里斯蒂安·阿扎：《气候挑战解决方案》，杜珩、杜珂译，社会科学文献出版社 2012 年版，第 2 页。

会方法。

气候伦理学与灾疫伦理学的关系　气候与灾疫，既是两种自然现象，也是两种自然过程。并且，这两种自然现象和过程之间构成一种内在的生境逻辑关系，即气候是生成灾疫的宇观原因，灾疫又始终是气候过程所呈现的一种结果状态。在纯粹的自然状态下，气候与灾疫之间的这种单向度的因果关系生成与彰显的最终动力因，只是自然宇宙的野性狂暴创造力与其理性约束秩序力所形成的对立统一张力。在这种对立统一张力推动下，气候与灾疫之间始终保持一种宏观上的时空韵律性，前者即气候变换运动的周期性节律，后者乃灾疫爆发的"准周期性"[①] 和"空间群发性"。[②]

气候和灾疫在其生境逻辑框架下所保持的这种宏观上的时空韵律性一旦被打破，就会出现气候失律和灾疫失律。在工业化、城市化、现代化进程中，打破自然（宇宙和地球）的生境逻辑框架而造成气候和灾疫丧失其时空韵律的根本性力量，不是自然宇宙的野性狂暴创造力和理性约束秩序力之对立统一张力，而是人类对地球的活动力，即人类活动无限度地介入自然世界所形成的破坏性因素，遵循层累原理而集聚起来形成巨大的暴虐性力量影响、干扰、继而破坏了自然的生境逻辑框架，损裂甚至断裂了宇宙、地球、人类、生命世界之间的本原性生境逻辑链条，从而导致气候失律和灾疫失律。气候失律和灾疫失律，就是宇宙、地球、人类、生命之间的原本性生境逻辑链条损裂甚至断裂的逆生态进程。在这一逆生态进程中，气候失律是灾疫失律之因，灾疫失律又推动气候失律进一步恶化，进一步恶化的气候失律，当然以更为暴虐的方式推动灾疫失律的全球化和日常生活化。

任何事物都涉及三个方面的内容，即生成因、敞开过程和结果状态。人类的固有感知倾向和认知关怀本能，都是首先关注事物的现有结果状态，然后才由其结果状态的考察而引发出对生成过程和生成动因的探究。对气候失律和灾疫失律的关注，在宏观上同样遵循这一进程。首先关注气

---

① 　高庆华：《中国 21 世纪初期自然灾害态势分析》，气象出版社 2003 年版，第 54 页。
② 　杨兴玉：《灾疫失律：人类社会的当代生存境遇》，《河北学刊》2010 年第 6 期。

候失律的结果状态即灾疫失律，其最初形态是灾害学、疫病学以及生命医学中的救助伦理学这些局部性的学科研究，最后才形成整合之势而引发出灾疫伦理学。

灾疫伦理学是对环境灾害和流行性疾病予以整合性伦理审查、并为灾疫防治提供伦理行动方案的一门综合性应用人文科学，它的基本任务是以生存理性哲学为思想基础、以生境伦理学为认知指导、以生态化综合为方法论，拷问频频爆发的当代灾疫之难的历史性生存之因，引导当代人类从伦理角度入手检讨自我、改变技术化生存和唯物质主义存在观念、生存方式和行动原则，重续人与自然、生命世界之间的亲缘性存在关系，重建环境生境，恢复日常生活的安全感、稳定性和生存的家园归宿感。① 灾疫伦理学的这一自身学科定位，决定了它必须以拷问灾疫防治为重心，以构建"预防治理为本，救助治理为辅"的灾疫国策和"治理为本，防范为辅"的预防战略。② 为此，当代灾疫防治必须终止唯经济主义的可持续发展观和发展模式，重构可持续生存式发展路径，重建低碳化社会方式和简朴生活。这需要努力解决社会意识形态、国际共识框架、国家制度和社会公共政策的生境化重建问题。③ 然而，这一重建的启蒙工作和引导工作，是灾疫伦理学所不能单独担当的，它需要视野更为宏观的气候伦理学，因为当代灾疫虽然是在具体的地域空间中爆发，但致灾疫因子的层累与突发之因，最终都由失律的气候所关联的自然、地球、人类活动所整合生成。因而，根治当代灾疫这一世界性难题，不仅需要地域主义战略，需要局部治理，需要以国家为基本单位的国策的重建，更需要全球共识和国际合作，需要所有国家恪守气候公正，实施责任分明的减排和化污行动。这是灾疫伦理学所不能做到的，只能通过探索气候伦理，构建气候伦理学来共建其共识平台，来提供全球共守的伦理公理、价值导向系统、道德准则、行动

① 唐代兴：《灾疫伦理学：当代应用伦理研究新视域》，《道德与文明》2010年第2期。

② 唐代兴、杨兴玉：《灾疫伦理学——通向生境文明的桥梁》，人民出版社2002年版，第3页。

③ 唐代兴、杨兴玉：《灾疫伦理学——通向生境文明的桥梁》，人民出版社2002年版，第247—276页。

规范，并以此为认知和方法资源，来引导国际政治和全球经济的生境重建，并以此来重建整个自然环境生境。

3. 气候伦理学的学科概念

一个全新的问题，要获得持续不衰的实践理性关注，必须走向学科建设的道路。对一个全新问题的探讨，开辟出一个全新的领域，构建一门新型的学科，不能仅停留于感觉的或经验的现象描述。气候伦理研究的开创者，无论是埃里克·波斯纳、戴维·韦斯巴赫，还是迈克尔·S. 诺斯科特，他们都是以感觉经验的方式站在外部来想象性描述气候的伦理问题，从根本上缺乏理性的严谨性和思考的内在性，国内的气候伦理研究亦承袭这种思路和方式，所以形成气候伦理学一直处于**前科学状态**而没有多少实质性的进展。这种情况的出现，溯其原因，其中最重要者有两个方面：一是缺乏学科建设意识；二是忽视对构建学科并支撑学科的概念的探讨，以及由此忽视对学科概念蓝图的构建。客观地讲，任何全新领域的理性讨论，绝不能一开始就沉醉于细节和局部描述之中，而应该予以系统正误。系统正误这一工作落在实处，就是尝试性构建起属于这一门学科的宏观图景。要实现这一步，必须求助于学科范畴和概念的构建，这就是构建起能够承载和表达此一学科图景及其未来理论和方法的学科"范畴-概念"体系，唯有如此，才能构建起规范和引导学科探讨的话语体系。因而，构建学科范畴-概念体系或者说话语体系，构成任何一门新学科建设的奠基性工作，也构成此学科能在多大程度上获得自身成熟性而发挥其学科功能的基本标志。

任何一门新学科的"范畴-概念"系统和话语体系，必要由其基本范畴、核心概念、基本概念以及由此生成的上下位逻辑关系所构成。创建气候伦理学，同样需要从学科建设的角度来构建基本的范畴-概念系统和学科话语。基于这一奠基性要求，探讨气候伦理学并设计其实践理性的学科蓝图，同样必须从原初的基本范畴、核心概念、基本概念的系统性构建入手。

基本范畴 一门学科的基本范畴即其原初范畴。一门学科的原初范畴，就是指奠定该学科基石的概念，它是学科的奠基概念。并且，基本范畴不仅构成该学科的奠基概念，在事实上构成该学科的**概念母体**，该学科的认知视域、基本理念、研究方法等均由它所生发，并接受它的规范。以此审查气候伦理学的基本范畴，只能是"气候伦理"。

"气候伦理"概念由"气候"和"伦理"两个词合成。其中，"伦理"概念中的"伦"者，其原初语义是血缘辈分，但却隐含"人的聚集"和"人际关系"等含义，当它与"理"字合成为"伦理"概念时，其"人际关系"这一语义内涵得到了特别的彰显："人际关系"意指"人与他者之间的关系"，这个"他者"既可指人，也可指物，既可是具体的对象，也可是整体的世界。所以人际关系客观地存在着人与他人、人与群、人与社会、人与物种生命、人与地球、人与宇宙等六个维度。这六个维度之所以可能构成某种实质性的关系，比如存在关系、生存关系或行动关系，则必然有其内在准则的维系，构建或维系人与他人、人与群、人与社会、人与物种生命、人与地球、人与宇宙之间的实在关系的那些准则，就是"伦理"概念中的"理"字所蕴含的实际内容。大而言之，这个能够构建或维系人与他者之间的多元关系的"理"，则是自然之理，具体地讲就是宇宙律令、自然法则、生命原理、人性要求。概论之，人、生命、自然等之间一旦按照宇宙律令、自然法则、生命原理、人性要求而构建起存在的或生存的关联性时，就是人际关系的产生，也是伦理的产生。"伦理"的如上语义内涵及其准则使气候获得伦理的指涉性变得可能并具有现实的指涉性。

要真正理解气候获得伦理指涉的可能性与现实性，需要重新审视"气候"概念。"气候"是指太阳辐射、地球轨道行动、大气环流、地面性质、生物活动等众多因素互动生成的天气过程，这一天气过程又在事实上构成了人类以及整个地球生命存在的宇观环境。如前所述，气候作为一种变换运动的天气过程，它始终具有自身变化的时空韵律性。进一步探讨则可以发现，气候所表现出来的时空韵律性实际上就是对自然宇宙和生命世界的野性狂暴创造力与理性约束秩序力之对立统一张力的感性表达式。自然宇宙和生命世界的野性狂暴创造力与理性约束秩序力，前者是创造世界、生命、事物的创造力，后者是对所创造出来的世界予以秩序构建的秩序力。自然宇宙和生命世界的野性狂暴创造力与理性约束秩序力所整合生成的对立统一张力，恰恰构成了宇宙的自身律令，简称为宇宙律令，这是世界的最终动力、最高原理。宇宙律令达向世界的过程，就是从整体到个体、从抽象到具象的过程，这个过程将宇宙律令本身一步步具体化，就形成了自然法则、生命原理、人性要求。自然法则是相对地球而论的宇宙律令，生命原理是相对生物世界而论的宇宙律令，人性要求却是相对人类物种而论的宇宙律令。由此不难看出，气候作为一种天气过程所内在蕴含的本原性生命张力恰恰是宇宙律令，但由于气候作为一种变换运动的天气过程始终要通过太阳辐射、地球轨道运动、大气环流、地面性质、生物活动等因素的互动才能实现，所以气候的这一实现自我的互动过程本身，又蕴含着自然法则和生命原理。另一方面，人类本来是地球生命世界中的普通一员，但由于其生命进化之轮赋予了它某种偶然的激励因素，从而使它获得了人质化品质和智慧，产生出目的性意识、自主设计能力和目的性创造力量，并以此从普通的生命拥有了改变地球生命的强大力量，并以极其强劲的方式参与了气候的变换运动过程，由此使气候获得了人性的诉求。

对"气候"概念的如上含义的揭示，最为真实地表明了气候伦理研究的可能性并不是外部力量强行赋予的，而是气候本身所蕴含的，或者说气候本身张扬一种伦理诉求：气候所蕴含的宇宙律令、自然法则、生命原理，这是气候变换运动的自然伦理诉求；气候所蕴含的人性内容，这是气候变换运动的文化伦理诉求。不仅仅如此，作为变换运动的天气过程，它的正常状态是展布其自身时空韵律性，但当因某种外力的强加，使它无法承纳而被迫打破自身变换运动的时空韵律时，它就处于逆生态状态，并本能地渴求着自我恢复，气候的这种本能倾向通过气候失律的暴虐方式而表达出现，祈求获得人类的正确解读，并从行动和生活两个方面改变自己，改变地面性质，改变大气环流方式，从而促进气候的变换运动恢复周期性时空韵律。气候恢复周期性时空韵律这一全过程，同样需要遵循伦理原理，即需要遵循人性要求、生命原理、自然法则和宇宙律令。

核心概念　前面的阐述已经自发地彰显了气候伦理本身所客观存在的两个层面的内容：一是气候的自然伦理，它由通过气候周期性变换运动过程中展布出来的时空韵律来表达；一是气候的文化伦理，亦可称之为气候的社会伦理，它由气候失律来表达。

"气候失律"是指气候周期性变换运动的时空韵律的丧失。推动气候变换运动丧失其周期性时空韵律的最终之因，不是气候本身，也不是其他原因，而是人类的地球活动。人类的地球活动造成了气候失律，首先是指**人类的整体活动**造成了气候失律，其次是指人类**持续不衰的地球活动**造成了气候失律。这是人类的地球活动造成气候失律的两个方面的条件要求性。将这两个方面的条件要求性予以具体解读则可表述为：人类持续不断的地球活动所产生的负面影响力层层累积，最终形成一种强大的力量，改变了生物世界的生存结构，改变了地面性质和大气环流，改变了太阳辐射方式和宇宙星球的运行方向，并通过这些改变的整合推动，导致气候以暴虐的突变方式改变了自身变换运动的方向、方式、速度、性质，形成了气候失律。由此认知理路必然引导我们努力去把握住气候失律的两个要点，即气候失律的生成机制和气候失律的表达方式，这是进行气候伦理研究的正确路径。

先看气候失律的生成机制。气候作为地球生命安全存在和人类可持续生存的宇观环境，它的失律与人类的地球活动直接关联，人类活动成为导致气候失律的最终原因。然而，人类活动所产生的这种巨大的影响力和破坏性，却很难为人类所觉察，即使觉察到了，也很难为人类所接受，其根本原因是人类活动造成气候失律，并不是直接的，也不是以立竿见影的方式彰显的，而是间接的并且是遵循层累原理而生成敞开的。因为，人类无论怎样强大，在自然宇宙和生命世界面前，始终是渺小的，并且其当下力量所散发出来的对自然、环境的影响和作用力相当微弱，甚至可以忽视不计。在这种并不构成对应关系的状况下，无论个人或者人类整体的任何一次或任何一个简短的时间段的生存活动，都不会对生物世界、地面性质、大气环流产生改变性的影响，只有当无数的个体构成的人类整体之持续不断的地球活动所形成的力量效应，按照层累原理而层层累积达到某种临界状态时，它才对生物世界、地面性质、大气环流、太阳辐射、宇宙星球运动产生性质性改变的影响，才推动气候的变换运动轨迹发生**质**变。

有关于此，或许可借"愚公移山"寓言来说明：人类的地球活动导致气候失律，就近似于愚公挖山这样一种情况，体现愚公挖山这样一种规律。客观地看，气候失律虽然发生在当代，但导致气候失律的渐变，却始于18世纪的工业革命。近300年来，工业化、城市化、现代化不断加速，人类足迹踏遍了地球每个角落，地表资源和地下资源被开发得临近枯竭，草原沙漠化、森林缩小、土地贫瘠，污染充斥整个地球和天空，日照强度和烈度被改变，降雨过程、降雨方式、降雨量无序化，海洋富氧化和沙漠化、冰山后退与缩小……当这一切由个别、局部到整体，从偶然到持续不断，由缓慢渐变到加速释放时，其潜在的变化显性化为暴虐的剧变，气候失律完成了它自身生成而达向野性爆发。

气候失律所遵循的是层累原理，即层层累积构成了气候失律的生成机制，这与灾疫失律所遵循的是同一机制。气候失律的表达遵循的却是突变原理，即突然爆发，构成了气候失律的表达机制。

遵循突变原理，接受层累机制的导向，气候失律敞开三个基本特征：第一，气候失律的爆发是野性暴虐的，如果人类不自觉地节制自己的地球活动，不迅速展开对地球的生境化治理，越是向后，气候失律的野性暴虐度就越强烈。第二，气候失律的爆发是无方向、无规律、无秩序的，它往往具体表现为气候变暖与气候变冷的交替出现，并且是无序交替出现。第三，气候失律的爆发，其破坏性总是朝着以几何方式扩散的方向敞开。

气候失律造成的直接结果，是灾疫失律。灾疫原本是自然界进行自我调节的一种自然方式，它表现为一种自然现象，它的爆发也具有一定的时空韵律性，即准周期性和空间群发性。灾疫失律是指自然灾疫丧失了自身的时空韵律性，以非周期性的和非空间群发性的暴虐方式爆发，具体地讲就是指灾疫以持续不断的、无序的、全球化的、日常生活化的和肆虐性的方式爆发，因而，灾疫失律带来的不是局部性的灾难，而是整体性、全球性、世界性的灾难。

灾疫失律本身构成了当代进程中的世界性难题，因为它不仅从根本上影响到人的存在安全，也影响到国家的安全和全球安全，更涉及人类的存亡。所以，失律的当代灾疫的扩张必然引发民族国家和国际社会的关注，治理灾疫既成为根本的国际政治事务，也成为国家的日常政务。

治理灾疫，必须改变过去那种被动的等式主义的应对模式，即必须将灾疫治理的重心移向灾疫爆发之前，进行防治性治理，即以防为治、以治带防。所以，"气候失律"构成"灾疫失律"的上位概念；"防治灾疫"构成了"恢复气候"的下位概念。

基本概念 在灾疫席卷全球、毁灭地球生态、肆虐地球生命的当代境遇下，防治灾疫的直接目的是恢复气候，使全球气候生境化；其根本目的是整体性的、全球性的生境重建，包括重建地球生境和社会生境两个方面。从根本论，重建生境，才可真正开辟出通向生境文明的广阔道路。

为恢复气候而重建生境，这是一项人类工程和全球性伟业，它必须寻求一种全球性行动，即在普遍平等的共识框架下，实现地区与地区、国家与国家之间的协作减排化污。为此，必须建构起一种真实可行的以减排化污为主题、以恢复气候为目标的伦理行动方案，必须构建能够促进此一伦理行动方案全面实施的伦理指导精神和公共原则，即气候公正精神和气候正义原则。

推行全球气候公正，这并不仅仅是单纯的伦理行动，它实质上涉及全球性的国际制度和以国家为基本单位的政治制度、经济制度、分配制度、教育制度的重建性完善。这种在国际和国家两个层面的制度重建，要获得最终的成功，则需要进入人性领域，进行全方位的人性再造。

客观论之，核心概念是一门学科的基础概念，它从学科的基本范畴中生长出来，并形成上下位对应关系。以此来看气候伦理学的核心概念是"气候失律"和"恢复气候"："气候失律"是"气候伦理"的上位概念，"恢复气候"是"气候伦理"的下位概念。并且，"气候失律→灾疫失律→

灾疫防治"构成了"气候伦理"范畴的上位概念链，"恢复气候←重建生境←减排化污"，构成"气候伦理"范畴"的下位概念链。将这两大核心概念链衔接起来使之构成一个整体的是"气候公正"概念，因而，"气候公正"是"气候伦理"的核心概念体系中的**核心范畴**。并且气候公正的构建与实施，必须以制度创新或重建为前提，以人性再造为基础，以生境利益的追求与维护为主题任务。

在全球范围内实施协作减排化污，是为了切实有效地防治灾疫，因为只有通过根治灾疫，才能真正恢复气候；气候获得生境，灾疫之难才可得真正的消解，无论全球还是国家，才可真正实现生态安全。因而，协作减排化污是其基本任务，但协作减排化污必须有目标，并且也必须有报酬，因为减排化污始终是责任而不是义务，作为责任它必须讲求权责对等和利益回馈，所以生境利益构成了协作减排化污的必然回报，协作减排化污必须围绕防治灾疫而展开，但同时又必须以生境利益为根本引导、规范和目标。

概括地讲，气候伦理的核心概念由三条概念链组成，即作为上位概念的"气候失律→灾疫失律→灾疫防治"概念链，作为下位概念的"恢复气候←重建生境←协作减排化污"概念链和作为具有统合功能的动力性的"气候公正→制度重建→人性再造"概念链。将这三条概念链整合成一个概念体系的概念，恰恰是"生境利益"，所以，"生境利益"构成了气候伦理学的概念灵魂。

为恢复气候，必须构建气候公正和普遍平等的世界平台，实施国际协作减排化污；为全面实施国际协作减排化污，必须重建生境化的"**全球视域**"，并在此基础上遵循"人、生命、自然"共生的"生境利益"法则：生境利益，构成减排化污、恢复气候的一切行动的最终动力。

"生境利益"是对"利益"予以符合宇宙律令、自然法则、生命原理和人性要求的概念化描述。在传统的伦理学和政治学中，人是唯一的利益主体，因而"利益"在事实上只能成为以人为绝对准则的东西，并且"利益"概念始终烙印上"强权"的标记，往往被等级和霸道所分割，尤其在国际社会层面，利益在事实上构成了不平等的象征。从本质讲，利益始终是生境的。利益生境化，是指利益始终要接受宇宙律令、自然法则、生命原理和人性要求的规范；并且，利益的生境化还揭示了利益的世界性和利益的平等性，前者展示世界是利益的世界，利益是世界的利益；后者揭示在这个世界上每种存在者、每个生命、每个人，既是利益主体，同时也是利益内容。由这两个方面的自身规定，任何利益都具有生境性质，并且都本能地呈现其生境诉求，所以利益的自身法则就是生境法则，只有遵循生境法则的利益，才是具有生殖功能的利益。并且，在生态化的世界里，人只有具备其可持续生存的生境品质，才可在实际的生存活动中发展其生境功能，任何人一旦做到这些，其行为活动本身就呈现为最大的利益。

在遵循气候公正、实施协作减排化污、追求根治灾疫的生境重建中，"生境利益"一旦成为行为者的主体性动力机制，它就具体化为两相对应的"生境权利"要求和"生境责任"规范：生境权利的本质规定是生境利益，因为生境权利是生境利益的主体表达；生境责任却是生境权利的边限规定，即生境权利必须与生境责任相对等。在减排化污、恢复气候的生境重建中，享有一份生境权利，就必须为此担当一分生境责任；担当起一份生境责任，就必须因此而享有一份生境权利。只有生境权利与生境责任相对等时，利益才是生境的，生境利益才是平等的，生境重建才获得生境文明的要求性。

生态文明必须以生境为本质规定和目标定位，所以生态文明在本质上是生境文明。生境文明构成人类文明的当代形态，它相对工业文明而立论，是对工业文明的超越性重建。概括地讲，工业文明以发展为动力，追求经济增长、财富增殖，实现物质幸福，为此只能绝对地依赖技术化生存原理。相反，生境文明以可持续生存为动力，追求自然（宇宙和地球）、生命、人共互生存的生境幸福，为此，它必须遵循宇宙律令、自然法则、生命原理和人性要求。当然，这不等于说生境文明不要发展，而是指根据宇宙律令、自然法则、生命原理和人性要求，生境文明所追求的发展，必须以可持续生存为前提、为目的的发展，必须是在"人、生命、自然"共生基础上的发展，必须强调其可持续生存的发展比单纯的经济发展、市场发展更根本，更重要。这种根本性和重要性集中体现在可持续生存式发展，不是以科学和技术为动力，也不是以市场为准则，更不是以经济的计量指标和物质幸福指数为指标，而是以"人、生命、自然"共互生存为动力，以生境为准则，以"人与天调，然后天地之美生"① 为基本价值诉求，是指必须将经济发展、市场发展纳入可持续生存式发展中来，使之接受可持续生存的引导和规训，即使之合规律、有限度的发展。

人、生命、自然的共在互存，是生境文明的存在论表述；人、生命、自然的共生互生，是生境文明的生存论表达。但无论从存在论方面讲，还是从生存论层面看，人、生命、自然三者的生境重建，都是生态整体的。生态整体构成了重建生境实现生境文明的方法论。人、生命、自然三者共在互存的存在本体论、共生互生的生存认识论和生态整体的方法论，此三者整合生成重建生境的**"全球视域"**：协作减排，根治灾疫，恢复气候，需要全球视域。只有在全球视域下，人们才自觉于生境利益的创造与追求，生境利益得以不断实现的全球化过程，就是气候得以恢复自身而获得周期性时空韵律的过程。

对如上学科"范畴-概念"描述内容予以逻辑的抽象表达，则生成如下简图，这一简图构成气候伦理研究及其学科构建所必须具备的"范畴-概念"系统和学科话语体系。

---

① [清] 戴望：《管子校正》，中华书局 2006 年版，第 242 页。

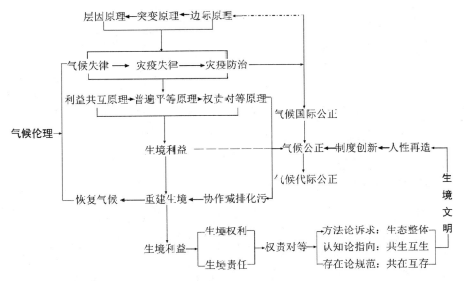

图 2-3 气候伦理学的"范畴-概念"系统和学科话语体系

第二篇

气候伦理学的规范体系

第三章 气候伦理学的基本认知

气候伦理学研究从伦理入手来审查气候失律的问题，以期发现、总结、提炼出气候失律的复杂人力原因及其规律，以此为恢复气候提供正确的伦理智识和方法。因而，探究恢复气候的伦理智识和方法，构成气候伦理学的理论目标。

探究恢复气候的伦理智识和方法的首要任务，就是构建恢复气候的伦理认知。

人类与地球生命一样，其存在和生存受自然法则所支配。气候作为自然的宇观形态，它自身的运行也遵循法则，存在和生存于气候的变换运动进程中的地球生命和人类，同样要接受气候法则的规训与引导。这一认知最早出现在亚里士多德的《气象学》中，后来者孟德斯鸠（Montesquieu）在《论法的精神》（*The Spirit of the Laws*）中有进一步阐发，他指出："人类受多种事物的支配，就是：气候、宗教、法律、施政的准则、先例、风俗、习惯。结果就在这里形成了一种一般的精神。在每一个国家里，这些因素中如果有一种起了强烈的作用，则其他因素的作用便将在同一程度上被削弱。大自然和气候几乎是野蛮人的唯一统治者。"[1] 在孟德斯鸠的法则世界里，支配人类存在和生存的诸多事物中，最紧要的事物却是气候。气候在实质上影响着宗教、法律、施政的准则、先例、风俗、习惯等法则的生成。在气候失律的状况下，人类所信仰的宗教、法律、施政的准则、先例、风俗等亦将发生实质性的改变。因为"气候的影响并不决定事

---

[1] ［法］孟德斯鸠：《论法的精神》，上册．张雁深译，商务印书馆 2004 年版，第 364 页。

物发展的方向，但'它却取消了先前生存方式的延续性'。"① 当因为气候的原因而致使我们业已习惯的生存方式发生改变，那就意味着我们所存在的整个世界亦将被气候推动而发生改变，但首当其冲的改变恰恰是我们的存在姿态、生存理念、思想基础。所以，要恢复气候，其首要前提是重建认知，包括哲学认知和伦理认知。

一、气候伦理的认知基础

气候失律，最终源于人类活动过度介入自然界；恢复气候，就是恢复气候运行的时空韵律，需要人类活动对环境的修复，使其呈死境走向的环境重获生境功能，但前提却需要人类重建一种存在论的生境视野和生存论的生境伦理方法。

1. 气候伦理的哲学视野

为恢复气候的时空韵律而重建生境视野，就是从哲学高度来重新认知生境。

生境是指生生不息的存在环境。这一生生不息的存在环境由存在于其中的所有存在者共同构成，包括生命个体、物种、生物种群、群落及地球和宇宙。并且，这个生生不息的存在环境可以并能够生生不息的动力，不是来源于外部，而是源自于环境自身，即在本原意义上，环境始终具有自组织、自繁殖、自调节、自修复的力量；并且，拥有旺盛的自组织、自繁殖、自调节、自修复力量的环境本身呈现出生境状态。当环境本身的自组织、自繁殖、自调节、自修复的力量弱化或丧失时，它才沦为死境状态。客观地看，使原本生生不息的环境死境化的根本力量，不是环境本身，而是其外部力量的侵入。如第一章所述，能够致使具有生生不息内动力的环境丧失生境功能的外部力量主要有两种：一种是比环境更具强力的整体自然力量；一种是人类力量。

---

① ［德］沃尔夫刚·贝林格：《气候的文明史：从冰川时代到全球变暖》，史军译，社会科学文献出版社 2012 年版，第 59 页。

仅当前看，推动地球环境朝死境方向沉沦的根本性力量，是人类活动对自然界的过度介入。人类活动过度介入自然界，导致整个存在环境呈死境趋势，当然源于人类为更好的生存而无限度地追求物质幸福，但如此贪婪的欲望和行动却得依赖一个认知和一种哲学支撑。

支撑人类对物质幸福的贪婪欲望和为满足其贪婪欲望的无限度行动的认知，就是二元分离的类型化思维方式以及由此所形成的将自然与人分离、继而将自然与人对立的认知，这种认知片面强调人的主体地位，强调人是世界的唯一目的，主张人为自然立法。并且，这种思维方式还同时将自然世界看成是僵死的、没有生命的，是只有对人类有使用价值的物的世界，在人类的认知视野中，环境是任由人类所摆布的东西，它没有自生成、自生长、自建构、自修复的内动力。这种错误的认知引导人类构建起一种指向自然世界的改造论、征服论，其内动力却是无限度的掠夺欲。这种以无限掠夺欲为内动力的改造论、征服论哲学，就是无限度论哲学。

无限度论哲学由三个基本理念构成并生成三种诉求：一是认为人是自己的上帝，人更是自然的上帝，这种观念始于普罗泰戈拉（Protagoras）宣扬"人是万物的尺度，是存在者如何存在的尺度，也是非存在者如何不存在的尺度"[①]；其后，经历古典哲学而被推向绝对。康德（Immanuel Kant）鼓吹人的"知性为自然立法"和"理性为人立法"，再到尼采（Nietzsche）宣布"上帝死了"，人成为上帝并统治自然世界的地位获得了全面确立。人既然是世界的上帝，当然有权力按照自己的方式自由地安排自己和任意地安排自然，这就形成了第二个方面，那就是人可以无限度地释放自己的欲望、需求、激情，由此形成无限度的物质幸福论向往和狂热。然而，要实现无限度的物质幸福，单有无限度的欲望和需求还不够，还必须有能够满足其无限度欲望和需求的物质资源。由此形成第三个方面，即自然资源无限论。要使这个存在的世界能够满足人类无限度的物质欲望和需求，必须设定自然资源无限度。要设定自然资源无限度，则必须构建起一种自然资源无限度的宇宙理论和世界观，这就是经典物理学理论

---

① 汪子嵩等：《希腊哲学史》第2卷，人民出版社1997年版，第247页。

和机械论世界观，前者由牛顿（Isaac Newton）们所创建，后者由霍布斯（Thomas Hobbes）们所提供。并且前者是后者的基础：经典物理学宣称，世界是物质的，物质是运动的，运动是能量交换的过程，能量在交换过程中是守恒的。物质世界运动的能量守恒理论，为我们勾勒出一幅封闭循环的机械图景：在这个封闭循环的自然世界里，物质在运动中从一种形态转换为另一种形态从不耗损自己，这不仅表明物质不灭，而且更表明能量无耗。当人类以上帝的姿态将自然世界作为自己所需的使用物时，这一物质不灭、能量无耗的思想刚好展示了资源无限。因而，物质不灭、能量无耗、资源无限，正好满足了人类物质无限幸福论要求。霍布斯们就是在这样的认知背景和认知框架下来构建起存在世界的钟表运作模式：物质不灭、能量无耗、资源无限的世界正好是按照钟表方式运动的，给这架硕大无朋的钟表上紧发条的上帝却只能是人，人类源源不断地改造和征服自然、掠夺地球资源，不过是按照钟表规律行事而已。

　　由此不难发现，导致气候失律的最终根源，是这种使自然和地球死境化的认知方式和哲学思想，要恢复气候，必须重建地球生境，重建地球生境的根本前提，就是扬弃这种导致地球环境逆生化的二元分离的类型化思维认知方式和无限度论哲学，重建能够全面促进环境恢复**自生生**功能的生境哲学。

　　能够全面促进环境恢复自生生功能的生境哲学，就是生存理性哲学。生存理性哲学是人类哲学的当代探索形态，它是对现代社会的工具理性哲学（亦可称之为科学理性哲学）的积极扬弃与超越。① 生存理性哲学所指涉的"生态"，其重心是其存在的位态，即对于存在本身而言，什么位态才可保持其自身生境。因而，生存理性哲学拷问存在问题，追问存在之真理，必然涉及五种关系，这是人与自我、人与他人、人与社会、人与地球生命、人与自然（地球、宇宙）之关系。这五种关系是人、生命、自然（地球和宇宙）之间的本原性亲生命关系，它们以本原性的亲生命性为取向整合生成的状态，才构成其生境化的存在位态。基于对这五种本原性的亲生命关系所构建起来的存在位态的领悟和把握，生存理性哲学内蕴着如下基本精神：

一是**原始关联精神**。所谓"原始关联"，就是事物诞生本身与他者发生了联系，形成了原本性的存在关系。比如人的生命诞生行为，就与他原本不认识的、无关的人群和事物产生联系。而这种联系源于该人成为人的最初生命种子的播撒那最初的一瞬，就获得了天地人神共铸，具体地讲，人的生命得之于天，授之于地，承之于（家庭、家族、种族、物种）血脉，最后才形之于父母。从宇宙创化角度看，无论是古希腊的自然哲学还是现代的宇宙学，都揭示了世界、事物、生命的原始关联存在。米利都学

① 哲学始终是理性的，那种将人类哲学划分为理性与非理性的做法，其实是有违哲学之自身本性。因为哲学作为"爱智慧"的方式，它拷问存在，追问存在之真理，并通过对存在之真理的追问而构建起纯粹知识，为人类的认知奠定基石，拓展视野，提供方法。所以，哲学之为哲学，本身就是理性反思的。离开了理性反思，则无哲学可论。哲学运用理性反思的方式来拷问存在，追问存在之真理，构建纯粹知识，亦体现其自我上升的进化历程。在这一自我上升的进化历程中，最初的哲学，是经验理性哲学，它滥觞于米利都学派，成熟于亚里士多德。经验理性哲学又孕育了观念理性哲学，爱利亚学派是其最初形式，经历苏格拉底、柏拉图，到中世纪神学，最后在近代获得成熟，以康德为代表的德国古典哲学是其最高成就和最终标志。观念理性哲学将人推向了绝对主宰世界和宇宙的地位，并使其取代上帝开辟了通道。在对这一通道开辟的过程中，最重要的两个人是康德和尼采，康德首先举利斧砍下了上帝的头颅，确立起"知性为自然立法"和"理性为人立法"的法则；一个世纪后，尼采为之做了"上帝已经死亡"的宣判。在这条通道上，科学理性（亦即马克斯·韦伯所讲的"工具理性"）哲学获得诞生和快速成长，并很快成为现代社会的思想认知和方法论主导。科学理性哲学进一步扩大近代社会所构建起来的二元分离的类型化思维-认知方式，这就是唯科技主义认知方式，将人与自然、物质与精神、存在与意识推向绝对的对立状态，人定胜天的观念被无限地放大，人的上帝意志观得到无限度的膨胀，由此导致了地球环境的死境化，形成气候的失律。要从根本上改变这种危及到地球和人类存在的死境化状态，人类必须觉醒并主动扬弃这种科学理性哲学观念和唯科技主义的认知哲学模式，探索构建生存理性哲学。

派讲世界本原论和宇宙生成论，以及现代的宇宙大爆炸说，均从不同的角度或者方面展示了无论是大尺度意义的存在还是小尺度意义的存在之间的原始关联性。在存在世界里，人与他者——包括个体与个体或个体与整体——之间始终存在着一种预成的原始关联性。这种原始关联性的本体性内容就是亲生命性。正是这种以亲生命性为动力机制的原始关联性使世界构成整体变成现实，也使生命构成生命成为现实，使个体进入整体和整体展现个体变成现实。

二是**有机生成论精神**。整个存在世界是由生命构成的，地球化学为其提供的证据表明：地球具有自我修正、自我修复的粘合力，这表明地球是一个巨大的生物。英国理论物理学家和环境科学家詹姆斯·拉伍洛克（James Lovelock）用"盖娅"来描述这个充满生命的生物世界，因为"生物学中的一切迹象表明，39 亿年前的地球是由核糖核酸来唱主角的。"[1]核糖核酸虽然是高度精密的分子系统，但它却不是地球上最早的生命系统，只有当地球生命发展到某个阶段时，它才几乎必然成为核糖核酸生命。由此不难看到地球的生命化：地球是一复杂的生命系统，这一生命系统的复杂性才导演了千姿百态的种群生命和个体生命的涌现性诞生。

世界是生命化的世界，所以自然始终是生命化的自然，哪怕就是石头，也是变化节奏缓慢的生命形态。"我们呼吸的空气，以及海洋和岩石，所有这一切要么是生命机体的直接产物，要么是由于他们的存在而被极大地改变了结果。""在地球表面的任何地方，生命物质与非生命物质之间没明确的区分。从岩石和大气所形成的物质环境到活细胞，只不过是生命强度的不同层级而已。"[2] 岩石乃生命形式的观点，其实在 19 世纪就已经产生了：法国自然哲学家让-巴蒂斯特·拉马克（Jean‐Baptiste Lamarck）在 1802 年写道："以单体聚合、矿体、岩层等形式出现的所有构成地壳的复合矿物质，以及由此形成的低地、丘陵、峡谷和山脉，都是在地球表面

① ［美］凯文凯利：《失控：全人类的最终命运和结局》，陈新武等译，新星出版社 2015 年版，第 442 页。
② ［美］凯文凯利：《失控：全人类的最终命运和结局》，陈新武等译，新星出版社 2015 年版，第 123 页。

生存过的动植物的独一无二的产物。'山石、山脉、海洋等亦是生命形态的观点，表面看来很荒谬，"但在横向因果关系下却颇有道理：我们周围目所能及的一切——白雪皑皑的喜马拉雅山，从东到西的深海，逶迤起伏的群山，色调阴森的荒漠峡谷，充满乐趣的溪谷——与蜂窝一样都是生命的产物。"① 所有的事物都是生命，都是其生命化的存在者。无论从哪个角度看，生命构成了世界的本体，亦构成万事万物得以存在的实在标志和感性展现。因为世界是生命的，所以才可能说世界是物质的：世界的物质性的根本前提是世界的生命化；世界是物质的客观现实本身，要求它必须获得生命，只有生命化的物质才构成其物质，没有生命的物质，不可能存在。因而，一切的物质主义首先是生命主义，所有的存在形式都是有机的形式，一切的生存状态都是有机主义的状态。以此观照，人、自然、事物、社会等之间的关系，本质上展布为一种生命化的生成关系。生命的生成构成自身的存在关系；同时，生命的生成亦解构着自身的存在关系。生命的敞开与照亮进程，就是生命向生命或者说生命向世界的建构与解构进程。

三是**自创生精神**。世界是有机的存在，世界的有机生成性源于世界的生命化。世界的生命化决定了世界由生命创造，或可以说世界由世界本身所创造：生命创造世界或者说世界创造自我，这既是世界创化的本来方式，也是生命存在及其敞开生存的必然方式。

四是**存在和谐论精神**。世界创造着世界，生命创造着生命。一切都在自创与他创的共互运动中诞生，并且一切都在自创与他创的共互过程中敞开存在与生存。生命与世界之间、生命与生命之间、个体生命与整体存在之间，其原初关系以及其相向敞开的存在关系，既不是强迫性的，更不是控制性的，而是共互生生的：共互生生，使世界生命内在地和谐，亦使世界存在及其敞开内在地和谐；和谐构成了生命存在、世界存在的本质力量。在这一本质力量推动下，生命与生命之间的合作以及人与人、人与组

① ［美］凯文凯利：《失控：全人类的最终命运和结局》，陈新武等译，新星出版社2015年版，第120页。

织之间的合作，本质上遵循事物的本性、自然的本性、生命的本性和人的本性的合作。

原始关联精神、有机生成论精神、自创生精神和存在和谐论精神，此四者构成了生存理性哲学的内在神韵和思想张力。而"人是世界性存在者"、"世界是一个生生不息的生存场"、"自然为人立法，人为自然护法"、"自然、生命、人"共在和"环境、社会、人"共生，构成了生存理性哲学的基本视野。

"人是世界性存在者"这一生存理性命题为恢复气候打开其本原性的存在视野：人不是单个的存在体，他与整个世界具有亲缘关系。这种亲缘关系决定了人、社会、生命、自然四者之间是共互生存的。

并且，人的世界性存在根源于世界的亲生命本性。正是这种亲生命本性，才使整个世界的存在敞开既具有确定性、秩序性的一面，更具有非确定性、非秩序性的一面。确定性与非确定性、秩序性与无序性，此二者的交互作用才生成出人、社会、生命、自然四者自整合化的**场态**运动，并生生不息。其生生不息的生存场，才构成一切存在的整体动力。人类存在及其谋求生存发展，最终都须接受这种整体动力的推动或制约。因而，世界的立法者绝不可能是人，人武断地和想当然地把自己裁判为立法者，并使其高踞于自然之上，这从根本上违背了自然本性和世界法则。无论从起源论，还是从创造论，人始终是自然的造物，即先有自然然后有生物最后才有从生物进化而来的人。人保持其完整而安全存在的根本前提，是必须遵循宇宙律令、自然法则、生命原理，因为自然宇宙创化生命、创化人的过程，就是赋予被创造物以宇宙律令、自然法则、生命原理为内在人性要求的过程，所以人类一旦违背宇宙律令、自然法则、生命原理，就是从根本上违背了世界性存在的人性要求。人类行为一旦违背宇宙律令、自然法则、生命原理和人性要求，人与社会、自然、生命之间就会出现生存失律，导致存在无序，灾难必然降临人间。所以，"自然为人立法，人为自然护法"命题所揭示的恰恰是存在的本原事实，正视这一本原事实，是恢复气候所必备的新存在论视野。

从整体上讲，"人是世界性存在者"的生存理性哲学命题，揭示了世界的亲生命本性和世界的场态运动。正是因为世界的亲生命本性和世界的场态运动，才造就了"自然、生命、人"共在互存和"环境、社会、人"共生互生。人、社会、生命、自然的整体生态状况，最终取决于人、社会、生命、自然四者的共互状况，其共互状况向生成、生长方向敞开，就是生境；反之，如果朝着沉沦、解构方向敞开，就会沦为死境。要恢复气候，必须重建地球生境，但重建地球生境的过程恰恰是使人、社会、生命、自然恢复共互生存之内在机制的过程。

2. 气候伦理的生态整体方法

以原始关联精神、有机生成论精神、自创生精神、存在和谐论精神为内在神韵，以"人是世界性存在者""世界是一个生生不息的生存场""自然为人立法，人为自然护法"和"人、社会、生命、自然共互生存"为认知视野的生存理性哲学，为恢复气候、重建地球生境提供了一种生境主义的伦理方法，这就是生态整体方法。

生态整体方法是对唯物辩证法、生态化综合方法、过程论方法和科际整合方法的整合生成的方法。这一方法的运用可表述为以唯物辩证法为指导，（1）整合各相关自然科学、社会科学和人文科学的理论、知识、方法资源，形成开放的思路，然后将气候失律和恢复气候等问题置于"人、社会、自然"共互生生的平台上来予以系统的伦理审查，为气候伦理研究提供认知的宇观视域；（2）运用普遍联系、对立统一、辩证发展、转换生成的方法来探讨气候失律的深层规律，为全面恢复气候提供成本最低的伦理行动方案；（3）将全面恢复气候融入探索可持续生存式发展道路、构建低碳社会和创建生境文明过程之中，引导人们全面实践这一过程。

生态整体方法之所以具有如上三种整合功能，在于它内蕴生变性、关联性、互动性、层累性取向，这四种取向使生态整体方法获得了如下丰富深广的认知特征和伦理意蕴，并使之构成恢复气候、重建生境的必须伦理方法。

首先，生态整体方法揭示了世界的生变法则。我们所赖以存在的这个世界是一个生命的世界，在这个生命化的世界里，每种物、每个生命存在都通过生存来展现，但生存本身的动态方式却是由生命与生命、生命与环境的相互逼与促所构成的。因为逼与促的互动，使自然世界里所有事物和生命不仅获得原初的血缘关联性，也获得相互敞开的进程性，更获得永不止步的生变性。所以，生变性既构成整个生命世界的内在规定性，也构成每个人、每种生命、每个具体存在事物**向死而生**的内在规定性：万物都没有静止，一切生命都在生中求变，在变中新生。生与变，构成了人的本性，但首先构成了生命的本性和事物的本性，更构成了世界的本性。这是人、生命、事物、世界之间能够共互生存的内在根源：生变性，构成人、生命、事物的原初本性。由此生变本性，使人、生命、事物的存在获得了生态性，或者说，生态化的本质规定就是生变性：生态化就是生变性。

不仅如此，生变性还展开为关联性，并呈现整体性朝向。因为任何人、生命、事物都在自然世界这个整体平台上获得其自身存在；并且任何人、生命、事物的存在都必然地与其他人、其他生命、其他事物发生关联。由此两个方面决定了任何人、任何生命和事物的存在，都是一种整体性存在和关联化存在。由于其生变的整体性要求，任何生命、事物都不可能独享一个世界，只能且必须与他者共享同一个世界，即人与物、人与畜、人与人，甚至生者与死者，现实与潜在等，必须共享同一个世界。只有这样，世界才成为世界，物才成为物，生命才成为生命，人才成为人。

其次，生态整体方法揭示了世界存在、事物存在、生命存在的关联运动规律。在我们存在于其中的世界里，任何事物都处于生变运动进程之中，但任何事物的生变运动都不是按照自己的意愿而孤立地展开，它往往需要一个整体性的空间平台，因而，生命、事物的生变运动始终要以整体性为前提条件。整体性是指在自然世界里，任何事物、任何生命、任何人，都以整体的方式而存在，并以整体的方式敞开生存。从根本讲，人是世界性存在的人，生命是世界性存在的生命，事物是世界性存在的事物。人、生命、事物的个体性，表明人、生命、事物的**现象存在**方式，也呈现人、生命、事物的现象存在敞开的进程状态。除此之外，个体性的人、生命、事物还客观地具有本体论的规定，呈现一种本体存在方式和存在状态，这就是他们必须以整体方式而存在。以整体的方式存在，这是人、生命、事物的本体存在方式和存在样态。这种本体存在方式和存在样态蕴含于现象存在之中，亦蕴含于自然的本体存在之中，即自然本身构成了个体化的人、生命、事物之本体存在的载体和显现形态。比如，你被一个美国女人所生还是被一个中国女人所生，所形成的你是根本不同的。这是因为，表面看，一个人的生命诞生仅是某对男女的杰作，但实际上并非如此：每个生命的诞生都得之于天、受之于地、承之于（物种、种族、家族、家庭）血脉，最后才形之于父母。简要地讲，生命诞生于天地神人四者的共创。正是因为如此，当你被一个美国女人所生而成为美国人，身上所流淌的是美国人的血统，美国文化基因，美国地域因子，以及美国的历史情结，美国人的存在姿态、生存方式、行为方式和生活习惯。反之，如果你被一个中国女人所生而成为中国人，你的身上所流淌的却只能是中国人的血统，中国文化基因，中国地域因子，以及中国的历史情结，中国人的存在姿态、生存方式、行为方式和生活习惯。所以，无论你是拥有美国血统（自然血缘和文化血缘）的美国人，还是拥有中国血统的中国人，其在生存行状和行为方式上所体现出来根本差异，表面看是个体性差异，但实际上是整体性差异：对任何人来讲，无论何等个性的生存方式和行为方式，都本能地承受整体的制约，并必然遵循整体关联的规律。

再次，生态整体方法揭示了互动原理。从整体论，生变性揭示了人、生命、事物的自身规定性，互动关联性则揭示了人、生命、事物存在的限度性。一般地讲，一物成为一物，是因为该物有标志自身成为自身的内在规定和外在样态。但是，这种内在规定和外在样态并不构成使一物成为一物的全部条件。从绝对意义论，一物有其内在规定性和外在样态性，并不能使它构成自身，它还需要之外的其他条件的具备。比如，一棵树要成为一棵树，不仅需要使它成为一棵树的种子和种子能够生长的内在动力机制，同时还必须有使这个能生的种子生长成为这棵树的土壤、水、空气、阳光。从发生学讲，任何单独的因素都不可能构成一个独立的存在形态，在自然世界里，每个存在者都由其复合因素构成，每个存在者的存在及其敞开，都同时需要各种复合化的条件。以此观之，任何人、生命、事物的存在及其敞开（即生存），都不能单凭自己而实现，而需要其他人、其他生物、其他事物作为自我存在和生存的必须条件。由于这两个方面的规定，无论人还是其他生命或事物，作为个体，他在自然里都是有限度的；对任何人、任何生命、任何事物来讲，它要成为自身、并使自身得以存在并敞开生存，必须由他者为其提供条件和平台，否则，他就不成其为自己，当然也不可能有自己的存在与显现。所以，人、生命、事物自身的限度性，决定了人、生命、事物及其存在敞开的互动性，这是人、生命、事物具有生变诉求、能获得生变的存在论规定的最终秘密：人、生命、事物的互动性，决定了人、生命、事物间的关联性存在，也决定了人、生命、事物间的整体性敞开。

最后，生态整体方法还揭示了层累原理。在自然世界里，人、生命、事物敞开自身存在的生存进程，始终为自己积累起意想不到的结果。人、生命、事物在整体性和关联化的存在世界里敞开自己的生变运动过程，始终是一个自我层层累积的运动过程。

层累性，首先揭示了整体是如何生成的：整体是由个体层累起来的。层累性，还揭示了整体与个体之间的生成关系：整体虽然最终支配个体，但整体首先由个体按照层累方式而生成。个体是整体的内动力，整体是个体敞开自己的平台，也是个体敞开自己的外在推动力。除此之外，层累性还具有两个更重要的功能：首先，层累性构成了互动性的目标，人、生命、事物间的互动敞开，无论有意或者无意，都在于发挥其层累功能，都在层累，都通过层累功能的释放而发挥着边际效应，或边际递减效应，或边际递增效应（详述见下节）。其次，层累性构成了生变性的内在机制，人、生命、事物间的生变运动必以层累为前提；或者，人、生命、事物间的生变运动，是以量的层层累积所推动而形成空间的变化运动，并以量的层层累积达向质的飞跃而推动新人、新生命、新事物的诞生。

从整体讲，生变性、关联性、互动性、层累性，此四者并不各自独立,而是其整体运动进程中递相推动的四个环节。在抽象意义上,生变性构成生态整体方法的本质规定;关联性构成生态整体方法的性质定位和联系方式;互动性构成生态整体方法的敞开方式;层累性则构成生态整体方法的内在机制和操作原理。生变性、关联性、互动性、层累性,此四者构筑起了生态整体方法的整体视野。这一整体视野为检讨气候失律以及如何恢复气候提供了宏观的伦理方法。因为从根本论,自然并不静止、孤立,它本身就呈生态整体取向并充满自创生活力。当这种自创生活力在某个方面一旦被某种超越自然的强暴力量所改变或扭曲时,它就出现整体上的生态变异,形成逆生态运动,这就是"我们终结了自然的大气,于是便终结了自然的气候,尔后又改变了森林的边界。"① 的根本原因。

二、气候伦理的自然法则

气候失律,比如酷热或高寒、旱涝或霾污染等,每个人都能感觉得到,因为气候的变化构成了人们最敏感的生活内容之一。但面对日益严峻的气候失律现象,我们虽然倍感忧惧,却麻木以对,消极不作为。溯其根本原因有二:一是认为气候变换运动丧失时空韵律是自然力为所,与人力无关;二是认为面对失律的气候,人类即使想有所作为,也无能为力,因为人力根本无力改变气候条件和气候环境。

有关于气候失律的这两种认知观念,其实都根源于常识思维的鼓动。常识思维总是形成习惯性认知传统,并由此产生难以改变的认知惯性。气候失律所引发的消极不作为现象要得到根本的改变,必须首先打破这种常识思维方式,突破习惯性认知惯性冲动模式,理性地审视气候失律及其所造成的不断恶化的环境生态状况,就会发现气候失律也是有规律可循的,并且恢复气候同样是有规律和法则可以遵循的。所以,理解导致气候失律的自然原理,就是掌握恢复气候的根本规律和方法。

---

① [美]比尔·麦克基本:《自然的终结》,孙晓春等译,吉林人民出版社2000年版,第74页。

1. 气候失律的伦理原理

气候失律，就是气候变换运动丧失其周期性时空韵律。气候丧失周期性时空韵律而逆生态运行，也不是任意的，它同样体现其规律性。从整体观，气候失律隐含了三个规律、并且由这三个规律推动。我们根据这三个规律各自的功能特征，将其分别命名为气候失律的层累原理、突变原理和边际原理。

推动气候失律的层累原理　气候是地球生命存在的宇观环境，更是人类存在和可持续生存的宇观环境。面对这一宇观环境，任何空间单位和时间情境中的人力活动对它的直接影响小得几乎为零。人类活动作用于气候，推动气候变换运动丧失自身时空韵律，是间接实现的。这种间接性主要体现为如下两个方面：

首先，人类活动虽然是导致气候失律的最终之因，但人类活动并不直接作用于气候，人类活动作用于气候是通过地球环境的逆生态化而实现的。

地球环境主要由三个维度的因素构成。一是地下环境。地下环境的生境化集中体现为地球承载力，即地质保持原生态构造，地质结构稳定，没有山体崩滑、地沉、地陷、地裂等现象。二是地面环境。地面环境的生境化主要体现在森林、草原、荒野、江河、湖泊、海洋、大地、植被等具有极强的自组织、自繁殖、自调节和自修复能力。三是水体环境。水体环境的生境化体现为水以太阳提供的能量为天然动力，在大气圈（云、雨）—岩石圈（土壤）—生物圈（动物、植物、微生物）—水圈（地表水、地下水）之间循环生成，调节气候，滋养大地和万物，吸纳污染，净化空气。水体环境的生境化运动是通过地表水、土壤中的水分和生物体中的水分受到阳光照射，温度升高，由液态水变成水蒸气散发到大气中，水蒸气在高空冷却后凝结为小水滴变成云，水滴增大到空气托不住时，就变成雨落回地面，以此循环不已，这是水在大气圈中的循环过程，正是这一循环过程形成由水、阳光、空气三者协调营运的自然生态链条。

地球环境的逆生态化，无一例外地从如上三个方面体现出来，其一是地下环境生态死境化，它表现为地球承载力弱化或丧失，地质结构不稳定，山体崩滑、地沉、地陷、地裂等现象频繁发生，溯其主要原因，是人类无限度开发地下资源和地面资源。开发地下资源，主要是指开采煤、石油、天然气和抽取地下水，从而改变了地质结构；开发地面资源，主要是在江河之上修建星罗棋布的水电堤坝以及城市中的其他建筑，通过改变地表结构来改变地质结构。其二是地面环境死境化，它表现为森林、草原、荒野日益消隐，江河截流断流，湖泊、海洋污染化，土壤无机化板结和深度污染，植被减少，大地裸露。其三是水体循环失序，水、阳光、空气三者所构成的自然生态链条断裂，地下水和地表水污染严重，整个水体环境丧失自净化功能。

其次，气候失律是人类活动过度介入自然界并以层累方式造成的。具体地讲，地下环境、地面环境和水体环境，此三者朝着逆生态化方向整合运作，就推动气候失律，所以气候失律最终来源于地球环境在整体上逆生态化。地球环境在整体上逆生态化，完全由人类活动过度介入自然界所造成。但人类活动过度介入自然世界所形成的地球环境逆生态化，并不是指人类的某次活动或人类的某时活动，而是指近代以来人类为了更好地生存不断地开发技术作用于地球环境的整个历史进程所形成的负面作用层层累积的结果。所以，人类活动改变地球环境生态所产生的负面影响和破坏性，是以层累方式实现的，即人类活动对自然界的负面影响是以层累方式积聚起来形成巨大的能量推动地球环境滑向逆生态方向。

"层累"就是层层累积，或者说从无到有、从少到多、从小到大一点一滴地积累。这种层层累积的方式，在日常生活中随处可见，它构成一种生活经验、生存智慧和创生方法，但这种层层累积的智慧和方法却本原性地蕴含在自然世界中，构成环境变迁的内在依据与原理，这就是层累原理。

最早发现"层累"智慧的是史学家顾颉刚。他在古史研究中认为：中国古代的历史并不是古代人的历史，而是一代代后人"层累地造成的中国古史"。古代的历史是被后人"层累地构造"这一古史观，所蕴含的思想精髓恰恰体现在研究古代历史所应确立的致知方式："我对于古史的主要观点，不在它的真相而在它的变化"，即"不立一真，唯穷流变。"① "不立一真，唯求流变"的史学思想，从三个维度敞开其认知论和方法论视野：一是"时代愈后，传说的古史期愈长"；二是"时代愈后，传说中的中心人物愈放愈大"；三是在勘探古史时，我们即使"不能知道某一件事的真确的状况，但可以知道某一件事在传说中的最早的状况。"②

顾颉刚的古史"层累"说曾在史学界引来很大论争，并且至今不息。抛开史学界的论争，从一般认知论和方法论角度观照，"层累"说蕴含普适性的原理功能。正是因为此，我们将其称为层累原理。

层累原理的精髓，包括认知的思想精髓和方法论精髓，在于它揭示了**时间和聚集**在存在世界中的秘密：**时间发动了聚集，聚集创造着时间。**当时间与聚集合谋时，就创造出变换尺度的法则和智慧。具体地讲，时间和聚集，可以将小尺度变成大尺度，并拥有将细微末稍变成改变大尺度、大事物、大世界的无穷力量。

时间和聚集合谋所生成的这种神奇的**生化**功能，根源于自然宇宙、存在世界以及环境舞台上的能量运动，既不遵循守恒定律，也不遵从热力学第二定律，而是服从宇宙大爆炸原理：宇宙是大爆炸所形成的，但促成宇宙大爆炸的初始条件，却是一个体积无限小的"致密炽热的奇点"。这个体积无限小的"致密炽热的奇点"之所以最终导致了宇宙大爆炸，在于这个原本可以忽略不计的"致密炽热的奇点"本身具有自聚合能量的潜力，当它一旦获得时间的保证，就开始了自我聚集能量的活动。③ 气象学家洛仑兹（Edward N. Lorenz）将这种对初始条件的敏感依赖性称之为"蝴蝶效应"④：一只蝴蝶在伦敦上空扇动了几下翅膀，三个月后，这个"初始

---

① 顾颉刚：《古史辨》第 1 册，上海古籍出版社 1982 年版，第 273 页。
② 顾颉刚：《古史辨》第 1 册，上海古籍出版社 1982 年版，第 60 页。
③ ［英］史蒂芬·霍金：《时间简史：从大爆炸到黑洞》，吴忠超译，湖南科学技术出版社 1997 年版，第 109—130 页。
④ ［德］H. G. 舒斯特：《混沌学引论》，朱鋐雄、林圭年译，四川教育出版社 2013 年版，第 3 页。

条件"就演化成了太平洋上空的一场龙卷风。这只蝴蝶所扇动的那几下翅膀，作为龙卷风的"初始条件"本身就具有自我聚集能量的潜力，当它获得"三个月"的时间保障，就演绎出了那场席卷太平洋上空的龙卷风。以此观之，层累原理的生成需要两个条件的具备：

一是**自力因**，这就是"初始条件"自聚合能量的潜能。

二是**孕育母体**，即时间。

由于"层累"说内在地具有这样两个条件，所以它具有了跨越史学领域的限制，获得普遍原理的资格而可指涉任何领域，并构成解释个体如何可能影响整体、小尺度怎样改变大尺度的最终依据。

层累原理为我们提供了审视气候失律与人类活动之间的内在生成关系：客观地看，环境能力的衰竭、环境对地球生命和人类社会的柔性滋养和再生功能的弱化或丧失，从三个方面表现：一是气候失律；二是灾疫日益全球化和日常生活化；三是污染立体化，即污染大气化、地球化和社会生活化。导致此三者生成的初始条件，就是人——作为个体或作为类的人——无限度地介入自然界展开征服、改造、掠夺活动所产生的对环境的负面影响因素，在自然这个大尺度面前很细微，但它却有其自聚合能量的潜力，一旦通过近代以来的工业化、城市化、现代化进程，即近三百年的时间的孕育，它就层累成巨大的能量，暴发出改变大尺度（气候这一宇观环境）的功能，导致自然环境生态产生如上三个方面的裂变。

时间对初始条件的孕育和初始条件在时间孕育进程的能量聚集生成，这是层累原理的工作机制。这一工作机制蕴含四个基本规律，这四个基本规律构成了层累原理的精神实质。其一是**流变**规律。层累原理强调变化，并且其变化是一个无限展开的过程。其二是**渐生**规律。层累原理揭示变化的过程始终是一个渐生的过程：在常态下，任何事物的存在敞开都在变化，其变化始终是渐进的，是一点一滴积累生成的。并且，这种渐进的变化的朝向是生，是使变化本身和变化着的事物本身不断地生，即生成、生长、积累、壮大。其三是**乘积**规律。层累原理揭示了流变与渐生不是按照加法进行的，而是按照乘法方式展开流变和渐生，即越是往后，事物的流变速度就越快，其渐生的力度就越大，以至于当其力量在加速的层累进程中达到某种临界点时，它就会脱离渐生的轨道而滑向突变。其四是**推力规律**。事物的流变与渐生，既可能是事物自身的内在要求使然，更可能是事物自身之外的力量的推动。如果是以前者为推动力，事物的流变与渐生运动促进事物本身的生境化；如果是以后者为推动力，事物的流变与渐生运动，就会将自身推向死境化道路。

层累原理揭示了地球环境逆生态化导致气候失律的生成规律，这就是层累规律。这一规律告诉我们：第一，地球环境逆生态化形成，不是由地球环境自身所推动的，而是由工业化、城市化、现代化进程中人类无限度地征服自然、改造环境、无止境地掠夺地球资源的行动所推动形成的。第二，人类力量作用于地球环境，导致地球环境逆生态化，是由征服自然、改造环境、掠夺地球资源的连续不断的行动推动地球环境渐变生成的，因而，在当下情境中、在小尺度上，气候失律的内在推动力和自身规律不易被发现，也不能被发现，只有在历史长河中、在宇观的宏大尺度上，人们才可发现气候失律的内在推动力和自身规律。第三，人类连续不断地征服自然、改造环境、掠夺地球资源的行动进程推动地球环境以加速度方式逆生化，最后发生逆生态突变，这就形成灾疫失律。换言之，气候失律的内在体现，是气候丧失周期性变换运动的时空韵律；气候失律的外在表现，就是灾疫失律，即环境灾害和疫病的日益全球性和日常生活化。

推动气候失律的突变原理　地球环境一旦逆生态化，它就以自我破坏和破坏他者的双重方式呈现自身。

逆生态化的地球环境以自我破坏和破坏他者的双重方式来呈现自身的宇观形态，就是气候失律。逆生态化的地球环境以自我破坏和破坏他者的双重方式呈现自身的具体形态，就是地震、地沉、海啸、暴雨、干旱、山体崩塌、高寒、酷热、酸雨、霾气候、流行性疾病、瘟疫等的频繁暴发。换言之，气候失律和地震、地沉、海啸、暴雨、干旱、山体崩塌、高寒、酷热、酸雨、霾气候、流行性疾病、瘟疫等异动现象，都是地球环境逆生态化的表征。地球环境逆生态化的各种表现形态，都是以突变方式敞开的。因而，地球环境的**逆生态化生成**，是渐变的、层累的，它所遵循的是层累原理；但地球环境**逆生态化的敞开方式**却是突如其来的、暴虐性的，它所遵循的是突变原理。

突变思想是法国数学家勒为·托姆（Rene Thom，1923—）所发现的，他于 1972 年出版的《结构稳定性与形态发生学》（*Structural Stability and Morphogenesis*）专门研究突变现象，并提出"突变点"这个概念来表述突变思想，他的同事齐曼（Christopher Zeeman）将他所提出的这一全新理论概括为"突变论"，并将其突变论纳入系统论中予以考察。在系统论框架下，托姆对突变现象敢了更进一步的研究，并于 20 世纪 80 年代出版《突变论》（*Mathematical Models of Morphogenesis*）一著，系统地阐发了突变论的基本原理、理论基础和方法。

托姆所开创的突变论理论，是一种微积分的数学理论，它由此开辟出数学的新领域和分支学科。但突变之所蕴含的原理——即突变原理——却超出了数学领域而获得了对整个自然世界和人类生活的指涉功能。换言之，无论是自然世界还是人类社会，其任何方式或形式的异动变化，都遵循突变原理才获得其自身敞开，比如社会经济危机、国家政权更迭、战争爆发，以及地震、海啸、冰雪融化、火山爆发、水的沸腾、冲击波的形成等，都体现了突变性，都遵循突变原理。气候失律，以及由此而导致的灾疫爆发，比如暴虐的干旱、暴雨、高寒、酷热、酸雨、霾气候以及山体崩塌、地沉等，仍然以突变的方式呈现。

突变现象体现两个基本特征：一是突发性。突发性揭示事物变化的不可预料性，不可预测性和爆发的随机性、突兀性。二是非连续性。事物的突变，不仅没有直接因果，更不会重复出现，它始终只具有一次性。虽然相似的现象可能产生，但这些表面相似的突发现象之间没有任何关联性。由此两个方面的特征，形成了突变现象的难以把握性，也使得突变现象不以人的意愿为转移。虽然如此，突发性和非连续性的突变现象背后却蕴含着可以探索和把握的规律性，这种规律性构成了突变原理的本质规定。

突变原理所蕴含的内在规律，主要有三个方面的内容。

　　首先，突变现象的出现，是相对系统秩序而论的：第一，一切形式的突变现象必然发生在系统之中；第二，能够导致突变现象发生的系统原本是一个动态的秩序体；第三，突变现象的发生，其实就是对这个动态秩序体的秩序的破坏或瓦解，进一步讲，突变现象一旦发生，生成这一突变现象爆发的动态秩序体就必然遭受瓦解或破坏，并由此打破原有的动态平衡而进入到非平衡的重构进程之中。

　　其次，突变现象的产生虽然体现出突发性和非连续性特征，但这种非连续性的突发行为却要经过很长时间的能量积蓄，当这种不断积蓄的能量达到能够突破其动态秩序体的硬壳的临界状态时，它才可爆发而突发奇功，显示其突变的威力。因而，突变现象的爆发必以其层累性积淀、积蓄为先决条件。更明确地讲，突发行为是建立在层累事实基础上的，突变原理必以层累原理为前提、奠基和依据。

　　最后，根据宇宙律令、自然法则和生命原理，任何事物都有标识自身存在的内在本性和秩序要求，并毫无例外地遵循自身本性和内在秩序要求展开自生成、自建构、自调节或自修复运动。因而，任何事物都是一个动态秩序的系统，并且任何事物的动态秩序化存在都必须置于更大的动态变化的系统中才可得到呈现和保障。事物突破自身自生成、自建构、自调节、自修复的生存运动轨道而发生突变行为，那一定是某种或多种外力推动使然。根据层累原理，当这种或多种外在的能量因素以层累方式积蓄起来达到能够破坏该事物的秩序结构和内在稳定性的临界状态时，任何一个微小的变化都将可能导致整个事物状态发生整体性变化，这种突发性的颠覆性变化，就是"一根稻草压死一个骆驼"。

　　由此不难看出，只有当综合运用层累原理和突变原理时，才能正确地理解自然世界和人类社会之间的各种突变现象。以气候失律为例。气候失律的突变现象是气候灾害的突然爆发，但气候失律的生成却要经历宇宙星球运动、太阳辐射、大气环流的逆生化；而宇宙星球运动、太阳辐射、大气环流的逆生化并不是一蹴而就的，它是整个地面性质经历缓慢变化而最终形成地球环境逆生化。具体地讲，近代以来，人类活动过度介入自然界所造成的负面影响因素经过近 300 年时间的层层累积形成一种不可阻挡的暴虐力量作用于地球环境，才推动地球环境逆生化，并由此进一步推动大气环流、太阳辐射的逆生化，最终寻致气候的全面失律。因而，从人类因为物质幸福论冲动和欲望的满足而发动无限度地介入自然界的持续活动，到气候失律，就如同一副多米诺骨牌，其自我倒塌的前提条件是破坏性力量层层累积达到临界状态（突变理论将其称之为"状态变量"）。在这种临界状态下，任意一个偶然因素——哪怕是很微弱的因素的介入，都将推倒整副多米诺骨牌，这个推倒整副多米诺骨牌的那个偶然因素，就是突变理论所讲的"控制变量"。由此不难发现，层累原理所展示的是事物突变生成的"状态变量"是如何形成的；突变原理所揭示的是直接导致事物突然爆发的那个"控制变量"的不可捉摸性、任意性和偶发性。

推动气候加剧恶化的边际原理　边际效应原理为经济学领域所发现，并常常用来描述人类经济活动中的经济效益规律[1]，但它实际的功能却可辐射到人类生活的所有领域，当然也包括自然领域。从本质观，边际效应

---

① 边际效应是现代经济学原理，它曾早由德国经济学家赫尔曼·海因里希·戈森（Hermann Heinrich Gossen）在其《人类交换规律与人类行为准则的发展》（1854）中正式提出，但当时人们还普遍沉浸在对李嘉图的劳动价值论的崇拜中，所以这一现代经济学原理被埋没。直到 30 年后，该原理又为英国经济学家威廉·坦利·杰文斯（William Stanley Jevons）重新发现和研究：随着一个人所消费的任一商品数量的增加，得自所用的最后一部分商品的效用或福利在程度上是减少的。一般来说，效用的比例是商品数量的某种连续的函数。为此，杰文斯从边际效应角度给经济学做了一个经典性的描述：**经济学是快乐与痛苦的微积分学**，即以最小的努力获得最大的满足，以最小厌恶的代价获取最大欲望的快乐，使快乐增至最大，就是经济学的任务。

边际效应原理是经济行为的普遍规律，当它被杰文斯重新发现时，几乎同时也被奥地利经济学家门格尔（Carl Menger）和法国经济学家瓦尔拉斯（Léon Walras）分别发现：杰文斯、门格尔、瓦尔拉斯，这三位经济学家在现代经济学史上被称为"边际三杰"，但他们各自所建立起来的边际效应理论各有侧重：杰文斯建立了事实和理论相结合的边际效应研究方法论；门格尔所努力捍卫的是边际效应价值理论；而瓦尔拉斯构建了边际效应的一般均衡体系。简单地讲，边际效应即边际贡献，是指消费者在逐次增加一个单位消费品的时候，带来的单位效用是逐渐递减的，虽然带来的总效用仍然是增加的。所以，在经济学理论中，边际效应原理实际上就是**边际效应递减规律**（the law of diminishing returns）：在一个连续经济活动过程中，其他投入固定不变时，连续地增加某一种投入，所新增的产出最终会呈减少规律。这有两种情况，一是当连续的经济活动在一定时期内其产量增加会降低产品的平均固定成本，即规模效应；二是当其所增加产量超出一定程度时，随着变动成本的增加，平均可变成本也会上升，由此导致其规模效应完全消失，甚至会产生负效应。所以在连续的经济活动中，其经营决策不仅要考虑平均成本，更要考虑边际成本。

规律并不只是简单的人类经济活动规律，而是自然法则在经济领域的具体
呈现方式。客观地看，世界的运动本性形成了事物的非静态性；并且，世
界的运动本性也形成了事物存在的非孤立性。由于前者，任何事物都处于
动态生成进程中；因为后者，所有的事物与他者之间——即个体与个体之
间或个体与整体之间——始终形成多元复杂的关联性。正是这种动态生成
的进程性和相互关联的复杂性，使所有的事物、任何系统的存在敞开获得
了惯性运动的特征。并且，事物或生命的这种惯性运动既产生收缩性和内
敛性取向，同时也形成播散性和扩张性特征，尤其是当推动该一事物获得
惯性运动特征的原发动力仍处于作功状态时，这种收缩性、内敛性和播散
性、扩张性的两极特征体现出更强劲的渗透力，这种渗透力就是边际效
应。人们通常所讲的"蝴蝶效应"，其实讲的就是边际效应，只不过不是
讲边际递减效应，而是讲边际递增效应。边际递减效应，是指行为形成的
收缩性、内敛性倾向。这种收缩性、内敛性倾向一旦被纳入**成本与收益**框
架中来计算，就构成了经济学的边际效应递减原理，这一原理给人们带来
了反向思考，即如何以最小的成本获得最大收益或快乐的问题。为此，人
们必须在行为的边际成本与边际收益之间寻求一种理性计算的方法，这个
方法就是边际分析方法。运用边际效应原理和边际分析方法来决策其生存
行为，这就是理性。理性是什么？借用休谟（David Hume）的观念来表
述，理性的基本功用就是计算（其行为）收益和代价。[①] 其实，对边际递
减规律的反向思考，就是发现它背后所蕴含的边际递增规律：任意的一个
行为一旦发生，不仅会发生直接的影响，而且还会产生间接的影响，并且
这种间接的影响完全可能变成某种初始条件而发生意想不到的边际效果；
如果这一行为重复发生，其所产生的间接影响就会以层累方式积聚起来生
成巨大的能量，推动整个世界的变化。蝴蝶效应就属于前一种情况，而气
候失律则属于后一种情况。

从根本论，边际效应原理讲的是一个行为的边际效应既向递减方向发
生，同时也向递增方向发生。边际效应原理原本作为经济学原理而被发现

---

① ［英］休谟：《人性论》下卷，关文运译，商务印书馆 1994 年版，第 451—456 页。

和提出来。作为一个经济学原理，它有两个方面的含义："A. 边际效用递减原理。这条原理实际上说的是：人们首先满足的是最迫切的需求——这样，收入中后增加的每一元或后增加的每一单位的资源所满足的需求，都没有前一元或前一单位的资源所满足的需求那么迫切。B. 边际成本递增原理。这条原理说的是：生产都首先利用质量最好的各种要素（最肥沃的土地，最有经验的工人，等）和他们所知的各种要素的最佳组合。只有更好的要素用光时，或当一个要素，如土地，固定不变（不再是可增加的）后，他们才使用较差一些（更贵一些）的要素。此外，在一个资源稀缺的世界，由于将越来越多的资源用于一种用途，用于其他用途的资源就越来越少，首先牺牲的是最不重要的用途；随着更多的利益产生，逐渐地必须牺牲一些更重要的用途，这就是，必须支付越来越高的价格（机会成本）。应用到 GNP 中，第一条原理意味着增加等量的产出，其边际的（增加的）效益是下降的，第二条原理意味着增加等量的产出，其边际是上升的。"[①]边际效应递减规律遵循的是**行为重复的削弱效应**：当对某一行为重复运作时，其影响或收益值会随其行为重复的次数而递减，直至最后的限度。与此相反，边际效应递增规律却遵循的是**行为重复强化效应**：当行为处于起步阶梯上，影响很小，收益值很低，越到后来，其不断持续重复的行为所产生的影响越大，收益值就越高。比如一个人初进市场，谈不上有信誉，当他在市场中时时处处遵循市场规则，以人为本体，以诚信为准则，那么，他就在市场的摸爬滚打的"时间"进程中一步一步积累起了市场信誉。这种信誉就变成了如雪球般不断滚大的活性资本，可以凭此而抵押，而筹资，而获得银行信贷。

边际效应递增原理可以用公式来表示：即 x 是自变量，y 是因变量，y 随 x 的变化而变化，随着 x 值的增加，y 的值在不断增加。根据这一公式，假定人类活动是 x，人类活动造成对自然界的影响力是 y，随着 x（人类活动）的持续重复和不断扩张，y（对自然界的负面影响力）的值增长

---

① 〔美〕赫尔曼·E. 戴利、肯尼思·N. 汤森：《珍惜地球——经济学、生态学、伦理学》，马杰等译，商务印书馆 2001 年版，第 22—33 页。

到自身的极限状态时，它就会朝着相反的方向释放，这就是地球环境逆生化，气候失律，灾疫频发。

反过来看，人类活动作为于自然界，其对自然界所造成的负面影响，在初始状态下是很微弱的，但人们由此而获得的收益却是最大的；但随着人类从深度和广度两个方面介入自然界时，其所产生的负面值也越来越大，与此同时，其行为活动所付出的成本也日益巨大，其收益值却日趋降低，这就是边际递减规律。

概括地讲，人类介入自然界的活动是为了追求更大的经济效益，追求经济最大化，这是人类经济活动的根本目的。但人类介入自然界的活动在获得预期经济效益的同时，也在创造破坏环境的负效益值。并且，人类介入自然界的活动，其所收获的经济效益值与意外地破坏环境生态的负效益值之间，既构成正比关系，也呈反比关系：一方面，人类介入自然界的活动所获得的经济效益越多，其行为破坏环境生态所产生的负效益值就越大，因而，经济活动对环境破坏、或者环境破坏之于经济活动而论，形成边际效应递增关系；另一方面，越是往后，人类介入自然界的活动所付出的成本越大，经济效益越低，因而，经济活动对经济收益的贡献，显现出边际效应递减态势。与此同时，其介入自然界的活动所制造的破坏自然环境生态的负效应值却伴随着人类的经济"成本越大、收效率越低"的走势而成几何方式递增。进一步概括则是：人类介入自然界的目的是谋取更大的经济效益，但随着人类不断朝深度和广度方向介入自然界，其行为所付出的经济成本越大，其随之而付出的环境成本则更大。换言之，在人类从深度和广度两个方面过度介入自然界的进程中，其单位经济收益所付出的经济成本是以算术方式增加的，与此同时所付出的环境成本却在以几何方式层累地增长。这种以几何方式层累地增长的负面值一旦累积到一个临界点，就以突变的方式爆发出来，形成气候失律，这时的气候就如同"蝴蝶"那样，当它煽动失律的翅膀时，就在整个自然世界和人类世界刮起一阵接一阵的龙卷风，这个"龙卷风"就是气候灾害、地质灾害和各种流行性疾病的此起彼伏。

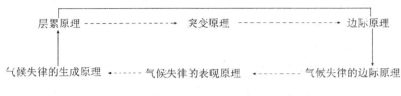

图 3-1　气候失律的自然原理体系

2. 恢复气候的伦理法则

面对气候失律的存在状况，发现气候失律的规律，揭示导致气候失律的三大自然原理，其目的是为恢复气候构建所必须遵循的法则。恢复气候所必须遵循的法则，不能由人来制定，只能源于自然，是自然法则。这一能够指导人类恢复气候的自然法则，仍然只能是层累原理、突变原理和边际原理。

首先，层累原理、突变原理和边际原理，此三者揭示了人类与自然、人类活动与地球生态之间的变动关系本质。乌尔里希·贝克（Ulrich Beck）认为，生态危机是文明社会对自己的伤害，具体地讲它是人类决策的结果，也是工业革命胜利所造成的结果。在工业革命初期，环境根本不是问题；到了 20 世纪后半叶，环境就成了大问题；在今天，环境问题则成为一切问题的纽带，越往后，环境问题越成为一切问题的总阀门，所有的问题都将通过环境问题的解决才可得到真正的解决。以此来看今天的地球环境生态，其展现出的死境化态势呈现两个方面的宏观取向：一是气候失律全球化；二是灾疫失律全球化。这两种情况的出现，既因为人类活动对自然界的过度介入，也源于自然界本身的限度。布达佩斯俱乐部主要成员、系统论哲学家欧文·拉兹洛（Ervin László）指出：人类赖以生存的地球，作为一个行星的外在极限是一些常数，难以改变。但无知的人类却在尽其所能地改变这个常数。人类改变自然世界之自身常数的基本方式，就是加速工业化、城市化、现代化进程，在这个进程中，各国经济不断增长，人的生活水平不断提高，但与此同时却因为自然界自身常数的被改变而制造出了三个负面效应，这就是人口爆炸、资源短缺、环境污染。[①] 正是这三个负面效应的层累生成为一种强暴动力，引发出全球性气候失律和灾疫失律。

客观地看，工业文明进程中所出现的这种态势，早在 100 多年前就出现了。马克思和恩格斯曾对此做出过最深刻的预见。首先，马克思指出劳动体现出人与自然之间的本质关系，揭示了劳动不仅仅是摄取资源和物质财富，更重要的是控制人与自然世界的代谢："劳动首先是人和自然之间的过程，是人以自身的行为来引起、调整和控制人和自然之间的物质变换的过程。"[②] 然后，人类劳动一旦被资本所支配，必然会无声地实现对人与自然以及人与自身之间的亲缘关系的根本性破坏，"资本主义生产使它汇集在各大中心的城市人口越来越占优势，这样一来，它一方面聚集着社会的历史动力，另一方面又破坏着人和土地之间的物质变换。也就是使人以衣食形式消费掉的土壤的组成部分不能回到土地，从而破坏土地持久肥力的永恒的自然条件。这样，它同时就破坏城市工人的身体健康和农村工人的精神生活。"[③] 最后，恩格斯得出一个让人倍感悲凉与绝望的结论："我们不要过分陶醉于我们人类对自然界的胜利。对于每一次这样的胜利，自然界都对我们进行报复。"[④] 人类不断向自然取得胜利的基本方式，就是通过劳动而掠夺自然，掏空大地，破坏自然生态秩序，使环境日益沦为死境。反之，自然报复人类的基本方式，就是气候失律，并通过气候失律方式而制造出层出不穷的环境灾害和频繁爆发的瘟疫。

其次，层累原理、突变原理、边际原理此三者从整体上揭示了地球环境生态死境化和气候失律、灾疫失律的内在变动规律：从工业革命肇始到今天的地球环境逆生化，其表现形态是气候失律，气候失律的表现形态是灾疫失律；但灾疫失律却是以异常暴虐的方式突发显现的，无论是干旱、

---

① ［美］欧文·拉兹洛：《第三个 1000 年：挑战和前景——布达佩斯俱乐部第一份报告》，宏昌等译，社会科学文献出版社 2001 年版，第 1—2 页。
② ［德］马克思：《资本论》第 1 卷，人民出版社 1975 年版，第 201—202 页。
③ ［德］马克思：《资本论》第 1 卷，人民出版社 1975 年版，第 552 页。
④ ［德］恩格斯：《自然辩证法》，人民出版社 1984 年版，第 304—305 页。

洪涝，还是地震、海啸，或是酷热、高寒以及霾气候，都是突发性的。并
且，其死境化的地球环境，以及由此敞开的失律的气候和突变的灾疫，又
总是遵循边际效应原理而扩散灾难，从而以几何方式提高地球存在安全和
人类可持续生存的成本。因为，自然世界、人类社会、地球生物圈，无不
接受边际原理的制约，即既要接受边际效应递减原理的制约，同时也要接
受边际效应递增原理的激励。然而，无论是边际效应递减原理还是边际效
应递增原理，它们都受一个更根本的原理所支配，这个原理就是层累原
理。无论是人类社会还是自然世界，无论是在经济生活领域还是在政治生
活领域，也无论是在精神生活领域或者是在存在论领域，边际效应递减都
是按照层累原理而展开的。比如当你处于十分饥饿的状态时，有人给你端
来了一大盘包子，你吃第一个、第二个时感到特香特好吃，吃第三个、第
四个时感到好吃，吃第五个、第六个时已经感觉不到好吃的味道了，再吃
时就感觉不好吃甚至讨厌了。这一过程其实不仅是你的饥饿的肠胃逐渐被
食物填满了，而且你对包子味道的感觉也随着不断吃的进程纵向展开而层
层累积起来，以至最后达到感觉到绝对饱和程度时，感觉本身就朝向反面
体味了。相反，边际效应递增也是按照层累原理而展开的，这种遵循层累
原理而展开的累积方式，我们通常将其称为积累。在人的世界里，凡事都
是以积累的方式而敞开而存在的。比如做人需要人脉，人脉是靠积累起来
的；再比如家境的变好或变坏，也是靠一家人的生活努力和行为努力层层
积累起来的。进一步看，人民的富裕、国家的文明、社会的正义、个人的
自由，也是治理积累的产物。作为个体生命，你今天的存在处境、生存状
态，完全是你自己过去每日生活和经营所累积起来的；你未来的人生境
况，同样是由你当下的一个又一个具体的作为或不作为层层累积的结果。
具体的生命是这样，整体的存在环境同样如此，我们今天所面临的十分恶
劣的逆生化的地球环境状况、全球气候失律以及由此引发出来的全球灾疫
失律状况，都是我们过去的生存行动和生活作为所累积起来的自然结果。
因为在工业革命之前，地球环境生态只有大尺度上的变化，在大尺度的变
化轨道上，气候的变换运动体现周期性的时空韵律，自然灾害和瘟疫，更

多的是自然运行的偶发体现；但自工业革命以来，尤其是伴随着工业化、城市化、现代化进程的不断加速，气候变化、自然灾害和瘟疫等自然现象逐渐蕴含了人力因素于其中。工业革命200多年后，地球环境生态呈现死境化趋向，气候变换运动逐渐丧失其时空韵律，环境灾害和疫病从整体上呈现出如下趋势：第一，其爆发频度日益加快。尤其是进入21世纪，气候失律和灾疫爆发的快频度达到了首尾相连的状态；第二，其爆发强度增大。它主要表现为破坏力日益增强：它对自然环境生态的破坏往往是毁灭性的，它对人类生存的破坏同样是毁灭性的。在这种日益激化和扩张的破坏力面前，人类生活丧失了基本的安全感、稳定性和家园的归属感。第三，其爆发烈度更强。在当代境遇中，其气候失律以及由此引发出来的灾疫，朝着日益严重的破坏性方向敞开，并随时间推移而变得更强烈，有更具强度的破坏力。由此可以预计，在未来相当长一段时间，人类因气候失律所遭受的灾疫之难将愈发频繁，这已从21世纪前14年表现出来，即进入21世纪以来，灾疫爆发的频率不断加快，其强度和烈度不断增强，其广度不断扩张。

最后，根据层累原理、突变原理和边际原理，在当代进程中，地球环境逆生化、气候失律和灾疫失律全球化恶化，已成为一种趋势，要扭转这种趋势、改变这种状况的根本途径，就是重建地球生境、根治灾疫、恢复气候。然而，重建地球生境、根治灾疫、恢复气候，同样必须遵循层累原理、突变原理和边际效应原理。因为灾疫频发，源于气候失律；气候失律，源于地球环境逆生化；地球环境逆生化，由人类征服自然、改造环境、掠夺地球资源的行为层层累积所造成。所以，要根治灾疫，必须恢复气候；要恢复气候的时空韵律，必须重建地球生境；要重建地球生境，必须改变人类征服自然、改造环境、掠夺地球资源的生存模式和行动方式，从治理、恢复地球生境着手，具体地讲，应该从恢复江河流畅、退耕还林，扩大森林覆盖率和陆地植被，恢复草原自生力，治理土地、水体及江河、湖泊、海洋，使其恢复自净化功能着手。这些恢复工作只能一点一滴地做，一步一步地推进，只有如此，才可层层累积起恢复气候的地球能量和宇宙能量,具体地讲就是气候失律的负面效应才会一点一点递减,气候恢复自身时空韵律的正效应才可一点一点地递增。这样层层积累达到某个临界点时,气候才可以突变方式获得全面恢复。

由此可以看出,重建生境、根治灾疫、恢复气候,这是三位一体的人类**自救**行动。这一三位一体的人类自救行动既艰苦卓绝,又缓慢和漫长,任何速战速决的想法和谋求一劳永逸地解决的冲动,不仅无益,而且有害。所以,重建生境、根治灾疫、恢复气候的努力成效,始终是渐进性、层累性和边际效应递增化的,这是必不可少的正确认知。

三、气候伦理的生境理念

客观地看,人与气候之间的变动关系,最实在地敞开为人与宇观环境的关系。人与自然的对立,最终表现为人与气候的对立,这一对立表明人与宇观环境关系的破裂。人与宇观环境关系的破裂,当然是一个地域社会问题,一个国家社会问题,具体地讲是一个地域化或国家化的社会政治、经济、生态问题及文化和教育问题。但它最终是一个全球问题和世界问题,是一个全球化的世界政治、经济、生态问题和文化、教育问题。因而,面对气候失律与灾疫频发互为推动所形成的人与宇观环境关系的破裂状况,要求实现最终的弥合,需要从全球化的世界社会学、世界政治学、世界经济学、世界文化学、世界教育学等领域予以全方位重建。这些领域的重建工作要得以持续不断地展开,需要一个共同的认知视域、共同的生存原理、共同的价值导向系统和共同的行动原则与规范体系,而这些"东西"只有伦理学才能为其提供。气候伦理学就是担当这一重任的综合性应用人文科学。如第二章所述,气候伦理学必须超越生态伦理学、环境伦理学、灾疫伦理学以及其他相关的单一学科,将其关注的重心定位为人与宇观环境关系的**生境化**重建。因而,气候伦理学研究必须为当代人类重建人与宇观环境关系提供易于达成全球共识和国际协作行动方案的基本伦理理念。这些基本的伦理理念即气候失律人为论、人与宇观环境的亲缘性存在、生境逻辑法则、限度生存原理和生境利益论。

1. 气候失律的人力因

重建人与宇观环境之间的生境关系，首先必须达成一全球性共识，即在当代人类文明进程中，气候失律以及由此造成的当代灾疫之难，融进了更多的人为因素："生态危机是文明社会对自己的伤害，它不是上帝、众神或大自然的责任，而是人类决策和工业胜利造成的结果，是出于发展和控制文明社会的需求。"① 所以"在现代，灭绝人类生存的不是天灾，而是人灾，这已经是昭然的事实。不，毋宁说科学能够发挥的力量变得如此巨大，以至不可能有不包含人灾因素的天灾。"② 在当代进程中，频频爆发的日益全球化和日常生活化的灾疫之难，直接地源于气候失律③。气候失律的最终之因是人类的地球活动，所以气候伦理研究必须论证与确立的第一个基本理念，就是**当代**气候失律人为论。气候失律人为论理念是建立在如下互为推动的双重事实基础上的。

首先，在当代进程中，气候失律的表现形式是灾疫失律，但任何形式的灾疫之难，都与人类活动及其逾度的作为相关，并且都融进了人类既有目的又盲目地征服自然、改造地球环境的强力意志和对地球世界的掠夺性作为力量。换句话讲，当代气候失律所导致的连绵不断的灾疫之难，都是人类征服自然和改造地球环境的强力促使自然向他进行报复的结果：人所取得的每一次胜利，都会遭到自然的报复。④ 恩格斯的概括异常精辟，因为人类改造自然环境、掠夺地球资源的基本方式是劳动，"劳动首先是人和自然之间的过程，是人以自身的行为为中介（vermitteln），调整和控制人和自然之间的物质代谢的过程。"⑤ 这一过程"一方面聚集着社会的历史动力，另一方面又破坏着人和土地之间的物质代谢。也就是使人以衣食

---

① ［德］乌尔里希·贝克：《什么是全球化？全球主义的曲解：应对全球化》，常和芳译，华东师范大学出版社 2008 年版，第 43 页。

② ［日］池田大佐、［英］阿·汤因比：《展望 21 世纪》，荀春生译，国际文化出版公司 1997 年版，第 37—38 页。

③ 杨兴玉：《灾疫失律：人类社会的当代生存境遇》，《河北学刊》2010 年第 6 期。

④ ［德］恩格斯：《自然辩证法》，人民出版社 1984 年版，第 304—305 页。

⑤ ［德］马克思：《资本论》，第 1 卷，人民出版社 1975 年版，第 201—202 页。

形式消费掉的土壤成分不能回归土地，从而破坏土地持久肥力的永恒的自然条件，而且同时还破坏城市工人的身体健康和农村劳动者的精神生活。"① 所以，由气候失律所推动频频爆发的日益全球化和日常生活化的灾疫之难，构成了自然报复人类野蛮征服自然和改造环境的典型表达式。

其次，人类改造自然环境、掠夺地球资源的历史与现实作为，一方面导致了地面性质的改变，比如原始森林的隐退、草原的退化、江河的枯竭、土地的贫瘠、污染的社会化、海洋的富氧化和沙漠化、二氧化碳吸收能力的弱化、冰川的消融和缩小……，这些因素聚合形成整体力量推动大气环流的逆生态化，太阳辐射的增强，臭氧空洞的出现与扩展。如上诸多因素的层累与整合，最终形成强大的不可逆力量，推动气候发生突变，形成持续敞开和不断恶化的失律状况。气候失律构成最强劲的破坏力量，导演出首尾相连、暴虐无序的当代灾疫，并由此引发出不断强化的世界风险和全球生态危机。另一方面，日益全球化和日常生活化的当代灾疫，又反过来构成一种不可遏制的突变力量，推动气候进一步失律和暴虐化。概论之，人类改造自然、掠夺地球资源的活动所形成的负面效应层层累积达到某种临界点，然后以突变方式导致气候失律，气候失律推动灾疫失律；由于人类改造自然环境、掠夺地球资源的活动不仅没有停止和弱化，而是在广度和深度两个方面不断强化，所以失律的灾疫又反过来加速推动气候进一步失律。这就是人力构成了气候失律和不断强化气候失律的双重推力。

基于对如上双重事实的正视与反思，提炼出"气候失律人为论"理念，并以此作为重建当代生存认知的启蒙内容，并寻求达成一种全球性共识，改变人类生活的成见，以形成一种更符合宇宙律令、自然法则、生命原理和人性要求的生存观。在人类力量已经达到可以改变自然状貌、地质结构以及地球生态链条的当代社会，气候失律始终与人力相关，并且人类对地球的逾度作为，才是造成气候失律的根本性动力。面对以灾疫为催化剂的世界风险和全球生态危机，重建地球生境和人类安全的唯一正确出路，就是人类必须在达成"气候失律人为论"这一共识基础上，重建实践

---

① ［德］马克思：《资本论》，第 1 卷. 人民出版社 1975 年版，第 552 页。

理性，学会生存反思，自觉检讨片面的物质幸福论、单纯的经济增长论和片面的改造论，为了安全存在，为了可持续生存，人类必须学会在这样一种共识框架下废除傲慢的物质霸权主义行动纲领和绝对经济技术理性行动原则，终止以经济增长为目标的可持续发展观和发展模式，用行动去重建天（宇宙）、地（地球）、人（人类）的共生循环链条，以重新实现"人、生命、自然"共在和"人、社会、环境"共生。

2. 亲缘性的共生存在

客观论之，人类对地球的无度作为推动气候失律，气候失律引发灾疫失律，这一连锁反应的进程得以生成并以强劲的方式敞开，自有其指导和控制人的活动的思想的动力，这就是近代以来所形成的唯人本主体论和唯目的论思想。这种思想在古希腊大智者普罗泰戈拉那里得到最初的表述，后来经历古希腊和中世纪这一漫长的历史发酵而进入近代，再经过弗兰西斯·培根（Francis Bacon）、霍布斯、笛卡儿（René Descartes）、牛顿等人的努力，最后在康德那里获得了哲学的定格，这就是人是自己的目的，因而人为人立法，人也为自然立法。人的唯目的论思想，构成人的立法论思想的动力。这两种思想的整合实践表达，就是二元分离的认知模式和行动模式。这种二元分离的认知模式首先把人与自然界划分开来，使自然与人之间仅获得一种以使用价值为基本诉求和绝对准则的外部关系。在这种二元分离的认知模式规范下，最终形成一种二元分离的行动模式。这种二元分离的认知模式和行动模式构成近代以来人类的实践指导智慧和方法。这种以二元分离的认知模式和行动模式为基本内容的实践指导智慧和方法，由牛顿、洛克（John Locke）和亚当·斯密（Adam Smith）分别推向科学、社会政治和经济领域：这种实践指导智慧和方法运用到科学领域，就形成以机械论世界观为导向的唯科学主义，亦可称之为科技主义；这种实践指导智慧和方法运用到政治领域就是"政府的神圣职责就是给予人民运用他们所获得的征服自然的能力去创造财富的自由"，所以，政治的全部努力就是"必须把人们有效地从自然的束缚下解放出来"，① 这是追求物质幸福的前提；这种实践指导智慧和方法运用到经济领域，就形成傲慢的物质霸权主义行动纲领和绝对的经济技术理性行动原则。客观地看，大机器工业社会、市场经济以及在技术之生存的今天所表现出来的各种形态的社会发展观，包括以经济增长为核心内容的可持续发展观，都是建立在这一二元分离的认知模式和行动模式基础上的。

由弗兰西斯·培根、霍布斯、笛卡儿、牛顿、洛克、亚当·斯密、康德等人创建起来的人类目的论和人类立法论思想，以及发挥这一思想的二元分离认知模式和行动模式，之所以能够建立并发挥全方位的引导功能，是在于人类为了物质性生存而本能地淡漠以至最后遗忘了"人是世界性存在者"② 这一存在事实，遗忘了人与环境的亲缘性存在。更在于近代以来人类对思想和精神的探索过分地关注现实的、功利的、实践的方面，片面地追求立竿见影的效应智慧和方法，从根本上忽视以至于后来形成自觉地排斥人与世界、人与环境的亲缘性存在关系。人类思想和精神探索的这一偏激和片面的倾向，就是以抛弃本体论、形而上学、宏大叙事而追求细节正误、局部实证、实验分析或实证分析为合法性方式，以放弃引导现实而迎合现实政治-经济的需要为根本准则。这种合法性方式和根本准则，才是今天人类无可逃避地承受由气候失律所导致的各种环境灾疫的最终根源。

反思这种根源，并力求最终消解近代以来所形成的这种合法性的精神探索方式和根本的思想准则，从根本上改变这种二元分离的认知模式和行动模式，这是恢复气候的前提性条件。但实现这一前提性条件的前提，却是对思想、认知及行动方式的重建。展开这种重建工作的首要任务，就是为恢复气候而重建人与环境的亲缘关系。

本书中所讲的"环境"，是指我们意识到的存在世界，它可表述为人

① ［美］杰里米·里夫金、特德·霍华德：《熵：一种新的世界观》，吕明、袁舟译，上海译文出版社 1987 年版，第 21 页。

② 唐代兴：《生态理性哲学导论》，北京大学出版社 2005 年版，第 244—270 页。

赖以存在和生存的一切条件的总和。人与环境的亲缘关系，既指我们与自己所意识到的存在世界的本原性关系，更指人与其赖以存在和生存的一切条件之间所形成的血缘关联，这种血缘关联具体表述为人与宇宙、人与地球、人与生物世界的生命之间的本原性关系，这种本原性关系是自然宇宙的伟力（亦可简称为自然力）在自创生中实现他创生时，赋予给它所创造的每一种存在方式、每一种生命形态的内在性质、存在本质和关联方式。人与环境的亲缘性存在关系是人与宇宙、人与地球、人与生物世界的所有生命之间的本原性关系。这种本原性关系揭示一个存在法则：在这个充盈生命的世界里，人与他者（无论作为宇宙还是作为个体的事物或生命存在）所建立起来的关联性始终是内在的，并且原本是内在的，是每种存在、每个生命诞生本身就已经形成的，所以它来源于存在本身，来源于生命的内部，构成生命得以创造世界并在世界中存在的根源。从这个角度看，无论是宇宙、地球、生物世界的生命之于人，还是人之于宇宙、地球和生物世界的生命，最真实和最根本的价值，不是其使用价值，而是其存在价值和存在敞开生存的生成论价值。

以此来审视人类自身，人并不具有主宰世界的权力，虽然他可能具有主宰世界的能力或想望及野心。因为人原本且最终是世界的一分子，并且人原本且最终必与他者构成亲缘性存在关系。人与他者所构成的这种亲缘性存在关系的最终表述，就是人是世界性存在者。人作为世界性存在者，他既是世界的浓缩形式，也是世界的敞开方式。世界因为人而得到敞开，人因为世界而获得一种照亮性生存、照亮性存在。人与宇宙、人与地球、人与生物世界的生命之间既共在互存，又共生互生。人与世界共互生存的内生力，才是人与环境（人与宇宙、地球、生命）的本原性亲缘关系生成的最终动力。重建人与环境的本原性亲缘关系，就是恢复和重建人与环境之间的生境关系。重建人与环境之间的本原性亲缘关系，这是人类得以实践理性方式展开国际合作、协作减排、自觉于低碳生活的根本前提，亦是人类得以重建**可持续生存式**发展方式、开辟生境文明道路的内动力。要重建人与环境的本原性亲缘关系，必须重建"人是世界性存在者"这一认知论视野，必须重建"自然为人立法，人为自然护法"① 这一存在论思想和生存论信念，这是我们努力于自我节制、限度生存、终止掠夺、恢复生境文明的最终思维基础和认知依据。

3. 生境逻辑法则

自近代科学革命和哲学革命以来，人类所发动并加速敞开的工业化、城市化、现代化进程，导致了人与环境之间的本原性亲缘关系的断裂，气候失律是其断裂的宇观表达；灾疫失律，是其断裂的具体表达。换言之，气候失律和灾疫失律，是近代以来加速发展的工业化、城市化、现代化进程的消极成果之一。近代以来不断加速的工业化、城市化、现代化进程创造出了两个成果：一个成果是今天仍在膨胀的工业文明，一个成果就是气候失律和灾疫失律。对人类本身来讲，前者是呈正价值取向的积极成果，因为它是人类所期望的；后者却是呈负价值取向的消极性成果，因为它是人类所不愿意看到的。然而，对于人类自身来讲，无论其正价值取向的成果还是负价值取向的成果，都融进了人类特有的思想智慧，即人的唯主体论、唯目的论和人的立法论思想。如前所述，以康德为代言人的唯人本论哲学，即以人为唯一目的和理性"为人立法"、知性"为自然立法"的绝对主体论哲学，奠定起工业化、城市化、现代化的思想基础。这一思想基础从两个方面指导工业化、城市化、现代化如脱缰的野马狂奔向前，不可停止。这就是二元分离的认知模式和集权专制的行动模式。在"气候失律的人力因"和人与环境的"亲缘性的共生存在"这两部分中，我们简要地分析了这种二元分离的认知模式与气候失律、灾疫失律之间的动态关联。本部分简要考察集权专制的行动模式如何构成了气候失律和灾疫失律的根本原因。

从实践操作的行动层面讲，当代社会的气候失律和灾疫失律，最终不过是现代人类集权专制的行动模式得以全面实施的副产物。

在人们的习惯性认知世界里，"集权"和"专制"这类概念仅用来指涉和评价人类社会生活及其行为，而不涉及自然社会。但人类从农业文明

① 唐代兴：《生态理性哲学导论》，北京大学出版社 2005 年版，第 28—30 页。

向工业文明迈进的进程中，集权专制行动模式却在人类社会和自然社会两个领域得到施展。在人类社会里，集权专制总是伴随着文明的上升而引发人们的本能性抵制，因而，在现代文明道路上，集权专制遭受全面的限制，并在整体上逐渐踏上了自我弱化、自我消亡的道路，这条道路具体敞开为人权民主的现代政治文明和法权主义的国家治理文明的上升。与此相反，集权专制行动模式却在自然社会里得到最充分的释放，征服自然、改造环境、掠夺地球资源，构成其集中表现。推动人类在自然世界里淋漓尽致地发挥集权专制行动模式的根本动力，是人类那傲慢物质霸权主义思想和绝对经济技术理性原则，其根本目的是实现内涵不断升级的物质幸福想望。人类对自然世界的集权专制，集中表现为片面追求经济增长而不遗余力地征服自然、改造环境、掠夺地球资源，其最终结果是导致气候失律和灾疫失律。

进一步看，人类集权专制的行动模式及其连绵展开所形成的征服自然、改造环境、掠夺地球资源，释放出一种强大的张扬"人定胜天"的自身逻辑，这就是观念逻辑。所以从根本讲，气候失律及其所导致的灾疫失律，都是人类自造的观念逻辑的产物。

观念逻辑是人类认知的特产，它构成人类特殊的精神方式。所谓观念逻辑，是指人从观念出发，亦可说是人类按照自己的思维方式而创造出来的逻辑，它的具体形态包括形式逻辑、辩证逻辑和数理逻辑。

由于观念逻辑是人的认知观念的产物，所以它必须以服务于人为目的。观念逻辑构建的主体是人，是人基于自身需要而以某种假设为前提所构建起来的逻辑。所谓观念逻辑，就是人基于自己的需要而创造出来的普遍（即最一般）遵守的思维认知方式。但是，在人类世界里，任何假设性的前提都是需要证明的，并且，人造的任何形式的观念逻辑，都是以其所假设的前提为逻辑展开的最终依据，所以，人造的观念逻辑始终具有不确定性和待确定的主观性，这种不确定性和待确定的主观性，往往易于导致其认知的虚假性。比如形式逻辑即三段论，总是要预设一个大前提，并且人们在预设其大前提时，总是要以全称判断的方式进行。例如，"所有的天鹅都是白的，洞庭湖里出现了天鹅，所以洞庭湖里的天鹅一定是白的"，或者"凡人都是要死的，张三是人，所以张三必定是要死的"……，这些三段论中的大前提是需要证明的。因为我们根本不可能绝对自信地由"所有的天鹅都是白的"这样一个假设的前提而**推出**洞庭湖的天鹅都是"白"的这样一个结论，我们更不能将"凡人都是要死的"中的**类**意义上的"人"与张三这一个**具体**的"人"之间强行赋予逻辑推论关系，因为作为**类**意义上的"人"根本不存在要"死"或必"死"的问题，死或必死，只适用于个体生命、个人。又比如，辩证逻辑在指向对世界的本原性问题的思考时，往往会将其大前提假设为"有"，例如，精神辩证法所假设的大前提是"精神"，唯物辩证法所假设的大前提是"物质"。人们一般认为，唯物辩证法比精神辩证法要更正确，且这只是在思维认知的表层，而在深层次的认知上，无论"精神"或"物质"，都属于"有"的范畴。人们何以认为作为"有"的形态的"精神"或"物质"作为逻辑的大前提，就一定是绝对正确或错误呢？所以，作为辩证逻辑的大前提"有"，无论以哪种具体的形态出现，都需要证明。当人们意欲去证明所预设的大前提时，就会面临最终意义上的认知困境。为了解决这一认知困境，人们想到了纯粹抽象的数学和数学方法，于是发展出数理逻辑，并使其获得迅速的发展。数理逻辑是运用人工语言来解决人类认知过程中的思维工具——形式逻辑和辩证法逻辑所面临的无消解的困境，为解决观念逻辑自身的内在困境而运用人工语言来代替自然语言，以使其表意单纯、明朗、精确，这在抽象的观念层面是完全可以做到的，但当将这种抽象的观念回返于实实在在的生活世界，数理逻辑同样不能解决形式逻辑和辩证逻辑所存在的固有的内在认知困境。

观念逻辑之所以在指向生活世界时会生发出认知方面的内在困境，是因为观念逻辑始终是人的意愿的产物。比如，近代科学革命和哲学革命所合谋创建起来的机械论世界观和二元分离的认知模式，恰恰构成了工业文明的认知基石，然而构建这一认知基石的逻辑前提，却是"自然没有生命"，并且没有生命的自然对人类只有使用价值。人类为了自己的意愿性存在和需要，可以否定自然，这是合规律的，也是合人的法则的。正是因为此，它才构成康德关于人的"理性为人立法"和人的"知性为自然立法"的逻辑大前提，也构成了洛克关于"对自然的否定，就是通向幸福之路"的逻辑大前提，这更是人类肆意改造和征服自然、创建工业文明的逻辑大前提。但当人类经历了近300年的工业化、城市化、现代化建设而走到今天，面对无处不在的世界风险和全球生态危机，不得不发现不断恶化的气候失律和灾疫失律，毁灭了工业文明的幸福美梦。追溯根源，问题最终出在创建大工业文明的逻辑大前提上。因为从根本讲，自然是有生命的，并且自然是一切物种生命和所有个体生命得以诞生的本原性生命。否定自然的生命性，最终是否定人类的幸福之路。

由此可以看出，为恢复气候而根治灾疫，重建生境，必须正视观念逻辑的局限，发现并运用**生境逻辑**。所谓生境逻辑，是指事物按自身本性而敞开存在的逻辑。生境逻辑的宏观表达，就是宇宙和地球遵循自身律令而运行，自然按照自身法则而生变，地球生物圈中的物种按照物竞天择、适者生存的法则而生生不息。生境逻辑的微观表达，就是任何具体的事物、所有的个体生命、一切具体的存在，均按照自己的本性或者内在规定性展开生存，谋求存在。比如平澹而盈、卑下而居是水的本性，水总是按照自身这一本性而流动不息，生生不已；起于地平线而直耸云霄，这是高山的本性。"让高山低头，叫河水让路"，这是违背水和山的生境逻辑，并使水和山丧失自身本性的人力表现。日月运行有时，寒暑交替有序，这亦是日月、寒暑按自身本性运作的呈现；当日月运行无时，寒暑交替无序时，这就是它们丧失自身本性、并违背自身生境逻辑的失律性呈现。

生境逻辑与观念逻辑有其根本的不同：首先，观念逻辑是人为逻辑，生境逻辑却是自然逻辑、事物逻辑、生命逻辑、人性逻辑；其次，观念逻辑以对**观念的假设**为前提，生境逻辑却以实际的**存在事实**为准则，即以任何形态呈现的生境逻辑，都以其事实本身的存在为前提，所以任何观念假设都将有可能与生境逻辑没有关联性。最后，观念逻辑所张扬的是人力意志，追求人按照自己的主观意愿或强力意志设定其目的；生境逻辑所敞开的是宇宙本性、地球本性、生命本性，张扬的是宇宙律令、自然法则、生命原理、人性要求，体现其无目的的合目的性。概论之，生境逻辑就是宇宙、自然、生命、事物的本性逻辑，更具体地讲，生境逻辑就是宇宙律令、自然法则、生命原理、人性要求的生态整合所形成的逻辑。在存在世界里，人类遵循生境逻辑，就是尊重事实本身，亦是尊重事物的本性、生命的本性、自然的本性、宇宙的本性，使它们在各自成为自己的同时尊重对方、并促成对方成为自己。亦可以说，生境逻辑就是事物与事物、生命与生命、个体与整体等之间的共互存在逻辑，也是宇宙、地球、人类之间的共互生存逻辑，亦可表述为"人与天调，然后天地之美生"①的逻辑。

4. 限度生存原理

运用生态整体方法来审查气候失律和灾疫失律，最终不过是人类无度改造自然环境、掠夺地球资源所造成的恶果。然而，人类无限地改造自然环境、掠夺地球资源的激情与行动，最终来源于一种无限度论思想的激励。

从本质论，人的唯目的论和人为自然立法的绝对主体论哲学，在本质上是一种无限度论哲学。这种无限度论哲学将人自己视为世界的主宰，将人之外的整个世界视为为自己所用的存在物。无限度论哲学强调两个方面：一是人类潜力无限和人类创造力无限，正是这种无限论观念和思想，构成了人定胜天的主体条件，亦成为人类追求无限幸福的主体性认知依据。二是自然无限和宇宙无限，这种无限度观念和思想构成了资源无限论、财富无限论的最终依据，亦为人类为自己追求和实现无限幸福设定了最终源泉。因为无限度论哲学让人类坚信，人作为万物的尺度和自然世界的立法者，拥有创造幸福、获得幸福和享受幸福的绝对权利，无限幸福论构成了无限度论哲学的人本目的。人要把拥有、获得和享受无限幸福的权利变成生活的现实，必须同时具备两个条件，即主观条件和客观条件。这两个条件由近代科学革命和哲学革命所提供。首先，近代哲学革命重新发现了人自己：人是拥有无限潜能的个体生命，对任何人来讲，只要他愿意

---

① 黎翔凤：《管子校注》，中华书局 2004 年版，第 945 页。

将自己的潜能释放出来，就会创造出源源不断的生存幸福来。与此同时，近代科学革命重新发现了自然，这个为其所发现的自然，不是新大陆（虽然人们在常识中将其视为对自然的发现），而是自然世界的无限性，这种无限性首先展现为资源无限，因而，只要人类愿意以自身潜能为武器开发无限的自然世界，就会创造出无限的物质财富，实现无限的物质幸福。

由此不难看出，无论从主体方面讲还是从客观方面论，无限度论哲学都是建立在主观假设的观念基础上的，近代科学革命重新发现自然和近代哲学革命重新发现人所形成的观念，最实在地展现了这种假设。无限度论哲学的这种假设观念，从根本上违背了事物、自然、世界的有限性这一存在事实，因为任何事物都是个体性的事物，事物的个体性本身就决定了事物的边限性，即此事物与彼事物的界限性。当然，自然世界是整体的，但作为整体的自然世界，却是由一个又一个个体性的事物和一个又一个个体性的生命、个体性的物种所组成的，自然世界的这种构成性本身就决定了自然世界是有限度、有边界的。所以，无论是作为个体的事物、生命以及其他存在形式，还是作为整体的自然世界，它们各自的存在始终是有限度的，他们各自永远都属于自己的有限存在者，根本不可能具有无限性，人的存在、人的潜能、人的能力亦是如此。将事物、自然世界赋予无限性，这是人类主观意愿上的狂想。当人类将这种主观意愿上的狂想释放为一种行动，去开辟和构筑无限度地改变自然环境、掠夺地球资源，征服世界的历史进程，必然会播种下气候失律的恶果，层累起绵绵不绝的灾疫之难。面对这种境况，气候伦理研究要得以正确地展开，必须抛弃这种无限度论哲学，从根本上解除观念逻辑对人类的控制，恢复生境逻辑对人类生活的引导，这需要气候伦理研究本身去担当起一种责任，即唤醒人类为自然、生命、事物担当生境责任而学会限度生存。

为担当生境责任而学会限度生存，首先需要具备一种全方位的限度意识：世界是实然存在的世界，任何实然存在都是有限度的，都要接受数量、质量、时空等方面的规定性。世界存在的有限性，决定了地球的有限性，也决定了事物的有限性，更决定了地球生命存在的有限性，当然也包括地球资源、生命资源的有限性。因为，有限性是世界、地球、事物、生命的本原性存在事实。具备限度意识，其实就是对世界、地球、事物、生命的有限性这一本原性存在事实的尊重。正是这种尊重，才使人类与世界建立起动态协调的生境关系；也正是通过对这种动态协调的生境关系的重建，才可能真正恢复气候，根治灾疫，重建地球生境，实现生境幸福。

其次，为担当生境责任而学会限度生存，就是自觉培育起限度生存的品质、精神和能力。但其根本前提却是必须全面确立"自然为人立法"的存在论思想，并努力构建"人为自然护法"①的生存方式，并以此为导向，学会尊重宇宙律令、自然法则、生命原理，尊重共同的人性要求，然后在此基础上学会自我限制、自我节制。因为，限度生存就是有限制、有节制地生存，就是不伤害他者地生存，就是与自然宇宙、生命世界中所有物种生命共互生存。

最后，为担当生境责任而学会限度生存，必须重新学会承认、敬畏和尊重，因为自然世界不仅是生命的存在体，更是创造生命的存在体。自然世界的生命化存在事实，要求我们必须学会承认：自然世界及其存在于中的所有事物、一切物种、全部生命，均拥有其存在神韵和生的灵性；自然世界的生命化存在事实，既要求人们必须学会敬畏宇宙律令、自然法则、生命原理，当然还包括人性要求本身；更要求人们必须学会尊重自然、生命、事物还有人，尊重它们在生态整体框架下生生不息地存在和生存。从本质讲，学会限度生存，就是学会遵循人与宇观环境协调的整体原则，万物平等的物道原则和地球、生命、人互为照顾的持续再生原则。

5. 生境利益机制

根据人与环境之间的亲缘性存在关系要求，遵循生境逻辑法则，学会限度生存，这是恢复气候的基本认知进路。然而，恢复气候这一基本认知进路要获得生存行动上的全面落实，即要使国际协作减排、构建低碳生活成为一种全球性的和全方位的生存自救方式，需要重建一种全新的利益谋求及其取舍机制，即生境利益机制。因为，世界是一个利益化的世界，人

① 唐代兴：《生态理性哲学导论》，北京大学出版社 2005 年版，第 28—30 页。

类是利益化的人类，人的存在和生存同样是利益化取向的，利益构成了人类生存的根本动力。恢复气候，根治灾疫，重建生境，不可能忽视利益，更不可能抛开利益，它仍然必须以利益为启动力。然而，人类要恢复气候，绝不可能如过去那样只单一、片面地追求物质利益以满足不断增长的物欲，必须抛弃工业化、城市化、现代化进程中所宣扬的这种物质利益观，重建一种生境利益观，追求生态整体意义上的生境利益。

什么是生境利益？要理解它，首先需要了解"生境"这个概念。所谓生境，就是指环境的生生不息化。客观地讲，环境并不是静止、僵化的存在状态，而是动态变化、生成不息的进程状态。所以环境是生态化的。但环境的生态化蕴含两种可能性朝向，即自我萎缩、弱化、死亡的朝向或自我刚健活泼、强健新生的朝向。以此来看环境的生境化，是指环境的生态取向朝着自我刚健活泼、强健新生且生生不息的方向敞开自身的状态及进程。

生境所指涉的范围，包括以气候运行为实体形态的宇观环境、以地球及地球生物圈为实体形态的宏观环境、以人类存在为实体形态的中观环境和以个体与个体或个体与群体之实际关系构成为实体形态的微观环境。生境利益，就是指如上四个维度的环境生态要获得生生不息的朝向，必须有一种利益的滋润。这种能够滋润气候环境生态、地球环境生态、人类环境生态以及个体性环境生态，使其获得生生不息朝向的自生性利益，只能是生境利益。所谓生境利益，就是使世界上一切存在者、所有生命都能够在相向敞开的互动进程中获得生生不息的利益，或者，凡是能够在事实上推动或促进气候、地球、生命、人共互生存的利益，就是生境利益。

通俗地讲，生境利益是指能够促其生并生生不息的利益，它呈现三个方面的内涵规定性：其一，生境利益不是静止的个体性利益，也不是指抽象的群体性利益，而是指**生境关系化**的利益，这种生境关系化的利益，当然包括了构筑这种生境关系的个体或群体的利益，但它绝不仅仅是个体与群体单方面的利益，而是构筑这一实际存在关系或生存关系的各方**共享**的利益。比如，在人与地球之间所形成的环境关系中，人追求任何形式或任何内容的利益，都必须考虑地球环境本身的利益，即使地球环境也获得生境的利益。其二，生境利益是一种现实的生态关系中使各方利益**生殖**的利益，即使实际生存关系缔结的各方都能获得生生不息的存在朝向和生存动力的利益。其三，生境利益既是一种**谋取**的利益，也是一种**给予**的利益，或者说它是一种谋取与给予同时生成、同时展开的利益形态。比如，采取国际协作减排这样一种生存行动，无论是何方，都必须是赢家、是利益的生殖者。比如 A 企业实施协作减排，它的减排行动为其所在的地区以及整个国家低碳化做出了一份实际的贡献，付出了利益，或者说使其所在的地区及国家获得了低碳利益，它亦必须同时谋取应该谋取的利益，这就是它必须依法而获得实施减排所应该获得的经济补偿，这种经济上的补偿来源于"谁排放谁付费"，其具体的补偿方式就是税收的减免或政策的补贴。同样，国家与国家之间也是如此，国家与国家之间的协作减排所形成的生境利益，由两个方面的内容构成：一是现实层面的内容，即在现实层面上必须根据"谁排放谁付费"和"谁减排谁受益"的原则，减排者享受国际税收减免或国际政策补贴。二是历史层面的内容，即当一个国家在过去的发展历程中实施了超量的温室气体排放，其排放者仍然要根据"谁排放谁付费"的原则支付排放费用，以作为现实国际减排的跨国经济补偿。概括如上内容，全球性的国际协作减排的问题，实质上是重建一个生境利益分配机制的问题。并且，只有当建立起这样的生境利益机制，才可真正推行和实施全球化的国际协作减排；唯有当全球化的国际协作减排付诸实施，恢复气候才可变成现实。

第四章 气候伦理学的基本原理

恢复气候，需要伦理原理的引导。

伦理，涉及道德和美德这样两个维度，由此形成伦理原理和道德原则的区别性。概括地讲，伦理原理是有关于道德和美德所共守的普遍原理，它具有更广泛的适用范围。道德原则的指涉范围只在道德领域，并且，任何道德原则都要接受伦理原理的规范，因为，道德原则由伦理原理衍生出来，并接受伦理原理的规训。①

以此来看当前（国内外）的气候伦理研究，均把正义看成是气候伦理原理，这是混淆气候伦理原理与气候道德原则之间的区别的盲目体现。为此，本书将做出严格的区分：本章讨论恢复气候所应该遵循的伦理原理；下一章讨论恢复气候所必须遵守的道德原则。

讨论恢复气候的伦理原理，必须从利益出发，考量平等和公正问题。因而，利益、平等、公正，此三者构成指导恢复气候的伦理原理体系。

一、恢复气候的利益原理

1. 重释"利益"主体性

"伦理"概念的根本语义，究其实，不过是对蕴含利害取舍的人际关系的概括性表述。因而，伦理的构成必须同时具备两个要素：首先，"伦理"必须是人际关系的。所谓人际关系，就是人与他者之间所构成的直接关联性：这个"他者"，既可能是他人、群体、社会，也可能是地球生命、自然或其他事物。"人际关系"是一个开放性的概念，它意指人与人、人

---

① 详述参见唐代兴：《生境伦理规范原理》，上海三联书店 2014 年版。

与群、人与社会、人与客观事物、人与物种生命、人与自然、人与环境等之间所构成的关联性。其次，伦理必须蕴含利害取舍倾向：没有实际利害取舍倾向的人际关系，当然也是人际关系，但却不是伦理性质的人际关系，因为人际关系客观地存在着利害取舍的人际关系和非利害取舍的人际关系两类形态，只有蕴含利害取舍的人际关系，才是伦理的。由此两个方面的内在规定，所谓伦理，就是人的行为保持了某种本原性的生存关系界限，这种能够保持本原性界限的人的生存关系，就是伦理化的人际关系，简称为伦理关系或伦理。①

"伦理"概念的如上内涵规定，揭示了伦理的自身特征与取向：

首先，伦理所指涉的范围的广阔性。因为伦理这种人际关系的生成虽然原发于人，但并不限于人与人的范围，它还涉及事物、物种生命、地球和自然等领域，比如"断路"，可能是自然形成的，也可能是人力形成的（包括人力直接形成或人力间接形成），前者意指这条道路的中断完全是因为自然力造成的，其断路本身与人没有关系。如果是由人力参与而形成这条道路的中断，其断路本身就涉及人与路之间构成了实质性的伦理关系，即无论人是出于哪种动机将道路中断，这种中断道路的行为均构成了对路（"路"即自然）的不道德，这种对自然的不道德性最终表现为对（特定或非特定的）人的恶意。

其次，伦理的实质是权衡利害取舍，伦理的本质诉求是趋利避害或趋害避利，但无论是其趋利避害诉求，还是其趋害避利诉求，都体现了利益要求性：趋利避害，体现道德的利益诉求；趋害避利，体现美德的利益诉求。所以，伦理的本质规定是利益。利益，构成了伦理的本原性界限，或者说构成了人的实际生存关系的本原性界限。

再次，伦理所表述的是人与他者的关系：人与他者的关系，这是伦理构成的形式条件要求。在这一形式条件要求中，蕴含着一个叙述者，那就是"我"。所以，伦理是从"我"出发而指涉他者的。而这个"我"，大而

———————————

① 详述参见唐代兴：《生境伦理的知识论构建》第二篇"伦理知识学的本体问题"，上海三联书店 2013 年版。

言之是人类，具体地讲是现实生活中的个体的人，即你、我、他。这个"他者"却具有广泛的不确定性。在这种不确定性中，人、群体、社会、人类等都可能为我们所理解和接受，如果说这个"他者"就是某一具体的事物、某一个具体的物种生命或整体意义上的自然，人们就或多或少地存在着非接受性倾向或者拒绝性倾向。当出现这种情况的时候，就必须同时考虑伦理构成的实质条件，并将伦理构建的实质条件与伦理构建的形式条件予以整合考量。如前所述，伦理构建的实质条件恰恰是利害取舍，当人与事物、物种生命、自然构成现实的关联性时，就获得了伦理的指涉而构成伦理。比如，野生动物与人类的关系，或者人类与土地的关系，就是一种伦理关系，捕猎野生动物或者恣意地浪费或破坏土地，就是一种破坏人与地球生物圈生境或人与地球生境的反伦理行为，即不道德行为。

　　当然，人与他者的关系是否具有利害取舍性质和倾向，还客观地存在着一个时空框架问题。也就是说，只有处在具体的时空框架中，才能评判人与他者的关系是否具有利害取舍性质和倾向。仍然以野生动物和土地为例。今天，野生动物均被纳入保护范围，禁止人们将其作为食物之源，禁止人们捕猎之，是因为今天在整个地球上，生物多样性锐减，大量野生动物濒临灭绝，如果人们再毫无顾忌地捕猎野生动物，会进一步加速地球生物多样性的丧失，最后将导致地球生物灭绝，人类亦将面临毁灭。然而，在农业文明时期或者更早的前农业文明阶段，地球上的人口稀少，捕猎野生动物，对地球生物多样性存在没有任何影响。所以，在那种生存时空框架中，人类捕猎动物，恰恰成为调节地球生物多样性存在的有机方式。同样，土地与人类的关系亦是这样一种具有时空框架规范性的关系。在前农业时代或农业文明时代，整个陆地就是荒野，人口稀少而能力有限的人类，只能在这荒野世界中开垦一小块土地，这些被开垦的土地仅仅成为荒野世界的美丽点缀，它不仅没有危及到地球的生境，也不危及到土地的生境，而且对土地的生境化反而有促进作用。然而在今天，70亿人口挤满了地球，人类的足迹遍及地球的每个角落，荒野几乎不存在。在这种状况下，任何不经意的对土地的浪费和破坏行为，都构成了不道德行为，因为它从根本上危及到地球生境和人类的可持续生存。

　　最后，伦理作为人与他者之间的利害取舍关系，理所当然地揭示了这种充满利害取舍关系中必然客观地存在着主体性的问题。在由人与他者所构成的关系中，其主体当然是"人"，但"人"之外的"他者"是什么？是纯粹的客体吗？如果是纯粹的客体，那么，人与他者之间的关系就是不平等的关系，在这种不平等的关系中，作为纯粹客体的"他者"往往沦为绝对被动的受体，其对实际利害的取舍，自然就会倾向于满足主体的需要，难以考虑作为纯粹客体的"他者"的利益的应当和正当问题。换言之，当伦理一旦确定在"人与他者的关系"中只有"人"具有主体资格并具有主体地位时，人就成为绝对的利益主体，人所指涉的"他者"也就因此而丧失了利益性。或者，一旦要确立"人与他者的关系"中"人"的利益主体地位的唯一性，其根本前提就是假设"人"所指涉的"他者"没有利益要求。这样一来，在"人与他者"关系中的"人"，就可任意要求"他者"或取舍"他者"，其所导致的实际结果往往是"他者"遭受意想不到的损害。所以，当"伦理"以"人"为唯一的利益主体，并以"他者"为非利益化的纯粹客体时，它就在事实上沦为了反伦理的状态。这种反伦理的伦理观，恰恰是传统的人类中心论的伦理观。这种人类中心论的伦理观本质上是一种权力伦理观，一种强权主义的伦理观，这种强权主义伦理观往往既指向人类自身，更指向自然世界和物种生命。

　　气候伦理学作为一种宇观环境伦理学，其前提性工作就是必要重新审查这种性质的伦理观，并在重新审查的基础上重构符合人与他者之间的本原性存在关系。因为，在以"人与他者"之利害取舍关系为规定的"伦理"中，"人"既可成为利益主体，也可成为利益客体；同样，"人"所指涉的"他者"，既可能是利益客体，也可能成为利益主体。这是因为：第一，"伦理"中的"他者"，是指"人与他者"这一关系结构中的"人"之外的一切存在者，具体地讲，这里的"他者"是指他人、由他人所组成的群体、社会、人类，以及具体的事物、生命或整体的自然。比如，一棵树，一匹马，张三这个人，一个由人组成的社会团体，或者一个牛群，一个物种，等，他们都是存在者，或者是单个的存在者，或者是类聚的存在者。第二，在存在世界里，无论是人是物，是个体存在者还是类聚的存在者，他们都是利益化的存在者。作为利益化的存在者，它们的存在都有其利益需求。比如，大地的存在，需要植被装点，因而植被就是大地存在的具体利益。鱼必须在水中存在，并且还需要氧气才能存活，因而，氧气和水就构成了鱼这一水中生物的具体利益。其实，凡水中存在的生物，都需要这两种东西，因为水不仅是鱼得以存在的"土壤"，还是鱼得以存活的食物、养料。不仅如此，几乎所有的存在者都有其相同的利益内容，阳光、空气、水、土壤，总是万物不可缺少的东西，这些东西构成万物与人共享的利益内容。

以此拓展思路，在更广阔的认知视野上，整个世界就是一个利益化的世界，世界范围内的所有存在者都在这个利益世界里面，既构成利益世界的具体利益形态，又成为独立的利益存在者。因而，无论是整体的世界本身，还是每个具体的存在者，都具有内在的利益要求性。劳伦斯·E. 约翰逊（Lawrence E. Johnson）指出，每个物种都是有福利的，物种"使自己在功能上与使其持续生存的环境保持平衡。"[1] 一个物种"是一个有机的整体、一个持续的可以兴衰的生命过程，它显然是有福利的。"[2] 福利，既指利益要求，亦指利益配享。每个物种、每个生命、每个存在者都是有福利的，意味着他们既具有利益要求，又拥有利益配享的权利和能力。哪怕就是荒野、湿地这样的在人看来是很被动的存在物，同样具有自身的利益要求和配享利益的权利与能力。正是因为如此，约翰逊在论整个地球生态系统或荒野的时候，他用一个物种的福利来做比较："基于类似的理由，我认为荒野或生态系统是拥有利益的实体或过程。尊重荒野或生态系统的

---

[1] Lawrence E. Johnson，*A Morally Deep World*：*An Essay on Moral Significance and Environmental Ethics Cambridge*，Cambridge：Cambridge University Press，1991，p. 158.

[2] Lawrence E. Johnson，*A Morally Deep World*：*An Essay on Moral Significance and Environmental Ethics Cambridge*，Cambridge：Cambridge University Press，1991，p. 163.

完整性应该包括让它按照自身的本性自发运作。"①

　　一旦整个存在世界和居于其中的所有存在者都拥有这种属于自己的利益要求和配享利益的权利与能力，那就意味着整个存在世界和居于其中的任何存在者都具有利益主体的资格，并在事实上成为利益主体。所以，在实际的"伦理"构成中，"人与他者"之间关系，在本质上表征为主体与主体间的关系："人与他者"的关系，既是主体与客体的关系，也是主体与主体的关系，正是因为后者，人与他者之间构成了**主体间性**。这种主体间性的背后是人与他者的平等。所以，"伦理"最终讲的不过是主体间性化的利益权衡问题。这是讨论恢复气候的基本原理时所必备的正确理路和认知前提。

　　2. 利益共互的三维向度

　　重新认知"伦理"概念，挖掘出"伦理"概念内在地蕴含"主体间性化的利益权衡"智慧，这意味着重新确立人与他者之间的主体间性关系，必然涉及根本的伦理改变。因为，在人们的伦理传统和认知习惯中，人与人之间的关系可以是主体间性的关系，而人与群、人与社会、人与国家的关系，却一直不是主体间性的关系，尤其是人与物种生命、人与自然等之间的关系，更是被人们明确地界定为一种主体与客体的关系。"在西方社会中很少会有人反对这样的原理，即物种成员资格是一种实质性的差异，而且为了人类的短期或中期需要，非人类物种可以以任何方式被操控。对这些原理的协议在很大程度上被认为是理所当然的。它已经成为一个隐含的协议，因为这些原理的可接受性几乎从未引起争论，人们雄心勃勃地依据这些原理控制植物和动物物种，以满足自身的短期或中期需要。简而言之，这些原理就像我们背后的微风一样，因为我们一致认为，它们对我们是有益的，是理所当然的，所以我们并不注意它们。但是，我们现在就像个慢跑者一样，拐个弯后必须开始逆风前行。从长远讲，隐含协议

　　① Lawrence E. Johnson, *A Morally Deep World: An Essay on Moral Significance and Environmental Ethics Cambridge*, Cambridge: Cambridge University Press, 1991, p. 163.

将我们置于险境。"① 在这种隐含协议中，利益主体只是人，并且只能是人，因而，人有特权操控任何非人类物质。改变这种隐含的协议，实质上是在重建利益主体——人与他者均构成了任何具有利害取舍性质的关系的主体，无论是人还是他者，只要是存在者，只要这些存在者与人构成了实际的生存关系，就都具备了利益资格，享有利益主体权利，并成为真实的利益主体。

在宇宙世界里，凡存在者——无论是如地球这样的宏观存在者，还是如一棵草、一头牛、一个人这样的具体存在者——都是利益主体。并且，凡存在者之所以成为存在的主体，均是因为利益，因为对利益的需求而使自己成为存在主体。因而，利益构成了气候伦理学探讨的真正出发点。

当我们说"利益"构成气候伦理学研究的真正出发点时，则意味着"利益"必须构成气候伦理学的原发概念。

"利益"构成气候伦理学的原发概念，是因为"利益"概念本身蕴含如下两个基本功能：首先，"利益"本身具有生成的扩张性，即"利益"能够生成出全部的气候伦理问题，也能生成出全部的气候伦理概念。其次，"利益"概念本身具有统摄涵盖性，即它能够统摄整个气候伦理学而涵盖全部的气候伦理问题，包括气候伦理的理论问题和气候伦理的实践问题。

"利益"概念之所以具有如上两个功能，还在于"利益"的自身规定性。

首先，利益是世界构成的存在本质：世界本身就是利益化的世界，存在者是利益化的存在者，没有剥离掉利益的存在者，更没有无利益内容灌注的世界存在。世界、自然、生命、动植物和人，都是因为利益而存在的，并为着利益的损害或增益而生生不息。

其次，利益是世界的内在形态，无论从世界整体角度看，还是从世界各构成要素比如地球、宇宙、物种以及具体的生命形态看，抽掉了具体的

---

① ［美］彼得·S. 温茨：《环境正义论》，朱丹琼、宋玉波译，上海人民出版社 2007 年版，第 34—35 页。

利益内容本身，其都将不复存在，这是因为世界是由种种物质构成的。这一构成世界的种种物质，可能是实在的物质实体，如山、水、大地、江、海、生命等，也可能是非实在的物质虚体，比如空气、蓝天、白云、自然力等。由于世界构成的物质性，自然生成出**世界存在的功利性**，或者说**利益化**。因为存在于世界之中的任何物质形态都是具体的利益化的物质形态，比如河流之成为河流，需要水的充盈，水之于河流就是利益；植物之成为植物，需要氧气、水和养料的滋养，养料、水、氧气之于植物就是利益；山岭需要植被的装点，这植披之于山岭就是利益；地球之所以成为地球，不仅有陆地、江海湖泊，更有动物、植物，还有阳光、空气、雨水的互动循环，而陆地、江海湖泊、动物、植物以及阳光、空气、雨水的互动循环，就构成了地球的实际利益内容；所有的动物需要食物资源，这食物资源之于所有的动物就是利益。人既是这个世界上的具体物质存在形态，也是这个世界上的具体生命存在形态，同样是利益的存在者，他不仅需要食物、氧气、山水、河流、生物的充盈以及动物的繁荣等，更需要其他所有物质存在形式和生命存在形态都不需要和不能需要的东西，比如说意志、情感、思维、认知、思想等。

　　最后，由于如上两个方面的规定性，使利益成为普遍利益。所谓普遍利益，是指世界由利益填充而构成世界，利益构成了世界的内形态，亦构成了世界上所有生命及其他存在形态的内形式。普遍利益就是指利益的普遍性和普遍的利益性：利益的普遍性和普遍的利益性，实质上是指世界利益、物种利益、生命利益，当然也包括人的利益的共生性与互惠性。

　　利益的共生性，意指人、生命、自然的相互依存性，这种相互依存的需要形成了他们的共同生存。这种相互依存、共同生存的内在依据，是人、生命、自然之间的本原性关系，这种关系是人、生命、自然之间的亲缘性存在，即人、生命、自然原本就存在着亲生命性的血缘关联，这种本原性的亲生命关系是由自然的伟力（即自然力）在自创生中实现他创生时，赋予给它所创造的每一种存在方式、每一种生命形态的内在性质、存在本质、关联方式。人、生命、自然之间的本原性亲生命关联揭示了一个存在法则：在这个充盈生命的存在世界里，人与他者所建立起来的关联性始终是内在的，并且原本是内在的，是每种存在、每个生命诞生本身就已经形成的，所以它来源于存在本身，来源于生命的内部，构成生命得以创造世界并在世界中存在的根源。从这个角度看，无论是宇宙、地球、生物世界的生命之于人，还是人之于宇宙、地球和生物世界的生命，其最真实的和最根本的价值，不是使用价值，而是他们各自的存在价值和存在敞开生存的生成论价值。以此审视人类自身，人并不具有主宰世界的权力，因为人原本且最终是世界的一分子，并必须与他者构成亲缘性存在关系。人与他者所构成的这种本原性的亲生命关系的最终表述，就是人是世界性存在者。人作为世界性存在者，既与他者构成共在互存的关联性，又与他者构建起共在互生的现实性。

　　人、生命、自然之间的本原性亲缘关系生成出他们的互为依存性，人、生命、自然三者在共同生存的过程中互为利益，并互惠利益。这种互为利益和互惠利益的要求性生成出"物竞天择、适者生存"法则：世界之所以是利益化的世界，是因为普遍利益构成了世界的内形态，更因为利益的普遍性使世界获得了共生性和互惠性。利益的普遍性和普遍的利益性，使利益构成了世界得以存在的根本保证。更重要的是，利益的普遍性，使利益成为世界之所以成为世界、物种之所以成为物种、生命之所以成为生命的原动力；普遍的利益性，却使利益成为使自然这个整体与个体以及个体与个体之间保持本原的血缘关联和内在的亲生命关系的实在凝聚力。正是利益这个原动力和内在凝聚力，使这个利益化的存在世界里所有物质存在形式与世界的关系，都缔结成一种最实在的利益化生存关系。生存关系的利益化，这是世界的基本法则，地球和宇宙的运行，生物世界中物种的进化，所遵循的最高法则就是其利益法则，在这一法则的规范下才形成达尔文（Charles Robert Darwin）所讲的"物竞天择、适者生存"规律：在由人、生命、自然所构成的存在世界里，物竞天择、适者生存法则的本质规定是利益原理，利益原理的展开方式就是物竞天择、适者生存法则。因为在利益的驱动下，人、生命、自然相竞成为现实：试想，生物世界里如果没有利益的驱动，生物与生物之间会竞吗？以客观主义的态度观生物世界，物与物相竞的本质即对利益的相"争"，并为了所争的利益而相"斗"。在为利益而"争"与"斗"的过程中，能够适应这种"争"与"斗"的物种，就继续生存、继续存在；反之，就消亡就毁灭。在"物竞天择、适者生存"的利益规律里，利益是终极的动因，也是最高的目标。"竞"是实现其利益目标的唯一途径："争"与"斗"是开辟这种"竞"的途径和展开"竞"的手段与方式；"适"与"不适"，首先是指有无自我限度，然后才指适应或不适应的结果。在"物竞天择，适者生存"中，"适"首先且最终不是指"适应"，而是指"自我限度"："适者"，就是自我限度者。在物竞天择的"竞斗"中具备自我自我限度的能力和作为者，才是真正的适者，才有继续生存（即"竞斗"）的资格。所以，在"物竞天择，适者生存"中，面对"竞"所形成的"适"与"不适"，其实就是"竞"的两种直接结果状态：即通过"竞"而获得预期的或更大的利益，就是"适者"，适者获得了继续生存（即继续参与"竞"）的资格、权力、力量；通过"竞"而没有实现预期的利益要求或根本没有获得任何利益，那就是"不适者"，不适者就此丧失继续生存的力量、资格与权力。这就是"物竞天择、适者生存"的本质规定。

在自然世界里，无论是作为万物的个体存在者，还是作为整体的自然本身，其存在都敞开为利益而竞斗与适应，即在竞斗中适应，在适应中展开有限度的竞斗，其根本目的就是恒利益追求生境化。利益追求生境化，就是其利益追求必以生境为准则，使所追求的利益生生不息。以生境为准则而追求利益所体现出来的伦理原理，就是利益生境原理。

利益生境原理有其自身的内在规定性和外在运行要求：首先，利益追求行为必须使所追求的利益生生不息，比如，在这块土地上耕种庄稼，必须使这块土地能够持续耕种，并能通过这种持续耕种获得持续平稳的好收成。其次，利益追求行为必须使与其行为相关的一切对象性事物都能够得益，比如，假如要在这条河流上修建一座水电站，既应该使这条河流保持河床不干涸，河水畅通，没有污染，更应该使这条河流域保持原生态，使其更具有生生不息的生境能力，如果达不到这两个方面的基本要求，那么就不适宜在这条河流上修建水电站。最后，利益追求行为必须使眼前利益和未来利益、短期利益和长期利益、现实利益与潜在利益获得内在统一与协调。

利益生境原理的内在灵魂是利益的生生不息。利益生境原理的根本伦理诉求，是可持续生存，即任何利益追求行为既涉及利益追求行为主体，也涉及利益追求行为所施及的直接对象或各种不同的相关事物、人、生命存在，真正生境化的利益追求行为，必然是并且只能是使其利益追求行为相关的一切人、事物、生命都能保持可持续生存，都能强化其可持续生存，这是利益生境原理的基本诉求。

二、恢复气候的平等原理

共互化的生境利益原理不仅构成研究气候伦理问题的宏观伦理尺度，也为重新审视气候失律，恢复气候提供了全新视角，即气候失律的实质，是气候这一宇观环境自身利益遭受意外损害的体现；恢复气候、使其重新恢复变换运动的时空韵律的实质体现，就是重新恢复气候与人类生存之间的利益生境，其根本前提是必须重建普遍平等的伦理原理。

1. 恢复气候的利益要求

根据利益共互的生境原理，恢复气候需要从利益的生境化调节入手。因为恢复气候的行为本身体现其利益要求。这种利益要求源于人类行为对环境利益的过度剥夺所造成的一种"反者道之动"。人类过度介入自然界的活动，既扫荡了地面资源，改变了地表结构和状貌，又导致了大地植被（比如草原、森林等）减少，引发地球生态恶变；同时，追求高技术化生存所排放出来的温室气体，又导致了大气中温室气体浓度的上升。"人类活动已经严重影响了大气成分的构成比例。煤、石油等矿物燃料使大气中的二氧化碳等温室气体浓度不断增加：20 世纪 80 年代以后，随着电冰箱、空调、喷雾剂等的广泛使用，大量氟氯烃类化合物被释放到大气中，随着气流传输，破坏了几十千米高空的大气层中的臭氧，形成了南极臭氧洞，由于人类活动所造成的大气成分变化已直接对人体健康构成了危害，并影响到人类生存环境，其中包括气候环境，并在一定气象条件下诱发了环境气候灾害，从而对社会经济的各个方面都产生重大影响。"① 解决这种状况的根本途径是减排，减排就是尊重环境利益的生境化要求，抑制人类的利益欲望和利益需求。"迄今为止，解决决策者困境的最佳方式就是降低温室气体排放量。然而，到现在，朝这一方向进行的尝试根本没有取得任何收获。而要使二氧化碳保持稳定就须将当前人类活动排放的二氧化碳量减少 60%—80%，在世界范围内，2001—2002 年人类活动排放的二氧化碳实际上增加了 2%，这一趋势不可能有所改变。"② 通过减排来恢复气候的意识性努力之所以没有达成普遍的共识性行动，不仅在于人们没有充分考虑到平等的利益要求性，更在于没有考虑到地球环境和气候本身的利益要求性。因而，要通过减排来恢复气候，必须充分考虑人、环境、气候三者之间的平等利益要求。由此，气候伦理学研究必须在认知层面解决如下几个维度的利益问题。

其一，必须明确地确立**气候利益**。气候本身就是利益，气候变换运动所形成的时空韵律进程本身就在创造和生成利益。气候变换运动丧失其时空韵律，就是气候利益遭受损害；通过人为治理来恢复气候，就是恢复气候的生境利益。

其次，应充分考虑气候利益与其他环境利益的关系。气候作为一种宇观环境，它所体现出来的利益要求是一种宇观层面的利益要求，这种利益要求与其他环境利益之间不仅构成一种平等关系，而且构成一种生成关系，即气候环境与其他环境之间所相向展现出来的利益要求，是平等的利益要求，而且这种相向性的平等利益要求，呈现内在生成关系：气候利益生成环境利益，环境利益也生成气候利益。

---

① 张小曳、周凌晞、丁国安：《大气成分与环境气候灾害》，气象出版社 2009 年版，第 2 页。

② 保罗·克鲁岑：《气候变化》，引自格温·戴尔：《即将到来的第三次世界大战：气候战争》，冯斌译，中信出版社 2010 年版，第 43 页。

　　其三，应充分考虑气候利益与人类利益的关系。这种利益关系同样构建在平等的基石上，并且，在这一平等基石上，气候利益成为人类利益生成与得来的源泉，人类利益取向亦构成气候利益的向度及其可能性。

　　其四，应该充分考虑气候利益与社会利益、国家利益、地区利益、群体利益的关系。气候与社会、国家、地区、群体等之间的利益关系，依然是一种平等的利益关系，这种平等利益关系的维持与变化，同样体现其生成性：只有当气候获得利益的生境化取向时，人类社会、国家、地区、群体的生存利益才可能获得最大化，才可能生成其生境化的利益朝向。

　　要从根本上解决这四个维度气候利益要求，首要前提是重新认识人类存在的自然根基：人类存在的自然根基不是可有可无的，而是必不可少的。并且，人类存在的自然根基，是由地球环境和气候环境所构成的。重新认识人类存在的自然根基，是促使每个人都学会关心其存在的地球环境和气候环境，尽其责来维护存在于其中的地球环境和气候环境。因为，今天所面临的一切存在危机和生存风险，都源于人们对这一存在的自然根本的忽视，都出于自己为获得更多的私利而破坏地球环境和气候环境。"当只有关心自己的利益时，他们就摧毁了那个利益的基础。他们为增加收入而付出的努力只是弄巧成拙。在这样的一种情况下，允许人们获取他们想要的任何稀缺资源导致了该资源的毁坏。每个人的占用必须与其他人的占用协调起来，以保证集体的占用不是过量的或毁灭性的。因此，在这种情况下，为了避免公地的悲剧，决定每个人在集体利益中应得份额是符合实际的。"①

　　要在治理环境的行动中从根本上解决这四个维度的气候利益要求，还必须重新确立人类的存在姿态，并通过这种存在姿态的重新确立来调整人类与环境（地球环境和气候环境）的关系。因为人类的存在姿态决定着人类的生存方式、生存活动和生活行为。人类的生存方式、生存活动和生活行为从根本上影响到环境的变迁及变迁的向度，地球环境和气候环境的生

---

　　① ［美］彼得·S. 温茨：《环境正义论》，朱丹琼、宋玉波译，上海人民出版社2007年版，第11—12页。

境化或死境化，取决于人类的实际作为。英国经济学家斯特恩（Paul C. Stern）认为，人类与环境相互影响。这种相互影响最实在地表现为人类活动构成了环境恶化的起源，而恶化的环境又影响着人类活动，逼迫人类不得不对恶化的环境生态采取积极的应对措施。人类活动构成环境恶化的起源，客观地存在社会起因和驱动力两个层面的因素，仅社会起因论，人类活动构成环境恶化的起源，主要是通过社会制度、文化信念和个体人格特性等因素来展现，但生成社会制度、文化信念和个体人格特性的最终动力却是人类的存在姿态。社会制度、文化信念、个体的人格特性等都是对人类存在姿态的实际定格与常态表达。在人类存在姿态对其社会制度、文化信念、个体人格特性的武断定格下，人口密度和人口水平、技术开发与实践运用、资源流动和消费水准等因素，却整合构成了人类影响环境恶化的真实驱动力，即人口数量越大、人口水平越高，环境恶化就越普遍；同时，技术开发速度越快，所开发出来的技术运用越广阔并且更新速度越快，环境恶化就越具有深度感。另一方面，资源流动的速度越快，消费水准越高，其环境恶化也越严重。同样，环境恶化造成了多元化的影响，这种影响同时从自然与社会两个方面得到展现和扩散。

环境恶化本身构成了对自然环境的影响，这种影响主要表现在五个方面：一是环境恶化导致了生物多样性不断减少，并且，环境恶化速度越快，生物多样性就越加速减少；二是环境恶化加速了大气污染，大气污染的极端形态，就是酸雨和霾污染加速扩散；三是环境恶化推动全球气候失律；四是环境恶化导致了水体破坏，形成地下水体和地面水系的全面污染；五是环境恶化导致土壤的全方位破坏，加速了土地污染和无机化恶化。环境恶化对人类社会造成的影响也是全方位的，择其主要亦有五个方面：一是环境恶化缩小了人类的生存空间，使人类生存空间越来越受到更多的制约；二是环境恶化加速了社会中废弃物的生产和废弃物污染的泛滥；三是环境恶化扩大了所有领域的供给损耗；四是环境恶化推动了生态体系功能损失，并无节制地扩散到所有生活领域；五是环境恶化加速了自然资源耗竭。斯特恩认为，环境恶化对自然和社会所形成的这些不断扩散和升级的负面影响，必然引来人类的积极应对，其应对方式主要有六种，即通过人类活动、政府行为、市场、变革、移民、冲突的解决等，[①] 但所有这些努力的关键，却是必须遵循利益原理和平等原理来节制人类自身的利益需求，来限度人类自身的利益需求。美国环境社会学家邓拉普（Riley Dunlap）认为，工业社会中占统治地位的社会范式（dominant social paradigm，缩写为 DSP）主要包含"（1）坚信科学和技术的效验，（2）支持经济增长，（2）信仰物质丰富，（4）坚信未来繁荣。"[②] 但在环境日益恶化的生存危机下，这种社会范式正在向新的生态范式（new ecological paradigm 缩写为 NEP）转换。新的生态范式主要包含"（1）维持自然平衡的重要性，（2）对于增长的限制的真实性，（3）控制人口的需要，（4）人类环境恶化的重要性，（5）控制工业增长的需要。"[③] 这种新的生态范式应该是生境范式。这种以生境为实质诉求的生境范式所体现出来的核心精神，就是平等的利益要求，具体地讲就是以平等的利益要求为准则，引导限度增长，实施人口控制，抑制环境恶化，恢复气候周期性运行，重建自然生境。

2. 全球规范的平等原理

从根本论，利益是恢复气候的动力原理；平等是恢复气候的认知规范原理，即恢复气候的全部努力与行动，都必须在普遍平等的平台上展开，并且必须以普遍平等为根本的伦理指南。

平等，是最古老而年轻的伦理问题。说它古老，是因为它伴随着伦理学的诞生而存在；说它年轻，是指平等问题在今天仍然没有得到很好的解决。由于前者，恢复气候、根治灾疫、重建生境，仍然摆脱不了平等问题；因为后者，恢复气候，必须解决平等问题。这是因为，平等永远是人

---

① Robert J. Brulle, *Agency*, *Democracy and Nature*: *The U. S. Environmental Movement from a Gritical Theory Perspective*, Cambridge: MIT Press, 2000.

② ［美］查尔斯·哈伯:《环境与社会：环境问题中的人文视野》，肖晨阳译，天津人民出版社1998 年版，第 396 页。

③ ［美］查尔斯·哈伯:《环境与社会：环境问题中的人文视野》，肖晨阳译，天津人民出版社1998 年版，第 397 页。

间一切问题的根源，也是解决一切问题的钥匙。恢复气候，必以普遍平等为起步原理和行动指南。

客观地看，平等问题一旦纳入气候伦理的视野，并构成恢复气候的认知规范原理，必然要超越其传统的认知，使其获得更为广阔的视野和功能定位。

等级平等的思想传统　在伦理传统中，平等的伦理认知一直被定位在人类存在领域。对平等的这种视域定位和功能定位，始于亚里士多德并通过罗尔斯（John Rawls）得到现代定格。

> 很显然，灵魂统治肉体，心灵和理智的因素统治情欲的部分是自然而且有益的。相反，两者平起平坐或者低劣者居上则总是有害的，对于动物和人之间的关系也是如此；驯养的动物比野生动物具有更为驯良的本性，所有被驯养的动物由于在人的管理下变得更为驯良，这样它们便得以维持生存。此外，雄性更高贵，而雌性则低贱一些，一者统治，一者被统治——这一原则可以运用于所有人类。在存在着诸如灵与肉、人与兽这种差别的地方……那些较低贱的天生就是奴隶。做奴隶对于他们来说更好，就像对于所有低贱的人来——他们就应当接受主人的统治。①

亚里士多德所鼓吹的平等思想，实质上是一种等级平等思想，体现本质上的不平等。亚里士多德的这种不平等思想的灵魂却是主宰与被主宰、统治与被统治、支配与被支配的合法性。亚里士多德的等级平等思想蕴含两分说，即将世界和事物予以二元对立的划分。这种两分观念和方法的源头则源于米利都学派的世界（和事物）本质论，本质论的对立面就是现象论，苏格拉底、柏拉图等人探讨世界的普遍性问题，揭示普遍性规律，同样是这种本质论的继续。亚里士多德的不平等思想就是这种两分方法规范下的本质与现象对立统一的具体表述。所以，亚里士多德的不平等思想首

---

① ［古希腊］亚里士多德：《亚里士多德全集》第 9 卷，颜一、秦典华译，中国人民大学出版社 1994 年版，第 11 页。

先表述为灵魂对肉体的统治，心灵、理智对情欲的统治；其次表述为人对动物的统治；再次表述为雄性对雌性的统治；最后表述为主人对奴隶的统治。

亚里士多德不平等的等级平等思想表达了四个核心理念：第一，灵魂是身体的主人；第二，心灵和理智是情欲的主人；第三，人是动物的主人，由此推及，人是自然的主人，人更是世界的主人；第四，主子是奴隶的主人。这四个核心理念构成了亚里士多德不平等的等级平等的系统认知：在亚里士多德时代及前亚里士多德时代，世界是有灵魂的观念是一种普遍观念，在这种普遍观念中，世界的状貌（即形态、现象）就是灵魂的身体，灵魂统治身体构成了世界的完整状态。灵魂统治身体的等级观为亚里士多德的等级平等思想奠基了第一块认知基石，即等级平等是世界的本来法则。这一世界法则落实在有生命的存在物身上，其灵魂就是心灵；心灵的功能就是理智，身体的感性呈现就是情欲，所以，心灵展布为理智，理智统治情欲，构成生命存在物健康存在的表征。心灵、理智统治情欲的等级观为亚里士多德的等级平等思想奠定了第二块认知基石，即等级平等不仅是世界的本来法则，也是生命的存在法则。世界的存在法则和生命的存在法则为全面确立人与动物、人与自然之间的等级关系和人与人之间的等级关系，提供了最终的依据。人是动物的主宰，人是自然的主人，主子是奴隶的主人，此三者构成亚里士多德的等级平等观的本质语义：自然世界是绝对不平等的，生物世界是绝对不平等的，人的存在是绝对不平等的。亚里士多德不仅是一位人类中心论者，更是一位主张奴隶制君主政治的思想家，他从奴隶制君主政治角度出发，认为奴隶制是符合自然法则并且是不可更改的社会制度。基于这一认知，他得出了对人的既定看法："人并不是天生平等的，而是有些人为当奴隶而生，另一些人为治人而生。"① 生来就是奴隶的人，必须绝对地服从生来就是主人的人的统治和奴役，因为他们是主人的财产，"财产是工具的总和，奴隶是一件有生命

---

① 苗力田编：《古希腊哲学》，中国人民大学出版社 1990 年版，第 587 页。

的财产。"①

在亚里士多德的等级平等思想中，处于不同等级阶梯上，无论是动物还是人，都不是平等的；但处于同一等级阶梯上，无论是动物还是人，都是平等的。在这一大前提下，亚里士多德建立起了他的"数目"平等与"比例"平等的平等思想和理论。② 这种等级平等思想和理论构成一种传统，它通过罗尔斯而得到现代发挥和释放。罗尔斯的正义理论的核心思想，是以社会契约理论为方法，对亚里士多德的等级平等思想予以现代诠释："公民的基本自由有政治上的自由（选举与被选担任公职的权利）及言论和集会自由；良心的自由和思想的自由；个人的自由和保障个人财产的权利；依法不受任意逮捕和剥夺财产的自由。按照第一个原则，这些自由都要求是一律平等的，因为一个正义社会中的公民拥有同样的基本权利。"③ 其支撑点是人的社会契约论。亚里士多德的"比例平等"以君主政治为准则，以既定的法律为边限，它所能够指涉的范围是人的生活的所有领域。罗尔斯的比例平等的原则去是以公民政治为准则，以共同的约定（即契约）为边限，它所主要指涉的范围"大致适用于收入和财富的分配，以及对那些利用权力、责任方面的不相等或权力链条上的差距的组织机构的设计。"④

普遍平等原理的敞开维度 等级平等思想既是一种人类中心论思想，也是一种社会统治思想。正是这两个方面的规定性才使等级平等思想构成人类专制主义的精神温床。人类的专制主义敞开为两个维度：一是对人的专制，这种专制制造了人与人之间的不平等，或可说造成了社会的普遍不平等，其表现是权力飞扬跋扈，生命得不到平等尊重，人权遭受践踏，财产缺乏保障，自由被迫丧失。二是对地球生命、环境、自然的专制，这种专制造成了对地球生命、环境、自然的不平等，具体地讲，就是将自然、

---

① 苗力田编：《古希腊哲学》，中国人民大学出版社 1990 年版，第 588 页。
② ［古希腊］亚里士多德：《亚里士多德全集》第 9 卷，颜一、秦典华译，中国人民大学出版社 1994 年版，第 163 页。
③ ［美］罗尔斯：《正义论》，何怀宏译，中国社会科学出版社 1998 年版，第 57 页。
④ ［美］罗尔斯：《正义论》，何怀宏译，中国社会科学出版社 1998 年版，第 57 页。

环境看成是没有生命的存在物，人类为了自己的利益可以任意征服自然、改造环境、掠夺地球资源，更可以在这种征服、改造、掠夺活动中任意践踏地球生命。等级平等指向前一个领域，导致人间社会的两分，即天堂般的富有和地狱般的贫困：富有只属于小部分人；大多数人却沦为贫困。等级平等指向后一个领域，导致自然失律、气候失律和灾疫全球化与日常生活化。

气候伦理学要引导人类恢复气候，必须遵循利益生境原理，再造平等的社会平台，其必要前提是重建平等原理。这需要突破和超越等级平等的思想传统，重建**普遍**平等的伦理原理。

其一，重建普遍平等原理，应该接受利益生境原理的引导和规范，即必须以"人、生命、自然"共生为目标。

其二，重建普遍平等原理，必须破除人类中心论观念，以"人-生命"为中心，这是普遍平等原理的思想核心。"人-生命"中心论，首先强调人作为自然世界中的一种生命形态，与其他物种生命在存在论和生存论两个维度上是同构的；并且，人与地球生命之间本性相同，声气相通。其次强调自然世界里所有生命形式，都具有与人同等的存在地位和存在价值，因为无论是人还是其他生命，既是自然宇宙创化的成果，也同时具备了创化功能。最后强调世界上一切存在者都是生命存在者，哪怕就是作为整体存在的自然（地球和宇宙）本身，也是有生命的，也是生命化的存在者：自然，是宏观的生命形态，是所有物种的整合生命形态；人、物种生命，是微观的生命形态，是自然这一宏观生命形态的浓缩形式。

其三，重建普遍平等原理，必须突显其普遍指涉性，使之涵摄所有领域，一切事物，全部生命。以此为基本规定，普遍平等原理敞开三维向度，即生命平等、人类平等和人人平等。

"生命平等"中的"生命"，是指包括人、生物、自然在内的所有存在者，即人、作为个体的生物和作为整体的自然，都是生命存在形式，都是生命。生命平等的思想，是人类与生物物种之间、人与生物个体之间、人与自然之间以及人与环境之间，完全具有存在论意义和生存论意义的平等。"生物中心平等主义的观点是：当我们决定我们应该用何种正义对待生物实体的时候，我们不应该偏袒某些实体而对其他实体抱有成见，不论实体属于哪个物种。要弄清楚需要何种正义，我们就需要原则，这些原则可以决定如何分配利益和负担才是对待所有冲突各方——人类和非人类的——最为公平的方法。正是在制定这些原则的过程中，固有价值平等迫使我们在道德要求上尽可能做到公正和无偏袒。"①

人类平等，是指人类物种内部的普遍平等。在"人类平等"中，种族与种族、民族与民族、国家与国家之间是完全平等的，其具体表述为种族、民族、国家之间在任何利益、权利、责任、义务的配享上，以及起点、机会、尊严等方面做到全面的平等。

人人平等是指人与人之间的完全平等，即人与人之间不论出身、智力、财富、才德、贡献等方面具有何等的差异，都必须在存在资格、存在人权、生存权利、生存利益等方面完全平等，都必须在人格、尊严、起点、机会等方面完全平等。

基于如上三个维度的平等规定，气候伦理学要探索构建的普遍平等原理，需要废除主子心态（master mentality）。彼得·S. 温勒指出，"自称自诩主子心态的人们认自己为真正的人类，并认定妇女和被征服的人更低等的地位。主子心态的人们将下层民众与要被征服的自然联系在一起，所以他们往往不顾及人类苦难重重。"② 主子心态的认知土壤是等级思想和专制观念。主子心态表现为两个方面：一是在人面前的主子心态，即把自己看成高人一等，因而可以任意地役使他人，使他人成为奴隶或把他人变成奴才。二是在地球生命面前和在自然面前的主子心态，即把人看成是优越地球生命、高高在上于自然的高级生命，因而可以任意地改造环境和征服自然，也可以任意掠夺地球资源，更可以任意践踏或蹂躏地球生命，使整个地球生命成为自己的役使对象。

---

① ［美］保罗·沃伦·泰勒：《尊重自然：一种环境伦理学理论》，雷毅等译，首都师范大学出版社 2010 年版，第 4 页。

② ［美］彼得·S. 温茨：《现代环境伦理》，朱丹琼、宋玉波译，上海人民出版社 2007 年版，第 288 页。

客观地看，主子心态就是亚里士多德式的等级平等心态。美国哲学家凯伦·沃伦（Karen Warren）将这种亚里士多德式的等级平等心态予以深刻剖析，指出主子心态由三部分内容构成：首先是对世界做二元论（dualism）划分，即现实世界被划分为两个相互排斥的群体，诸如男人对女人，人类对动物以及主子对奴才。第二是建立价值等级制的思维方式，具体地讲就是对不同的两个群体赋予不同等的价值观，比如君臣思维；赋予上层群体成员的价值、地位或是声望要高于下层群体：人类、男人与主子是"上层"，动物、女人与奴才是"下层"。第三是确立等级服务观，即处于下层者应该为上层者服务，以满足上层者的欲望和需求。① 主子心态的思想本质和情感本质，是等级和专制，它表现出来的形式是**主从关系**。哲学家薇尔·普鲁姆德（Val Plumwood）从"主从关系"入手，发现主子心态所表现出来的主从关系蕴含五个维度的语义指涉：一是陪衬化，即"下层者"在自上而下的分类中被置于陪衬地位，而且其贡献和价值得不到任何赞许；二是排斥或超级隔绝，即"下层者"从资质上被认为与"上层"存在着的巨大差异，因而下层者不能胜任赋有权势与声望的职务；三是纳入或关系性界定，即"下层者"的身份是依赖于"上层"的某些特征来界定的；四是工具主义，即在与"上层"事物的关系中，一个"下层者"的角色需要视"上层"的具体需要才获得确定；五是同质化或刻板化，即"下层者"缺少"上层者"的个性特征。②

薇尔·普鲁姆德所讲的这五种主从关系，仅仅是主子心态的表现形态；形成主从关系的本质诉求是等级和专制，其灵魂却是私有观念。所以薇尔·普鲁姆德所讲的这五种"主从关系"不过是其私有观念的外化形式和扩展形态。正是以私有观念为灵魂的主子心态，才使人类把自然看成是

---

① Karen J. Warren, "The Power and the Promise of Ecological Feminism," *Environmental Philosopht: From Animal Rights to Radical Ecology*, Michael E. Zimmerman ed., Englewood Cliffs, New Jersey: Prentice Hall, 1993, p. 322.

② ［美］彼得·S. 温茨：《现代环境伦理》，朱丹琼、宋玉波译，上海人民出版社 2007 年版，第 295—296 页。

"任何凭借劳动而提高其价值的个人财产"①。洛克就这样宣称道"一个人能耕耘、播种、栽培多少土地和能用多少土地的产品，这多少土地就是他的财产。"② 土地以及自然界的一切"一旦成为他的财产，他就可以随心所欲地加以处置，只要他不危及其他人的利益。无价值之自然完全是专横的人类的婢女或奴隶（我们只能在男性主义者与种族主义者的隐喻之间做出选择），为了人类的福祉而驾驭自然，他们是众望所归。"③

在这种以私有观念为灵魂的主子心态中，地球上所有物质性存在物的存在都是服务于精神存在物的，进一步讲，地球上的所有物质、所有生命形态都是服务于人类存在，都是因为人类存在及其存在需要而获得确定，获得效用价值。这种主子心态铸造出了为我所用的工具主义，人类始终把自然及其全部存在物视为是满足自己需要和欲望的工具。弗兰西斯·培根鼓励人们"努力开启和扩展人类自身统治之力量，（以此种方式，）人类就（可以）找回本属于他的神赐的对自然的权利。"④ 霍布斯、笛卡儿等哲学家将自然看成是一架机器的观念，更是助长了物质存在物为人类服务的观念，助长了看待和处置自然的工具主义观念："机械的观念也因相信被动而非主动的自然，从而证明了贬抑自然的合理性。在二元论的'主动的对被动的'观念中，'主动的'是'上层的'，而'被动的'是'下层的'。在机械论的观念中，自然必定是被动的，因为它只是机器而已。那一时期的哲学家认为，物质的运动只是因为上帝在创世之始时使之处于运动中而已。就其自身而言，物质是惰怠的。能自己移动的人类是优越于自然之上的，因而他们拥有征服自然并使其为自己的目的服务的权利。"⑤ 为此，

---

① ［美］彼得·S. 温茨：《现代环境伦理》，朱丹琼、宋玉波译，上海人民出版社 2007 年版，第 307 页。
② John Locke，*Two Treatises of Government*，Cambridge：Cambridge University Press，1988，p. 170.
③ ［美］彼得·S. 温茨：《现代环境伦理》，朱丹琼、宋玉波译，上海人民出版社 2007 年版，第 307—308 页。
④ Carolyn Merchant，*The Death of Nature*，New Kork：Harper Collins，1980，p. 172.
⑤ ［美］彼得·S. 温茨：《现代环境伦理》，朱丹琼、宋玉波译，上海人民出版社 2007 年版，第 306 页。

人们必须把地球、自然看成是僵死的物，是按照人的意愿方式而机械存在的世界，"认为世界是由不停运动的无生命粒子构成的一部大机器的哲学，就在新的、更有效的机器使得贸易和商业能够加速发展时产生出来。交通设备、航海技术的发展，（以及）道路和运河的建设……都可以由在大地上采掘金、铜、铁和煤，（以及）由砍伐森林以做处理矿石的燃料来达到……世界灵魂的死亡和自然精神之被消灭，更加剧了不断升级的环境的破坏，这一切结果之发生都是因为，所有与自然是一个活的有机体观点相关的思想都已被清除。"[①] 历史学家卡洛琳·麦茜特（Carolyn Merchant）的揭示更是入木三分：她指出，当世界、自然、地球是一个活的有机体的观念和认识被人们彻底清除之后，人类必然疯狂地踏上征服自然、改造环境和掠夺地球资源、蹂躏地球生命的道路，这条道路的全面开启所形成的必然生态学恶果，就是自然失律、气候失律、灾疫失律。所以，要重建普遍平等的气候伦理原理，必须彻底清算主子心态，唯有如此，才能真正消除等级平等，消除人对自然和社会的双重专制，普遍平等的伦理原理才可真正构成恢复气候的实践行动指南。

3. 普遍平等的生境运用

普遍平等原理的运用，就是平等尊重：从运用角度讲，普遍平等原理就是普遍的平等尊重原理。

要能很好地理解平等尊重的伦理原理，必须讨论三个方面的问题：

首先，需要真实地理解和明晰平等尊重的伦理原理所指涉的范围。

平等尊重的伦理原理所指涉的范围，实际上包括三个层面的内容：一是平等尊重的伦理原理**可能**指涉的范围；二是平等尊重的伦理原理**应该**指涉的范围；三是平等尊重的伦理原理**实际**指涉的范围。

概括地讲，平等尊重的伦理原理可能指涉人的意识和行为所达及的领域，即人的意识和行为所能达及的领域，构成了平等尊重的伦理原理所能够指涉的范围。因为，尊重永远只是人的尊重，离开了人没有尊重可言，

---

① Carolyn Merchant, *The Death of Nature*, New Kork: Harper Collins, 1980, pp. 226 - 227.

人的尊重自然伴随着人的认知和人的行为而展开，人的认识的疆界和人的行为的疆界，构成了人的平等尊重的最后视域。

在人类存在敞开生存的历史进程中，平等客观地存在等级平等和普遍平等，这两种性质的平等形成了两种视域，自然使平等尊重获得了两种类型，即人类中心论的等级平等尊重和"人-生命"中心论的普遍平等尊重：前者应该指涉的范围是人类和人类世界中的主子，生物、自然、奴隶等均不在平等尊重的范围之内。所以，人类中心论的等级平等尊重所实际指涉的范围，展开为宏观和微观两个维度。在宏观维度上，其平等尊重的对象只能是人类自己，而不包括物种生命、地球、自然；在微观维度上，其平等尊重的是主子、主人，具体地讲就是权力者和财富拥有者，劳动者则只能是工具，不在平等尊重之列。反之，普遍平等要求其平等尊重必须走向普遍主义，即应该平等尊重的对象恰恰是人类与自然、人与生命两个维度的所有存在者。因而，在普遍平等原理要求和规范下的平等尊重原理，所实际指涉的范围与其应该指涉的范围一致。本书所讲的平等尊重，就是普遍平等原理规范下的普遍平等尊重。

其次，需要明确平等尊重的伦理原理得以构建的前提，这就是"普遍平等何以可能？"的问题。普遍平等何以可能的问题，就是普遍平等的理由问题。这个问题在第二节中已做了阐述，在此仅做一归纳性复述：

第一，在自然世界里，所有事物、一切存在者都客观地存在着，这就意味着世界上所有事物、一切存在者都具有等同的存在价值。这种等同的存在价值被环境哲学和环境伦理学所揭示：环境伦理学家泰勒（Paul Warren Taylor）认为，世界上每个实本都有其内在价值，并且泰勒还为存在实体的内在价值提供了如下三条标准内容：

非工具价值。X 具有内在价值是指，X 之所以具有价值是因为它本身就是目的，而不是因为它是达到其他目的的手段。

非外在价值。X 具有内在价值是指，X 之所以具有价值是因为它自身（内在）的性质，而不是因为它与其他实体的（外在）关系。

　　客观的非自然价值。X 具有内在价值是指，除了与其他所有实体——包括 X 的评价主体——的关系之外，X 本身就具有善或有价值的非自然属性（实体的非自然属性是指这种属性无法依据经验证据和推理得知，而只能凭直觉对某个实体的价值进行即刻判断得知）。[①]

　　第二，在自然世界里，所有事物、一切存在者都是世界构成的一分子，都为世界的产生做出了相同的贡献，并为世界的继续存在提供了条件。世界上的所有事物、一切存在者都具有使用价值。使用价值既是工具价值，也是外在价值，更是客观的自然价值。

　　综合此二者，世界上所有存在物、一切生命形式都应该获得平等的尊重。

　　最后，需要明确和突显平等尊重的伦理原理的实质诉求。

　　平等尊重的伦理原理的实质，就是遵循普遍性要求而**平等地**尊重。泰勒在《尊重自然：一种环境伦理学理论》中指出："在本书中，我的中心焦点是，在环境伦理领域中，道德的基本原则是尊重自然，而不是尊重人类。"[②] "尊重自然，而不是尊重人类"这一命题并不是说不尊重人类，而是说不仅仅尊重人类，更进一步讲，首先不是尊重人类，因为人类只是自然世界之一成员，地球生物圈之一物种，如果首先尊重人类，最终导致只尊重人类；只尊重人类的最终结果是非人类存在物得不到实质性的尊重。所以泰勒强调要尊重自然、尊重自然世界的万物生命，尊重自然世界中的一切存在者，尊重自然世界本身，这是平等尊重的前提，也是平等尊重的基础。只有在这个前提和基础上展开对人的尊重、对人类的尊重，才可能形成对人、人类和生命、自然的平等尊重。从这个角度看，平等尊重的伦理原理的实质，就是平等地尊重自然，平等地尊重环境，平等地尊重每一

　　① ［美］保罗·沃伦·泰勒：《尊重自然：一种环境伦理学理论》，雷毅等译，首都师范大学出版社 2010 年版，第 6 页。
　　② ［美］保罗·沃伦·泰勒：《尊重自然：一种环境伦理学理论》，雷毅等译，首都师范大学出版社 2010 年版，第 10 页。

个存在物、每一个物种生命，平等地尊重所有的人。

这一普遍平等的伦理原理落实在恢复气候的实践活动中则体现如下四个方面的要求：

其一，应充分运用普遍平等的伦理原理，平等尊重穷人和富人，即在恢复气候的过程中，必须充分地考虑穷人和富人的平等生存问题，尤其是必须全面尊重穷人的可持续存在权和生存权，必须以重建穷人的可持续生存的社会平台和自然环境为重心任务。

其二，必须充分运用普遍平等的伦理原理，平等地尊重每一个国家，包括发达国家、发展中国家和贫穷国家，尤其应该平等地尊重贫穷国家和发展中国家的合法权利、合法利益，必须在充分维护和保障贫穷国家和发展中国家的可持续生存权基础上，帮助和激励他们充分运用可持续生存式发展权，并以此为平等尊重的关键内容。

其三，必须充分运用普遍平等的伦理原理，平等地尊重地球生命，包括动物和植物，除非在不得已的情况下，不要轻易地伤害物种生命；除非在不得已的情况下，不能剥夺或侵犯地球生命的存在权利和生存利益。

其四，必须充分运用普遍平等的伦理原理，平等地尊重地球、尊重自然，因为地球、自然既是生命体，更是利益化的存在体，平等地尊重地球和自然，就是维护地球和自然的生境利益，促进地球和自然生境的存在，这是恢复气候、根治灾疫的根本努力方向。

三、恢复气候的权责原理

恢复气候的伦理原理是一个体系，它由利益共互原理、普遍平等原理和权责对等原理构成。在这个体系中，利益共互的生境原理是气候伦理的动力学原理；普遍平等原理是气候伦理的认知规范原理；权责对等原理是气候伦理的行动实践原理。

1. 权责对等的适用条件

权责对等是权利与责任的对等。讨论权责对等，须首要考察权责对等的构成条件。

权责对等的首要条件是利益。利益之所以构成权责对等的首要条件，源于两个方面因素的激励与规范。首先是权利，其次是责任。

"权利"关涉的基本问题　就权利论，有两个问题是必须解决的。第一是权利的主体问题。在过去，我们一直认为权利的主体只是人，人之外的其他存在者没有权利可言，因为在人类中心论的认知框架下，人之外的生物世界、自然世界及存在于其中的所有生命形式，都不过是人的使用物，仅具有工具性价值。这是一种很片面的权利主体观念，它根深蒂固地支配着人的认知，形成了哪怕是环境论者在讨论动物权利的时候，也要以人类所制定的法律为依据，从法律角度来判断其动物权利的有无："一般说来，拥有权利就是对某事物有一种合法的要求或对某事物有一种合法的资格，这种要求或资格的合法性需要得到他人的道德上或法律上的承认。就道德权利来说，这种认同需要对所有的道德代理人都适用的道德原则。对法律权利来说，它需要对所有法定的共同体都使用的既定的法律体系。"① 气候伦理学必须破除这种人类中心论观念和认知模式，明确人不是宇宙的主宰，也不是世界的中心，更不是地球生物的主人。因为从发生学讲，是先有宇宙、自然、地球，然后才有人；并且是先有地球生命、先有地球生物圈和物种生命，然后才有人。从发生学观，在自然世界里，人这种物种仅仅是后生者，是继发者；从生存论角度讲，存在于自然世界中的人，是不能超越或脱离宇宙、自然、地球、物种生命而独自存在和生存的，人必须以它们为基础、为前提、为土壤、为最终的来源和智慧的源泉。所以，人是与地球生命共生存的，人更是与地球、宇宙共存在的。从根本讲，宇宙、地球和地球生物圈没有人类这种物种，或者说离开了人，它们可以照常存在、照常运转，但人这种物种的存在和生存却离不开宇宙、地球及地球生物圈。所以无论从哪个角度讲，人、生命、自然是共互生存的。在这种共互生存框架下，每种生命、每个存在者都是其自身的存

---

① ［美］保罗·沃伦·泰勒：《尊重自然：一种环境伦理学理论》，雷毅等译，首都师范大学出版社 2010 年版，第 140 页。

在主体，并且都互为存在主体。因为每个生命、每个存在者，都是因为自己而存在的，都是为自己而存在的。比如一棵树、一头牛、一块石头，虽然它们对人有使用价值，但它们都不是为人而存在，而是为自己而存在，它们的最根本的、最高的价值是其存在价值，即它们因为自己而存在的价值；它们为自己而存在的价值被人看成是使用价值，这只是人强加给它们的价值。无论一棵树、一头牛，或是一块石头，它们才是它自己的主体，而不能说人是它们的主体。因为无论是这棵树还是这头牛或那块石头，它们都拥有为自己而存在的权利，它们都是自己的权利主体，并且，它们为自己而存在的权利和具有成为自己的权利主体资格，并不因为人的存在而丧失，更不由人的法律或道德来确定它们的权利，也不能以人的法律或道德来评判它们是否该拥有权利。在自然世界里，人、生命、自然物以及自然本身，都是平等的权利主体，都平等地享有其**自为存在**的权利。气候伦理学所讲的"权利"，就是这个意义上的，它既指人的权利，也指物的权利、生命的权利，包括个体权利和整体权利，前者如一个人、一头牛、一棵树的权利，后者是指地球权利、自然权利、动物权利、人类权利等。并且，气候伦理学所讲的权利，一定是普遍平等的权利，即无论是个体意义上的一个人、一头牛、一棵树、一块石头，还是整体意义上的人类、物种、地球、自然，其所拥有的权利都是平等的。基于这两个方面的规定性，气候伦理学所讲的权利，只能是普遍平等的权利，简称为**普遍权利**。

有关于权利的第二个问题，就是权利的实质内容问题。无论是相对具体的人、物、生命，或者相对整体的人类、物种、地球、自然，"权利"都不是空洞的，它永远具有自身的实项内容。权利的实项内容就是利益。"权利非它，权利就是利益。"① 利益既是权利的具体内容，也是对权利的本质规定：没有实际利益的权利，是空洞的权利；凡空洞的权利，都无权利可言，所以空洞的权利只能是虚假的权利，是伪权利。"权利"作为一个伦理概念和伦理原理的构成要素，它具有容器和实质内容的双重要求性。相对地讲，权利的容器就是生命对自身存在的要求性，包括独立、自

---

① 唐代兴：《利益伦理》，北京大学出版社 2002 年版，第 200 页。

主、平等、自由的要求性，比如一棵树，它就是一个独立的生命，它如同人一样，仍然是以自己的方式自主、自由地存在和生长，任何其他的树都不能剥夺它的独立、自主、自由地生长的权利。权利的实质内容，就是个体存在指向行动的利益：当存在者以自身方式获得其实在的利益内容时，其独立、自主、平等和自由才获得了实在的生命内涵，权利作为道德概念才具备其内在精神品质，权利作为道德原理才形成具体的规定性。人的权利与物的权利、人的权利与自然的权利、个人权利与他人权利等之间的平等关系，才获得实际的形态定格与有限度的保持和维护。①

不仅如此，"权利"作为一个伦理概念并实际地具备伦理原理的功能，不仅在于它本身具有容器与实项内容，而在于它具有自身的价值指向，即对权利容器和权利实项内容的限度：相对前者言，"权利"的伦理价值指向是使存在者个体化、独立化、自主化、平等化和自由化，即它规定了存在者的构成条件是什么，同时也规定了存在者的道德的基本条件是什么。即只有独立、自主、平等、自由的存在者才享有生的权利，也只有获得其独立、自主、平等、自由内涵的道德才是存在者的道德。相对后者来说，权利的道德价值指向是权利的利益限度，即只有明确的利益限度的权利才是道德的权利；只有清晰地把握其利益限度的人才可能建立起自我与他者、己与群之间的利益对等关系，只有明确而清晰地判断、区分和理性地追求限度利益的人，才是道德的人，因为只有这样的人才有能力和品质在保持和维护自己权利和利益的过程中努力地维护他者——尤其是物种生命、地球、自然——的权利和利益。

权利是利益的权利，利益也只能是权利的利益。权利的普遍平等性，最终来源于利益的普遍要求性和利益的普遍平等性，简称为利益的普遍性。

利益的普遍性揭示一个事实：即存在就是利益，并且存在充满利益。因而，在存在世界里，每个存在者都是一个利益存在者，并因为利益而存在。一棵树有一个棵树的存在利益，并且这一棵树的权利就是它使自己成

---

① 唐代兴：《利益伦理》，北京大学出版社 2002 年版，第 201 页。

为这棵树的全部利益要求性。阳光雨露、空气水分、土壤、空间环境，以及树与树之间或树与其他存在者之间的空间距离等，都构成了这树的实际利益内容。在存在世界里，任何存在者都无法摆脱利益的纠缠，即使它想这样做，也是做不到。"人们奋斗所争取的一切，都同他们的利益有关。"① "'思想'一旦离开了'利益'就一定会使自己出丑。"② 马克思所论不仅是相对人而论，也适合整个存在世界及存在于其中的存在者，因为马克思对于"利益"问题的这两段精辟的论述，道出一个基本事实：无论从存在者的实际生存或人的发展出发，还是从理论的探索与创构考虑，人类伦理构建都必须以利益为起点，并以利益为最终的目标指向。

责任乃权利合法之体现　谋求利益之资格就是权利，权利合法的根本标志却是责任。所谓责任，就是以自然规律和人性规律为准则，为谋求合法期待的利益和配享道德应得的自由而付出与权利对等的贡献。根据这个定义，责任当然以自我利益谋求和自我权利配享为动力，但它的直接指向却是对他者的关切。"人的个人限度首先是由他的责任感决定的，不仅是对自己，而且包括对别人的责任感。"③ "一个人有责任不仅为自己本人，而且为每一个履行自己义务的人要求人权和公民权。"④ 担责并不只相对人才有意义，动物也担责，比如，一个动物母亲生下后代后，总是要喂养它。所以担责属于整个世界，属于每个物种，属于每个存在者的基本品质。所不同的是，自然世界、地球生命、自然存在者，他们都以本能的方式担当生命存在的责任，人类这种具有人质意识和目的性生存能力的物种生命，其担责往往要超越本能而获得一种**生存的**自觉。

整体观之，无论人还是自然存在者，其担责行为本身就是关切他者的利益，就是为他者的合法（这里"合法"是指合乎宇宙律令、自然法则、生命原理、人性要求）利益的保有或增进而担负责任。从根本讲，一个人

① 《马克思恩格斯全集》第 1 卷，人民出版社 1957 年版，第 82 页。
② 《马克思恩格斯全集》第 2 卷，人民出版社 1957 年版，第 103 页。
③ ［俄］科恩：《自我论——个人与个人自我意识》，佟景韩译，生活·读书·新知三联1986 年版，第 460 页。
④ 《马克思恩格斯选集》第 2 卷，人民出版社 1995 年版，第 673 页。

的责任乃是他者的权利，因为只有当我们对他者的合法权利予以真诚的尊重和真实的维护时，我们才可能真实地关切他者利益，使他者的利益不受损害，并从而增进他者的利益。

以此来看，担责不过是实现权利的基本方式和正确途径。为实现权利而担当责任，主要敞开为两个方面：一是基于人、社会、地球生命、自然共互生存之要求，人向自然担责，向生命世界担责，向地球生态担责；二是基于人性要求，为实现合法期待的利益和道德应得的自由，运用权利担当与之对等的责任，最终实现使人成为人，同时也使生命成为生命，使地球成为地球，使自然成为自然。霍尔巴赫曾指出，人"为了使自己幸福，就必须为自己的幸福所需要的别人的幸福而工作；因为在所有的东西中间，**人最需要的东西乃是人**。"① 人最需要的东西是人，这是人成为人的条件规定。这一条件规定可以表述为：第一，人必须成为自己，并为自我生命担责，这是责任的起步价值生成；第二，人必须成为亲生命者，并为世界生命担责，为地球生境担责，这是责任的奠基价值生成；第三，人必须成为亲社会者，并为他人、群体、民族、国家担责，这是责任的主导价值生成；第四，人必须成为血缘延展者，并为性爱、父母、子女担责，这是责任的基本价值生成。人只有通过这四个方面为他者担当责任，他才可能把自己成就为人，与此同时也促成他人获得同等的成就。西塞罗指出："任何一种生活，无论是公共的还是私人的，事业的还是家庭的，所作所为只关系到个人的还是牵涉到他人的，都不可能没有其道德责任；因为生活中一切有德之事均由履行这种责任而出，而一切无德之事皆因忽视这种责任所致。"②

2．权责对等的实质指向

权责对等原理的伦理实质　　"权利"作为一个伦理概念之所以具有原理功能，是因为"权利"概念的自我规定。有关于"权利"的自我规定性，韦政通在《伦理思想的突破》中有一段文字谈得很到位："你和我是

---

① 周辅成：《西方伦理学名著选辑》下卷，商务印书馆 1996 年版，第 89 页。
② ［古罗马］西塞罗：《西塞罗三论》，徐奕春译，商务印书馆 1998 年版，第 91 页。

存在于我所珍惜并希望保有的关系里。然而，我们是互为分开的个人，都有自己的独特需要，以及设法满足那些需要的权……当我们任何一方不能改正自己的行为去满足对方的需要，以及发现我们在关系上有了欲望的时候，让我们彼此都约束自己在解决此种纠纷时不会诉诸自己的权力，以对方失败的代价来换取自己的胜利。我尊重你的需要，但我也必须尊重自己的需要。因此，最好是让我们经常努力去寻找那些你我双方都能接受而可以解决我们无可避免的问题的方法。用这种方式，你的需要满足了，我的需要也满足了……没有人吃亏，两方都胜利。"① 权利是一种资格，这种资格的实质表述，就是对某种具体的利益的拥有。权利对利益的拥有资格，必须具备相应的条件规定，这个条件规定就是你拥有对某种利益的资格时，你却不能损害、剥夺或削弱与此利益相关的他者的实际利益，即不能损害、剥夺或削弱与此权利相关的他者的权利。因而，权利拥有某种具体的利益资格的本质规定，就是为拥有此一利益资格而担当不损害、不剥夺、不削弱与此相关的他者的权利及其权利所规定的利益的责任。所以，权利之自我道德规定，就是与权利相对等的责任。

权利与责任的对等，是指享有一份权利就必须为此担负一份责任。比如，你享有一份自然资源，你就得为此而付出一份相应的维护自然生境的劳动。你要向大气层排放一份污染，你就需要为地球继续拥有很强的自净化功能而做出一份努力。权利与责任对等的实质是利益的限度，即配享权利就是谋取利益，并且所谋取的利益只能是有限度的利益。谋取不能无限度，因为无限度地谋取利益就会造成对他者利益的侵犯或剥夺。配享权利的同时要求担当对等的责任，其实质是利益谋求有节制，这种节制表述为所谋求的利益与所付出的代价应该对等，这种对等的内在规定就是利益限度。利益限度讲的是利益边界问题：在利益谋求中，实际享有的权利与所要为之担当的责任相对等。从正面讲，这个所为之而担当的对等责任，就是维护和保障他者的合法利益；从反面讲，这个所为之担当的对等责任，就是不侵犯或剥夺他者的合法利益。合论之，他者的合法利益构成了自我

---

① 韦政通：《伦理思想的突破》，四川人民出版社 1988 年版，第 144—145 页。

利益谋求的行为边界。谋求利益而必求权责对等，构成了伦理学的基本原理，也构成了气候伦理的基本原理。

权责对等作为气候伦理学的基本原理，是关涉气候环境中所有生存行为的规范原理。这一行为规范原理蕴含三个根本的规范原则，它们一旦获得实践的行动落实，就构成行为的导向原则。

一是**自利**原则。这一规范原则告诉人们：第一，从人的社会角度讲，每个人都是一个利益主体，每个利益主体的社会性活动都以追求和实现自己的利益为行为起点和行为目的，因而，任何人都不能要求甚至是强迫自己之外的任何人为他人为社会而从事不利于自身的劳动。人劳动就是为实现自己的利益。第二，从自然角度讲，每个存在者都是自然社会的利益主体，它作为利益主体，其存在和生存都以实现自己的利益为原动力和目标。比如向日葵向太阳，是因为它需要强烈的日照才能正常的生长。自利不仅是人的本性，首先是物的本性，是地球上所有生命的本性，更是自然的本性。自利原则所包含的基本精神，是作为存在者的自我目的精神：每个人、每个生命、每种物、每种存在者，都是**为自己**的生命存在者，并为更好地求取存在而活。

同时，自利原则还体现了利益与付出的等价精神，即你要想获得多少，你必须为此付出多少；你得到了多少，你就应该为此付出多少。这不仅适合于人与人、人与社会，更适合于人与自然、人与物、人与物种化的个体生命。比如，你要向土地索取多少粮食，你同时必须为土地付出多少劳动，比如为土地的水土保持、土壤的肥沃等而付出；再比如生活在城市中的人们要想获得清洁的空气，则必须为之而低碳生活。享有清洁的空气，这是你作为一个市民的权利，但保持城市对污染的净化能力而过低碳生活，则是你作为市民而必须为之担负的责任。因为呼吸清洁的空气，是人们的自利本性使然；大气的自我净化要求人们过低碳生活，则是大气的自利本性使然。

二是**共赢**原则。这一规范原则告诉我们：任何存在者的生存行为一旦涉及相关的他者，无论这个他者是人还是物、是个体还是整体、是人的社会还是自然世界，其最终的**道德**体现恰恰是共赢。人与人之间的利益行为要求权责对等，就是为了实现人与人之间的共赢；人与物、人与物种生命、人与地球或自然之间的利益行为，同样要实现共赢，并且只有实现了共赢的利益行为，才是生成生境的利益行为。比如要发展经济，就不要破坏环境；如果以破坏环境为代价来发展经济，这就是单边赢利主义，单边赢利主义所形成的最终结果是每一方都是输家，这是因为环境一旦遭受破坏，人的生存条件就由此而丧失。

在权责对等原理里，利益共赢原则是其自利原则的基础和前提。没有共赢意识，其利益追求不可能获得長大效果的自利。利益共赢原则实际上暗含了一个最基本的道德事实：你追求自我利益时，绝不可能强求他人无私奉献，更不能强求他人做出利益的自我牺牲。因为这种行为就是不道德和反道德。同样，人要追求发展、追求经济增长，绝不能以自然、地球、环境牺牲其生境能力、丧失其生境功能为代价。你要在一条河流上修建水电站，绝不能因此而造成该河流断流，也不能使该河流成为污染之源，更不因此而使该河流域的自然生态状貌遭受破坏，否则，河流一旦断流，它就成为污染源，河流流域生态就遭受破坏，河流及其流域本身就成为生存在其中的人们的灾难之源。以此来看，权责对等原理所蕴含的利益共赢原则，还客观地体现着一种利益精神，即自我利益追求必以不损害与此利益相关联的所有他者的利益为绝对前提。换句话讲，利益的共赢原则包含了利他精神，这种利他精神是自利原则的边界：每个人的自我利益都必须以他者的利益为最后的边界，每个他者的利益都是建立在自我利益实现的基础上的。

三是**自主**原则。权责对等的规范原理，体现权利与责任之间的主体间性问题。对权利与责任之间的主体间性的抽象表达，就是利益自主原则。利益自主原则即利益主体间的利益分配自愿原则和利益分配的双向协调原则，在权责对等的利益追求行为中，任何利益主体（包括个人、集体、社会或国家、政府、自然、地球生命、环境）都不能在利益追求与分配问题上以任何方式（暴力的或非暴力的）和手段不尊重他自身之外的利益主体的自主意志，强迫他者接受某种损害或剥夺他者利益权利的行为。利益自主原则包含了这样一种基本的精神，即存在者的独立自主和存在者的存在平等，利益自主原则就是存在者的独立自主精神和平等精神在利益追求实现中的具体呈现。

权责对等原理的指涉范围　根据如上三大规范原则，在气候伦理学中，权责对等原理所指涉的功能范围敞开为两个维度：一是人的社会；二是自然社会。

就人的社会论，权责对等原理适应于人的所有社会性行为，即人的所有社会性行为都要接受权责对等原理的引导和规训。这种引导和规训主要展开为三个方面：一是人与人之间的利害权衡行为，要接受权责对等原理的引导和规训。二是人与群之间的利害权衡行为，包括人与群体、人与政府、人与国家之间的利害权衡行为，必须接受权责对等原理的引导和规训，无论作为个体的人，还是作为整体的群体、政府、国家，享受一份权利必须为此担当一份责任。如果权责不对等，比如在个人与群体、政府、国家所构成的利害关系中，如果个人的权利大于其责任，那就意味着个人对群体、社会、政府、国家利益的侵犯；反之，如果群体、社会、政府、国家所拥有的权利大于个人，那就意味着群体、社会、政府、国家对个体利益的剥夺。三是民族与民族、国家与国家之间的利害权衡行为，同样要接受权责对等原理的引导和规训，这是克服霸权、实现民族与民族、国家与国家共互生存的根本伦理要求。

仅自然社会论，权责对等原理适用于人的所有介入自然界的活动和行为，人的所有介入自然界的行为，包括个体的人介入自然界的行为，比如打猎、旅游、开荒、排泄废物或释放温室气体和污染的行为，也包括人类以国家、社会的整体方式介入自然界的行为活动，都必须接受权责对等原理的引导与规训。这些引导和规训主要敞开为三个方面：一是人类以个体或整体的方式介入地球生物圈时，利益追求行为在享有其主体权利的同时，必须担当起相对应的责任：人类活动介入地球生物圈，摄取物质利益和开发生存资源的同时，必须为其担当维护地球生物圈的生境化存在的责任，使地球生物圈保持旺盛的生物多样性。二是人类以个体或整体的方式介入地球，无论是谋取地表资源，还是地下资源，都必须为地球具有充满生境活力的承载力和自净化能力而担当必须担当的地球责任，使地球本身生生不息。三是人类以个体或整体的方式介入海洋、大气和太空，其开发海洋、大气、太空资源，比如开发水能、风能、太阳能等资源时，同样应该为海洋、大气、太空的生境化运行担当起对应的责任。比如，开发海洋，首先必须治理海洋的富氧化和海洋的沙漠化问题，保证海洋生物的多样性；其次必须解决海洋污染的问题，使排放进海洋的污染物能够通过海洋本身的自净化能力所吸收；最后，必须解决海洋环境生态的破坏问题，使海洋恢复或保持其自生境状态。

权责对等原理的自身规范 作为伦理原理，权责对等原理是一种求利原理，它落实在对恢复气候的实践指导上，就是人类要向自然、环境谋求利益时，必要同时考虑自然、环境的利益。因而，人类向自然、环境谋求一份利益，必须为此担当一份责任。唯有如此，才可保证在自己求生的过程中，也使自然、环境能生。只有如此，人类谋求恢复气候、重建地球生境的努力，才变成现实。

权责对等原理之所以能构成气候伦理学的基本原理而指导和规范人类治理环境、恢复气候的行为，是因为权责对等原理蕴含了如下四个基本的生态学法则，这四个生态学法则构成了权责对等原理的自身伦理规范：

一是**存在关联法则**。在存在世界里，个体与整体之间、生命与生命之间以及生命与环境之间，既关联地存在，更共生互生。

二是**价值生成法则**。在存在世界里，个体与整体、生命与生命、生命与环境之间的本原性关联，根源于生命的呼吸：生命必为自身存在而吸纳，同时必为吸纳而排泄。吸纳与排泄，此二者构成了任何生命的共性化存在方式。并且，在存在世界里，一物之所吸纳者必源于它物所排泄者：生命的吸纳与排泄，构成了生物世界的共生化生存链条。在这一共生化生存链条中，每个存在物的存在，都对存在于其中的生命系统和环境系统发挥生成功能，所以根本不存在纯粹的"废物"。所谓"废物"，不过是人类的观念，是人类过度或无度地作为于自然和环境所造成的对存在物的错误判断，这种错误判断最为实际地来源于其过度或无度的掠夺性或征服性行为所造成的东西，人类没有给它找到适合的去处。

三是**顺性生存法则**。人类所身处其中的存在世界里，不仅人本身，万物亦遵循自身本性而产生，所有的生命同样按自身本性而存在。在充满生意的存在世界里，最懂自然的只能是自然，最懂生命的只是生命。生命、自然、环境，当遵循自身本性而存在时，才是最好的存在状态。自然无序，环境恶劣，生命处于高危之中，最终是由人类力量干预环境、自然、生命世界所造成的。解决环境危机的根本路径，是以自然的方式进入存在世界，以亲生命的方式理解生命、自然、环境的本性，终止对生命系统、自然世界、环境运动的粗暴干扰，使其休养生息地恢复自身本性和自生境功能。

四是**成本支付法则**。在存在世界里，物质、能量以多元交换为动态生成的基本方式，但其交换必遵循公正法则。这一法则落实在人类利用自然和对待环境的行动中，就是"谁消费谁买单""谁污染谁付费"和"谁破坏谁恢复"。比如土地荒漠化，这是人力砍伐森林，破坏草原，锐减湿地造成的。根据"谁消费谁买单，谁破坏谁恢复"的公正法原则，培植森林、恢复草原、保护和还原湿地成为人类担当环境责任的必须工作。

第五章 气候伦理学的道德原则

伦理原理是指伦理世界存在的普遍规律，这种普遍规律蕴含了宇宙律令、自然法则、生命原理和人性要求于其中，并对人类伦理行为产生普遍的导向和规训功能。

伦理原理对伦理行为的导向和规训功能，是通过道德原则的规范而实现的。道德原则是指权衡或判断充满利害取向的伦理行为的共守法则、尺度或标准。这一共守的法则、尺度或标准的生成，既要接受宇宙律令、自然法则、生命原理、人性要求的导向，更要接受利益共互原理、普遍平等原理、权责对等原理的规范。所以，当初步讨论了气候伦理学的基本原理之后，就必须要讨论气候伦理学的利益共互原理、普遍平等原理、权责对等原理如何落实为恢复气候的行为规范原则体系。

一、重建气候的道德共同体

讨论气候伦理原理如何具体落实为规范实践行动的道德原则体系，所需要解决的首要问题是"道德共同体"问题，因为气候伦理学的根本使命是重建道德共同体。重建道德共同体需要解决两个问题：

一是理解和重新定位道德共同体。

二是如何行之有效地重建道德共同体。

1. 道德共同体的一般认知

什么叫道德共同体？道德共同体的内涵是什么？如何可能形成道德共同体？对此三者的明晰，则可实现对道德共同体的一般认知。

佛罗里达大学哲学教授迈克尔·D. 贝尔斯（Michael D. Bayles）指

出，"我用'道德共同体'所指的，是我们可以恰当地对其表达我们的道德关心的那些范围。道德关心这个词可以指对已做出的行为在道德上正当的关心，也可以指对正当行为或错误行为的含义的关心。思考一下职责问题会使这种区别更明确。在职责问题上，第一个意义涉及的是那些能具有道德职责或作为道德当事人的人。所以人们能够说这些人构成道德当事人的共同体。第二个意义涉及的是那些其福利或地位系之于对职责的规定的实体。所以人们能够说这些实体的受益者——职责就是为它们而存在的——的共同体。"① 所谓道德共同体，就是指人们所共同关心的道德范围。根据权责对等原理，道德共同体际上由三个要素构成：

首先，道德共同体是一个，利益构成了道德共同体的实质内容。但这里的"利益"是指具体的、实在的、普遍的、能够为所有存在者所平等共享的利益。比如，阳光、空气、水、土壤，这就是为地球生命所共享的利益。再比如环境生态状况，也在事实上构成了人与地球生命所平等共享的利益。所以，阳光、空气、水、土壤、环境生态等都构成了人们所共同关心的内容。由此可以看出，道德共同体并不仅仅指人们相互关心的行为正当或不正当的范围，它实际上包括了人的利害行为所涉及的全部领域。

其次，利益虽然构成道德共同体的本质内容，但只有当其利益内容为人们所关注并由此生发出特定的利害行为时，它才会产生。所以，道德共同体的构成必以利益为逻辑起点，但需要以利益行为为半径，以利害权衡为构建方式。

最后，道德共同体的构成，一旦涉及利益，就必然因其利益谋求而产生利害，利害的出现是道德共同体构成的必须条件，因为只有当利益谋求而生成利害时，才形成利害权衡。由利益而引发利害行为并最终导致利害权衡，这是道德共同体生成的必不可少的基本条件。

权衡利害，这是使利益行为实现趋利避害的唯一正确方法。这里的趋利避害的"利"或"害"，绝不仅仅是当下的、自我的"利"与"害"，也

---

① ［美］约瑟夫·P. 德马科、理查德·M. 福克斯编：《现代世界伦理学新趋向》，石毓彬等译，中国青年出版社 1990 年版，第 305 页。

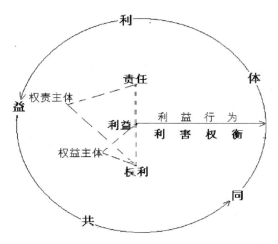

图 5-1 利益、权利、责任之伦理三角形原理

包括未来的、长远的、他者的"利"与"害"。因而,利害权衡必然涉及权利和责任。概括地讲,道德共同体必须要以权利为导向、以责任为保障。

如前所述,权利始终以利益为实质内容,为根本规定,当确立以利益为逻辑起点和本质规定时,权利必然构成道德共同体的基本要素,并且权利在道德共同体的构成中扮演了导向的角色:道德共同体的建立,既要以权利为导向,更要以权利为准则。对道德共同体言,抛开了权利,利益得不到保障;抛开了权利,权衡利害也就失去了方向,没有了准则。

权利始终以利益为实项内容,权利对利益的维护和保障,必须有限度,如果缺乏限度,哪怕就是利益充斥、权利张扬,最终也不能形成道德共同体。所以,道德共同体构成的最终条件却是责任。责任既是对权利的规范,更是道德共同体构成的最后要件。从整体讲,利益是构成道德共同体的实项内容、原动力:在道德共同体中,作为实项内容,利益为大家所平等共享;作为原动力,利益创造了凝聚力、向心力,引发人们的共同关注。与利益不同,权利构成人们期望、竞争、谋取利益的资格,它激发人们对共有的利益产生他有和私有成为可能。因而,权利铸成了无限激情和竞斗意识,使道德共同体获得了张力空间;责任却造就了人的利益限度感，也造就了道德共同体的边界意识和规范力量。从根本论，生成和造就道德共同体的最终力量，恰恰是由权利导向出来的责任。利益是道德共同体的先决条件，权利是道德共同体的导向力量，责任是道德共同体的约束方式，没有以责任作为具体规定和明确边界，则不可能产生道德共同体。

但是，以责任为具体规定和明确边界，必须以维护和保障利益的权利为激励力量，因为无论相对个体来讲还是相对整体而论，只有当对责任进行道德关心时，才产生真正意义上的道德共同体。然而，对责任的道德关心并不是由责任本身所引发，而是由利益所生成的权利所引发：权利是道德关心的直接动力，利益是道德关心的最终动力。当我们考虑道德关心时，就会发现道德共同体的构建，必须同时具备两个主体性的条件：一是需要主体的行为参与，并且这种行为一定具有利益要求性；二是需要主体的心灵参与，或者要求主体的精神和情感的参与，这是道德关心由外在利益内在化的真正标志，这亦是道德共同体生成构建获得持续不衰的弹性力量和张力空间的内在源泉。

以利益为原动力、以权利为根本导向、以责任为具体规定与明确边界的道德共同体，其构成的最后条件却是权责主体和权益主体。

构成道德共同体的**权责**主体，只能是人，人以外的其他生命形式、其他存在者都不构成**当事**的权责主体。并且，能够构成当事的权责主体的，必须是具有承担行为责任的能力的人，不具备此能力的人在道德共同体中同样不能成为当事的权责主体，只能成为受益的权益主体，比如婴幼儿、成长中的少年以及身体残疾不能自理者，只能是道德共同体中的权益主体，不能为此而担当必当之责任。

与此不同，构成道德共同体的**权益**主体，是指有权享受其具体、普遍的利益权利的主体：享受具体、普遍的利益权利的主体，可能有担负对等责任的能力，也可能没有能力并且也无须为此利益权利的配享担负对等的责任。"通常，受益者是指某人能对其负有职责的实体。所以，人们可以说受益者道德共同体是由所有能拥有权利的存在组成的。每种权利都需要一种职责，同时每种职责都有其对象并且都需要一种和职责承担者的权利是同一的权利。权利和职责的相关性是一个争论的热点。在任何场合，职责受益者都不一定等同于职责的对象（权利承担者）。例如，如果艾布拉姆斯答应在贝克度假时照管贝狗，艾布拉姆斯的职责是对于贝克的，但那只狗也可以是一个受益者。在历史上，人们并不认为生命保险的受益者都具有法律权利，仅仅人才有这种权利。说道德当事人都是职责者是合理的，反过来说却不行。职责的可以受益者无须有能力作为道德当事人。"①构成道德共同体的权益主体当然是人，并且包括两类人：一类既是权责主体又是权益主体的人，这类人首先是权责主体，然后才成为权益主体；另一类人没有权责能力而只是权益能力，如未成年者，因残疾或疾病而丧失了权责能力的人。除此，人之外的其他生命形式、其他存在者也是道德共同体中的权益主体。比如野生动物、家禽、甚至花草树木、江河湖泊、山岭植被等，都是权益主体，所谓权益主体，是指道德共同体内的所有权益者，都是权益主体。比如张三买了一辆汽车，进行了财产保险，当他开着这辆车发生了意外的车祸后，根据法律规定，保险公司向他赔偿了应有的财产损失。保险公司向他赔偿财产损失，既包括了张三此次车祸中所遭遇的身体方面的损失，也包括他干的这辆小车本身的损失。由此不难看出，在车险道德共同体中，因为此次车祸而构成的道德主体，既是张三这个权责主体，也是张三所开的这辆参与了保险的小车，它也构成这一赔偿活动中的具体的权益主体，只不过它是物本形式的权益主体。

　　2. 道德共同体的生境方向

　　当对道德共同体形成初步的认知后，就需要以此为认知基础而讨论"道德共同体"的实质问题，即如何重建道德共同体的问题。

　　重建道德共同体，需要解决两个前提性问题：一是为何需要重建道德共同体？二是怎样来重建道德共同体？

　　何以要重建道德共同体？　气候伦理学之所以要提出重建道德共同体，是因为现有的道德共同体已经不适合于当代人类的可持续生存，具体

---

　　① ［美］约瑟夫·P. 德马科、理查德·M. 福克斯编：《现代世界伦理学新趋向》，石毓彬等译，中国青年出版社1990年版，第305—306页。

地讲，我们现在所持守的道德共同体是一种传统的道德共同体。传统的道德共同体存在着一个根本性的弊病，这种弊病构成了人与地球生命、人与自然之间的根本对立；并且，这一根本对立才是导致自然失律、气候失律、灾疫频发的最终原因。

传统道德共同体所体现出来的根本弊病，就是只把道德共同体建立在人的狭窄认知上，只看到了权责主体，而忽视了权益主体。道德共同体一旦将权益主体排除在外，就会导致道德专制。"如上所示，有一部分人不可能是道德当事人，康德主义者在说明道德共同体的这一部分成员时常常遇到麻烦。所有这些困难困扰约翰·罗尔斯的《正义论》（*A Theory of Justice*），因为他假定缔约人是有理性的人或家长。这样在受益者的道德共同体中，那些不是有理性者或家长的人们的成员资格，就必须以有理性者或家长的关切为基础。其结果是，罗尔斯的批评者们已经指出，按照他的理论，妇女和儿童可能从属于家庭中的主宰者，同时动物与精神痴呆者也会失去受正义保护的权利。"① 一般地讲，道德专制所指涉的对象主要是道德共同体中的权益主体。所以道德专制主要展开为两个维度：一是对没有权责能力的人的道德专制，二是对没有权责能力的地球生命及其他存在者的道德专制。当这种道德沦为极端时，就会形成对整个生命世界和存在世界的专制，近代以来不断加速的工业化、城市化、现代化进程，最为真实地展开了这样一个人对自地球生命、环境的道德专制的过程。

在传统的道德共同体世界里，伦理学之所以要将权益主体排除在外，其根本原因是伦理学沿袭了人类中心论的二元分类模式，在探讨和构建道德共同体时，将人与存在世界或者说将人与自然进行了二元分类，人、人类是主体，地球生命、自然、世界是客体。作为主体的人、人类，是自己的目的，具有绝对的存在价值；作为客体的地球生命、自然、世界，是非目的的，因而没有存在价值，只有使用价值。换言之，地球生命、自然、世界只是因为人的缘故才获得了价值。在人类中心论道德共同体中，虽然

---

① ［美］约瑟夫·P. 德马科、理查德·M. 福克斯编：《现代世界伦理学新趋向》，石毓彬等译，中国青年出版社1990年版，第308页。

地球生命、自然、世界也因为人的缘故而可以进入这一道德共同体世界中，但它却只是客体、受体、使用物，只具有伴随人的道德主体的意愿为转移的使用价值，不具有与人同等的存在价值。由此伦理学把道德价值只规定在"人"这个范围内，并且只规定在具有权责能力的人这个范围内，具有权责能力的人与没有权责能力的人之间的道德价值也不等同。

就存在本身言，人与人、人与物在道德价值上具有等同性。在存在层面，人与物、人与物种生命、人与自然是同等的道德主体，没有优劣高低之分。它们不过是世界的构成因素，对构成世界所做出的贡献是等同的，并且都平等地成为世界和他者存在的条件。更重要的是，无论人或物种生命还是自然，它们都是在为自己而存在，都是按照自己的本性而存在；在存在敞开的生存论层面，无论人或物种生命或者自然本身，都是遵循"物竞天择，适者生存"的法则而展开生存，谋求存在。竞-适法则才构成世界的根本法则，并且，竞-适法则也成为人、物种生命、自然所必须遵守的最高道德原则。其根本理由是：从发生学观，人首先是物种生命，然后才进化为人。根据生命在先、人随其后的事实，首先应该确立起生命等同的道德价值观，然后才可能真正确立人人等同的道德价值观。比如，人类本能地认为只有人才是高贵的，因而只有人才具有道德诉求，才有道德的关切与保护，才可享受道德价值的滋养与哺育。这样一来，人就可以任意地屠戮其他生命物，一旦我们以这样的道德价值观来导向我们的行为，这个世界上许多生命物就会在人的野性和对贪婪欲望的永不满足中成为无谓的牺牲品。表面看，这样对待地球生命和自然物对人类的存在与生存并没有什么影响和危害，但实际上，一旦这样肆无忌惮地行动和生活，就必然会从根本上毁灭人类的存在根基，人人同等的道德价值的确立就会变得越来越不可能。因为，谁更野蛮、谁更贪婪、谁更凶残，谁就可能获得更多的生存资源，谁就拥有更多的财富。当财富出现巨大差距时，并且当这种差距不是通过道德的方式，而是通过残暴的挤压的方式取得时，那么，同等的道德价值就在人类生活中变成一句不切实际的空洞口号与理念上的主张而已。

　　仅人而论，人的道德价值和人的道德价值的实现是两个不同论域的内容：人作为个体，可因其个体的差异，比如身体健康强壮的差异、思维认知的差异、生存能力的差异、爱好兴趣的差异、创造潜力或能力的差异、努力程度的差异，尤其是文化修养和道德修养的差异等因素的制约，可能导致在具体的生活过程中所实现的道德价值也存在差异，比如一个有道德自觉的人与一个缺乏道德自觉的人，他们在生存实践和生活过程中表现出来的道德价值实现程度是不一样的。但这种道德价值实现的不同程度或差异，并不影响人与人在道德价值上的等同性。因为，道德价值的等同性，是指人作为一个人存在于他者（比如他人、生命群落、地球、自然）中的道德价值，这对每个人来讲都是等同的。

　　人与人、人与生命、人与自然之间，其存在意义上的道德价值也是等同的，这是构建道德共同体的自然基石，抛开这块基石，道德共同体就不可能构建。在过去，传统伦理学构建起来的道德共同体所存在的根本弊病和缺陷，就是因为对人与生命、人与物、人与自然进行了道德价值上的两分，将人看成是道德价值的存在体，而生命、物、自然环境等却没有存在的道德价值，只有效用价值。这种等级论的区别模式在本质上呈现强权专制的认知模式，这种认知模式一旦建立起来获得实践运用，又将形成对自然的两分模式的固化，对生命、物、自然、人在存在意义上的等同道德价值的否认。这种两分模式和否定观一旦转换运用于人类社会，就在人类内部划分出等级主义的道德价值观，即人与人之间也存在着道德价值的不同等性，比如历史上出现的主人与奴隶、主子与奴才、革命与反革命等类型划分所体现出来的内在准则，就是等级主义道德价值观，这种道德价值观铸造出了人类的等级主义道德共同体。在这种等级主义道德共同体中，人享有等级主义的道德关切、道德照顾，生命、物、地球、自然、环境等，则被排除在道德关切、道德照顾的视域之外，被迫成为人类征服、改造、掠夺甚至是踩躏的对象，最后导致自然失律、气候失律、灾疫失律。客观地讲，自然失律、气候失律、灾疫失律仅仅是人类征服、改造、踩躏地球、自然、物种生命的表现形式，支撑它的动力机制，却是以人类中心论和等级主义道德价值观为本质规定的等级主义道德共同体。所以，要恢复气候、重建地球生境，必须抛弃这种唯人类中心论的等级主义道德共同体，重建"人-生命"中心论道德共同体。

怎样重建道德共同体？ 考察怎样重建道德共同体时，有两个根本性的问题需要解决：一是重建什么性质和视野的道德共同体？二是从什么角度切入来重建这种性质和视野的道德共同体？

概括地讲，气候伦理学所要为之重建的道德共同体，应该是生境主义道德共同体。生境主义道德共同体，以利益共互为驱动力、以普遍平等为存在取向、以权责对等为生存规范。建构生境主义道德共同体，必须重建三种基本认知，并以此为准则建构三个认知维度。

第一个认知：万物皆世界性存在者。它可具体表述为：人是世界性存在的人，动物是世界性存在的动物，植物是世界性的植物，环境是世界性存在的环境。这一基本认知不仅揭示了世界、事物、生命、人是以整体方式存在并以整体方式敞开其生存，而且还揭示了世界、事物、生命、人的共同存在本质，就是共在互存和共生互生：共在互存和共生互生，构成了世界、事物、生命、人之间的关联本质和存在本质。[1]

第二个认知：不是人为自然立法，而是自然为人立法，具体地讲，应该是自然为生命立法，生命为人立法，人只能为生命和人自然护法。[2] 这一基本认知告诫人类：自然才是创造者，人类所获得的思想、智慧、方法、法则，都源自于对自然的创造力、自然的智慧的发现和领悟性运用。人的存在和生存，包括对道德共同体的创建，都必须遵循自然的智慧。自然的最高智慧，就是宇宙律令、自然法则、生命原理和人性要求。

第三个认知：人是自然宇宙创化的产物，生命、事物，甚至包括地球，都是自然宇宙创化的成果。自然宇宙创化万物时赋予了万物以存在本性、存在根基与条件。在这个意义上，人、生命、地球、自然在本原上是共在互存、共生互生的：人与物种生命、地球、自然的共互性，才是重建

---

① 唐代兴：《生态理性哲学导论》，北京大学出版社 2005 年版，第 112—123 页。

② 唐代兴：《生境伦理的哲学基础》，上海三联书店 2013 年版，第 62—82 页。

道德共同体的真正基石。

当明晰重建生境主义道德共同体的性质及认知视域导向之后，再来审视重建生境主义道德共同体的路径与方法。首先，重建生境主义道德共同体，应该明确其道德目的。道德目的是道德共同体构建的真实指南。重建生境主义道德共同体的真正目的，就是重建生境社会，包括重建自然社会和人力创造的制度（或者说文化）社会，使之生境化。重建生境社会这一目的指向人类的内在生存，就是再造人性。因而，再造人性构成重建生境主义道德共同体的具体目的，或者说**内在**目的、本质目的。重建生境社会这一目的指向人类的**外在**生存，就是重建可持续生存方式。重建可持续生存方式，构成重建生境主义道德共同体的宏观目的，或者说外在目的。

以生境社会为目的，重建生境主义道德共同体需要具体的伦理导向。能够引导当代人类重建生境主义道德共同体的伦理导向，只能是利益共互原理、普遍平等原理和权责对等原理：利益共互原理为重建生境主义道德共同体提供**动力**导向；普遍平等原理为重建生境主义道德共同体提供**存在**导向；权责对等原理为重建生境主义道德共同体提供实践行动的规范导向。

以生境社会为目的、以利益共互原理、普遍平等原理、权责对等原理为三维导向，重建生境主义道德共同体，还需要切实可行的道德规范，这一道德规范就是全面公正。

二、普遍适用的气候公正原则

1. 正义与公正的根本区别

讨论气候伦理问题，最终必然要落实在道德原则上来。在有关气候伦理的讨论中，一说到气候的道德原则，人们就会习惯性地想到"正义"这个概念，因而，"气候正义"被气候伦理研究者盲目地定位成为气候伦理学指向实践的根本道德原则。

气候问题自 20 世纪 80 年代就开始为科学界所关注，查询世界权威杂志 Science，仅 1992 年－2004 年 4 月，就发表了地球科学、医学、物理学、微生物学等方面研究气候变化的文章 480 余篇，其中原创性研究就达 300 余篇。正是这些研究催生了社会科学和人文科学对气候的研究，但政治学、经济学、社会学、人口学等社会科学对气候的研究，越是向系统和深入方向展开，就越发现不能绕开伦理拷问，由此催生了气候伦理学的研究。气候伦理学的最初问题恰恰是正义问题，并且，"气候正义"也成为尔后气候伦理研究的核心问题。从整体上讲，气候正义研究是一个渐进展开的进程，在这一演进展开进程中，人们最初注意到的是气候正义的现象问题，因而，在气候正义研究的最初阶段，是对气候正义予以事实性描述，即全球气候失律的状况下呼于气候正义。比如，宾夕法尼亚跨学科环境政策联合研究部（Pennsylvania Consortium for Interdisciplinary Environmental Policy）主管唐纳德·A. 布朗在其《美国炎热：美国回应全球变暖的道德问题》（2002）中主要探讨了美国应该对全球气候变化担负不可推卸的道德责任，并认为美国在气候谈判中逃避责任是不道德的，因为无论从历史观是从现实论，美国向大气排放的温室气体都是最高的。气候正义就是为自己的温室气体排放行为担责。① 阿萨纳斯卢（Tom Athanaslou）和贝尔（Paul Baer）通过对《致命炎热：全球公平和全球变暖》（2002）的研究，意在于阐明一个基本主张，即要真正解决全球气候问题，需要国际社会达成一种全球性共识，创建一个能够充分照顾各国利益的国际公平机制，这是气候正义的前提。② 迈克尔·S. 诺斯科特的《气候伦理》（2007）却是基于基督教视野描述气候变化中的国际公平和代际正义等问题。③

气候正义研究的渐进深入，表征为对全球气候正义原则和实施全球气

① Donald A. Brown，*American Heat：Ethical Problems with the United StatespResponse to Global Warming*，Oxford：Rowman & Littlefield Publishers，2002.

② Tom Athanaslou and Paul Baer，*Dead Heat：Global Justice and Global Warming*，New York：Seven Sto－ries Press，2002.

③ ［英］迈克尔·S. 诺斯科特：《气候伦理》，左高山等译，社会科学文献出版社 2010 年版。

候正义的路径和策略的探究。这个层面的研究实际上围绕两个具体问题而展开：一是气候变化为什么需要正义？二是如何在气候变化中全面实施正义？对前一个问题的回答，不过是对一个普遍存在的事实的重新关注，那就是在全球范围内，国家与国家之间的发展不平衡，导致了国家间在气候变化进程中的"不公正"，并且这种不公正伴随着气候变化的加剧和日益严重而更加突出。蒂蒙斯·罗伯茨（J. Timmons Roberts）和布拉德利·帕克斯（Bradley C. Parks）的《非正义的气候：全球非公正、南北政治和气候政策》（2007）[①] 就是这方面的代表性成果。对后一个问题的解决，就是构建一种具有国际共识的并可以引导实施的全球正义方案。这方面的代表性成果是英国廷德尔（Tyndall）气候变化研究中心的研究成果《气候变化适应中的公平问题》（2006）、埃里克·波纳斯和卡斯·森斯坦恩（Cass Sunstein）合著发表的《气候变化正义》（2008）。前一本著作主要讨论了气候正义实施方案的两个核心问题，即"分配"与"程序"的正义：前者要求气候担责和减排必须区别对待，因为不同地区、不同国家的温室气体排放量是不同的，并且其不同的气候变化对不同地区、不同国家造成的危害程度也不相同；后者要求必须考虑在气候变化面前对处于不利地位的发展中国家或贫穷国家的生存状况和基本利益。[②] 后一本著作集中讨论了气候变化中的正义问题，并在此基础上重点讨论了与气候谈判相关的矫正正义与分配正义，提出基于福利主义的分配正义主张。[③]

　　以上关于气候正义问题的研究，基本上是基于现实的问题、现象而做出的带有很浓感性色彩的经验性研究，这种研究基于现实而寻找解决现实的方略，因而具有很强的功利性色彩，缺乏气候正义的反思性思考，亦缺乏对气候伦理的基础理论的关注。这种状况发展到今天，越来越不适应不

　　① J. Timmons Roberts and Bradley C. Parks, *A Climate of Injustice*：*Global Inequality*, *North‑South Poli‑tics and Climate Policy*, Cambridge：MIT Press, 2007.

　　② W. Neil Adger, "Jouni Paavola", *Saleemul Huq and M. J. Mace ed.*, *Fairness in Adaptation to Climate Change*, Cambridge：MIT Press, 2006.

　　③ ［美］埃里克·波纳斯、卡斯·森斯坦恩：《气候变化正义》，载曹荣湘主编：《全球大变暖：气候经济、政治与伦理》，社会科学文献出版社 2010 年版，第 261—323 页。

断恶化的气候，它迫使气候伦理研究必须向基础理论方向发展，因为唯有解决气候失律所带来的一系列的根本伦理问题，才可能推动人们达成全球共识，走向共同治理的道路。

客观地看，无论是国外研究者还是国内研究者，其研究气候正义问题的直接思想资源均是罗尔斯的正义理论。罗尔斯的正义理论，以社会契约论为方法来重新探讨亚里士多德公正理论中的两个公正原则。亚里士多德公正理论中的两个公正原则，是规范伦理学的两个一般的实践原则，或者普遍原则。但罗尔斯在其自构的正义理论中，却将这两个**一般的**实践原则纳入国家框架下来考察社会制度正义的问题。因而，罗尔斯的正义理论是一种**政治**正义理论，他与亚里士多德的公正理论有其根本的区别：

首先，亚里士多德的公正理论是**社会**公正论，所关注的是**整个社会的**公正；罗尔斯的正义理论是**政治**正义论，更具体地讲是制度正义论，所关注物是**社会的局部**公正，或者说社会的**领域**公正。

其次，亚里士多德的公正理论是**普适**理论，并从两个方面展开其普适性功能。一是普通性，一般性："公正不是德性的一个，而是整个德性；同样，不公正也不是邪恶的一部分，而是整个的恶。"[1] 二是全球性，世界化："所谓公正，是所有人由之而做出的事情来的品质，使他们成为作为公正事情的人。"[2] 在亚里士多德那里，公正不仅指涉所有人、所有事，更指涉分配、交往等领域。仅分配论，亚里士多德的公正理论为财富、荣誉以及其他为合法公民所共享的东西的分配提供了尺度。就交往论，亚里士多德的公正理论指涉了自愿交往和非自愿交往领域，前者如赎买、出售、抵押、放贷、寄存、租赁等；后者如偷盗、投毒、诱骗、淫媒、通奸、暗算、伪证、袭击、杀害、关押、抢劫等。由此，亚里士多德将公正分为三类：分配公正、矫正公正和变换公正。分配公正是谋求对他人的分配不公（过度）与对自我的分配不公（不及）之间的中道；矫正公正是谋

---

① ［古希腊］亚里士多德：《尼各马科伦理学》，苗力田译，中国社会科学出版社 1999 年版，第 97 页。

② ［古希腊］亚里士多德：《尼各马科伦理学》，苗力田译，中国社会科学出版社 1999 年版，第 95 页。

求交往中一方得利与另一方失利之间的中道；交换公正是由第三者以仲裁的方式来强制实施，使当事人双方获得公正的主动方式，其根本的准则仍然是中道。由此三者，使亚里士多德的公正理论获得了世界性、全球性的指涉功能，即世界性、全球性的道德问题都可为分配公正、矫正公正、交换公正所涵盖。

与此不同，罗尔斯的正义理论却是局域理论，它只局限于国家和局部领域，并不能跨越国家政治而达向日常生活领域发挥其规范功能。或许正因为如此，罗尔斯在完成《正义论》《政治自由主义》《作为公平的正义：正义新论》等著作后，企图拓展"正义"理论的运用范围，将其拓展到全球社会而研究《万民法》，其原因在于"80年代后期以来，我经常想发展我之所谓'万民法（the law of peoples）'的论题。首先，我选用'国民共同体（peoples）'而不是'民族（nations）'或'国家（states）'，因我想赋予'国民共同体'一词以不同于'国家'的特征，因为传统意义上的以国家观念表现两种主权权力，这并不合适。"① 但事实本身却使罗尔斯本人发现，国家层面的政治正义理论要推向普世的国际层面，使之构成国际正义，却是根本不可能的。这是因为"当政治哲学之扩展至于普遍认为实际政治可能性的限度，并且使我们与我们的政治与社会条件相协调，这样的政治哲学实际上就是乌托邦（re‑alisticutopia）。"② 罗尔斯不得不承认，"公平的正义"只产生于国家，它是国家内部政治、经济、社会结构安排的需要，因而它只适用于国家自身的基本结构，不能无视不同标准和条件地外推，不适用于不同价值标准的不同环境和不同国家。所以罗尔斯根本不相信有什么"全球正义"。③ 但罗尔斯的学生托马斯·博格（Thomas Pogge）却要为将这种不可能的乌托邦变成现实而努力，他提出了"全球正义"的概念，认为"全球正义"是一个极为重要的时代课题，"现在全球政治和经济的秩序是富裕国家及其公民强加的，而这个秩序成

---

① ［美］罗尔斯：《万民法》，张晓辉等译，吉林人民出版社2001年版，第1页。

② ［美］罗尔斯：《万民法》，张晓辉等译，吉林人民出版社2001年版，第12页。

③ John Rawls, *The Law of Peoples*, Cambridge：Harvard University Press，1999，pp. 115－116.

为实现人权的主要障碍，因此，他们有责任重造这个秩序，从而使所有人类都能够成为它们的共同体、社会和整个世界的充分而受尊重的成员。"①其后，托马斯·博格的追随者哈士曼（Hyun Höchsmann）对全球正义的概念做了正面界定："就当代伦理学、政治哲学和社会哲学而言，全球正义属于有关人权、全球性饥饿、环境保护，以及和平问题的范围。从全球正义的立场出发来看，为当今的世界所面临的种种问题寻求各种解答，这是所有各个民族的人们的责任。而不仅仅是某些个别的民族国家所关注的事情。全球正义把存在于民族国家自治和保卫人权之间的优先权问题突出表现了出来。"②"全球正义"主张只考虑现实和应该问题，却忽视了条件和限制问题。客观地看，从政治正义论向超越国家和民族的国民共同体拓展而构建国际正义或者"全球正义"之所以是乌托邦努力，这是因为全球正义必须同时具备三个基本条件，即在制度、法律、道德三个方面都要具有实施正义的现实性。但事实上，"国家是一个人类社会，除了它自己本身而外没有任何人可以对它发号施令或加以处置。它本身像树干一样有它自己的根茎。然而要像接枝那样把它合并于另一个国家，那就是取消它作为一个道德人的存在并把道德人弄成了一件物品，所以就和原始契约的观念相矛盾了；而没有原始契约，则对于一国人民的任何权利都是无法思议的。"③

康德所论揭示了国家制度框架下的政治正义要拓展成为国际正义之根本不可能的理由，这种理由同时也使罗尔斯的正义论理论拓展为气候正义变得不可能，因为气候正义的问题虽然也涉及国家层面的内容，但它却首先要获得全球功能。全球功能和国家功能，二者有其根本区别：前者主要依靠的是谈判与协商，后者却通过制度定格成具有强制性的保障机制。"正义是我们通过共享的制度而只对与我们共处于很强的利益关系中的人

---

① Thomas Pogge, "Human Rights and Human Responsibilities", in *Global Justice and Transnational Politics*, Pablo de Grieff, Ciarian Cronin, Cambridge: MIT Press, 2002. p. 184.

② ［美］哈士曼：《全球正义——日益扩展的行动范围》，霍桂桓译，《世界哲学》2004 年第 2 期。

③ ［德］康德：《历史理性批判文集》，何兆武译，商务印书馆 1996 年版，第 99 页。

们所负有的责任"。① 这种强制性只可能在一国范围内出现，国际社会并
不存在这种强制性的制度安排。所以，"现实社会不能构建合理且普遍有
效的正义原则体系。全球正义原则体系不像罗尔斯所阐述的那样，是由自
由国家向非自由国家'扩展'成的，而是要通过平等协商、和平对话机制
来构建人人都遵守的、规范各种社会关系和所有社会成员的法律规则体
系，来实现和维护人与人之间的合理的关系。这种原则体系是绝对性和相
对性的统一，就其合理性来说是相对的，会随着时间的变化而变化；就其
普遍有效性来说是绝对的，它规范约束所有社会成员的行为。但政治的多
元性、文化的差异性和价值观的多样性等现实，再加上各民族风俗习惯的
迥然不同，使得在全世界范围内建立一套人人都遵守的法律规则体系只能
是一种空想。"②

气候伦理研究将罗尔斯的正义理论横移为气候正义，并企图使之成为
国际减排、恢复气候的根本道德原则，却面临其制度、法律、道德等三个
维度上的实践操作困难。但这还仅仅是一个方面，另一方面，将罗尔斯的
正义理论横移为气候正义，还客观地存在着一个学理上的问题，并且这个
学理上的困难同时也造成了实践方面的障碍。这个学理上的问题客观地蕴
含在罗尔斯的正义理论之中：罗尔斯的正义理论是对亚里士多德的两个公
正原则的现代诠释，但亚里士多德的两个公正原则是作为规范伦理学的一
般原则而产生的，罗尔斯却把它限定在国家制度框架下作为具体的政治原
则或政治道德原则来讨论。所以，亚里士多德的公正原则是**道德的一般原
则**，罗尔斯的正义原则是特殊的**政治道德原则**。将道德的一般原则转换成
特殊的政治道德原则，罗尔斯所做的第一步工作，就是用"正义"概念来
替换"公正"。"公正"与"正义"这两个概念在西语词源学中虽然有同构
的语义，但也有不同的语义区别，这种语义区别也包括了使用范围上的差
异性。人们往往只看到这两个概念的语义同构，却忽视了这两个概念的语

---

① T. Nagel, "The Problem of Global Justice", *Philosophy & Public Affairs*, Vol. 33 (2005), p. 126.

② 陈红英：《论万民法与全球正义的局限性》，《思想战线》2006 年第 4 期。

义区别，因而在使用时常常将公正与正义混淆。"公正"与"正义"这两个概念的同义性使它们之间构成了属种关系，罗尔斯本人应该是深知这两个概念之间的属种关系的，因为亚里士多德所论的"公正"，实际上是赫拉克利特所开创的一般道德传统，它是一般的社会道德原则；罗尔斯运用"正义"概念来致力于考察社会政治道德，它是在一般社会道德原则规范下的政治道德原则。这就是罗尔斯不用"公正"而用"正义"概念来考察国家框架下制度、社会基本结构的道德的根本考虑。

> 把公正问题当作正义问题或将正义问题当作公正问题。这既不利于理论上研究公正与正义，还会产生理论误导，不利于实践上的公正与正义。公正与正义是属种关系，而不是种属关系，也不是交叉关系。正义的内涵比公正丰富，而公正的外延比正义大，是正义的一定公正，公正的未必正义；不公正的一定不正义，不正义的未必不公正。公正与正义不仅有理论差异，还有实践差异：公正是社会制度的首要价值，尽管公正在实践中有相对性，但一个社会如果连起码的公正都做不到，就会人心背向、怨声载道。而正义是一种较高的要求，或者说正义是人生的追求、社会的追求，社会应该提倡正义、弘扬正义、赞颂正义的行为，但是社会不必要求人们的行为一定合乎正义，否则一个社会就会浮夸之风盛行。[①]

正义，在罗尔斯那里只适用于国家框架下的制度设计与运作，即制度的设计必须考虑基本的权利和自由与非基本的权利和自由的划定和保障问题。正义理论就是为其确定正义原则。正义的"第一个原则仅仅要求某些规范（那些确定基本自由的规范）平等地适用于每一个人，要求这些规范承认与所有人拥有的最广泛的自由相容的类似自由。确定自由的权利和减少人们自由的唯一理由，只能是由制度所规定的这些平等权利会相互妨

---

① 冯颜利：《公正（正义）研究述评》，《哲学动态》2004 年第 4 期。

碍。"① 正义的"第二个原则坚持每个人都要从社会基本结构中允许的不平等获利。这意味着此种不平等必须对这一结构确定的每个有关代表人都是合理的，如果这种不平等被看作是一种持续的情形，每个代表人宁愿在他的前程中有它存在而不是没有它。"② 但正义只是公正构成的一个要素，因为公正所指涉的范围更广阔，它可以在人的生存的所有领域发挥功能。正义理论的局限性，就在于它以道德评价的要素原则取代了道德评价的整全原则。因而，构建气候伦理的道德原则，必须放弃正义理论，诉诸公正伦理。

　　2. 公正原则的普世性构成

　　公正与正义，从渊源上讲，正义只是公正的变种；从指涉范围和适用功能方面看，正义只是对公正的政治学运用，由此两个方面的规定，局部的正义理论不可能上升为一般的道德原则。构建气候伦理的道德原则，必须放弃正义理论而诉诸公正伦理。只有如此，它才可获得自然的根基和人性的土壤，因为只有公正理论才与利益共互原理、普遍平等原理和权责对等原理形成对接。

　　气候伦理学研究要考察公正问题，并通过其考察来构建恢复气候的实践规范指导，其首要前提是必须明晰公正的自身构成。客观地看，公正得以生成的土壤是普遍的人性，人性的内在支撑却是生命原理、自然法则和宇宙律令。

　　以宇宙律令、自然法则、生命原理为终极依据，以人性为实际的土壤，公正的逻辑起点是利益。所谓利益，就是在实际的生存关系中对充盈其中的利害予以权衡和取舍所形成的成果，公正就是对充满利害取向的实际生存关系予以理性权衡和取舍所形成的结果状态；在实际的生存关系中，对其利害取向予以理性权衡和取舍所依据的准则、尺度、方法，就是

---

　　① ［美］约翰·罗尔斯：《正义论》，何怀宏等译，中国社会科学出版社1988年版，第59—60页。

　　② ［美］约翰·罗尔斯：《正义论》，何怀宏等译，中国社会科学出版社1988年版，第60页。

公正原则。

这种对利害取向予以理性权衡和取舍的结果状态，是要通过其利益行为的展开来实现的。在现实的生存进程中，无论个体还是群体或者国家，其利益行为从发动、敞开到最后达成其结果状态这一整个过程要体现公正，则必须同时符合人性需要、普遍发展和动机与效果相一致三个要求。因而，公正原则是一个体系，它由人性需要原则、普遍发展原则、动机与效果相一致的评价原则构成。

在公正原则体系中，人性需要原则落实为两个具体原则，即人性原则和需要原则。人性原则意指人的生命本性原则和文化本质原则。人的生命本性原则，是指人的物种本性原则，它蕴含自然生存法则和物种进化法则，具体展开为利己性、排他性和适立性、利他性的对立统一。人的文化本质原则，是指人的文化本性原则，它由人的主体价值原则、相对自由原则和劳动创造原则所构成。需要原则指涉两个方面，即物质需要和精神需要，前一种需要所形成的需要原则具体落实为经济价值原则（或者说功利原则）；后一种需要所形成的需要原则具体化为非经济价值原则（或者说超功利原则）。普遍发展原则由普遍原则和发展原则构成：从功用角度讲，普遍原则定位公正原则的适应范围，发展原则却规定公正原则的理想目标。动机与效果相一致的评价原则实际上包含全面评价原则和生存时空框架原则，前一个原则意指伦理价值评价应把行为动机产生到行为结果这一整体过程作为其对象来予以规范；后者指伦理价值评价应把对象纳入具体的生存时空框架中来，即以行为赖以产生、发动、完成的生存时空背景为其价值评价的具体参照系，以避免其评价空洞、抽象、片面。

在公正原则体系中，人性需要原则是其基础原则，普遍发展原则是其目标原则，动机与效果相一致的评价原则是其价值判断的尺度原则。具体地讲，公正与否，最终要将人性需要和普遍发展纳入其利益行为的发动、展开及行为结果的评价框架之中，对其行为动机是否应当、行为展开及所选择的手段是否正当、行为追求所获得的实际结果是否正义予以整合评价，如果其行为动机应当、行为及手段正当、行为结果正义，该行为就是公正的；反之，如果缺少其中任何一个条件，行为及结果都是不公正的。

公正作为一种普遍的实践原则之成为可能，是因为"公正就是每个人得到他应得的东西（利益或损害）；而不公正则是每个人得到他不应得的利益或损害。"① "公正对一个人而言，可能每时每刻对待每个人都是必需的，因为公正的要求只有将个人的好感、意愿、爱好和利益进行局限化。对我的行为来说，'这服从于我的利益'并非是充足的辩解理由，因为这个理由也涉及他人的利益。我的利益有可能优先于他人，但理由并非因为这是我的利益，而是因为内容上而言这个利益更重要。也就是说，若他人的利益更重要，那这些利益就应当优先。在利益冲突时，看到所涉及的是什么利益，而且能不计较危及谁的利益，这种人我们称其为公正的。我们总是在评价利益时尝试先采取一些措施，使自己处于优先地位，所以在持怀疑的情况下能服从一个公正的机构，这属于情愿公正。"② 公正就是应得的利益与损害，它揭示了公正指向实际利益或损害的获得必须接受规范与限度，并且唯有这种规范与限度，"每个人的应得的"东西才可能得到保证。并且，公正之限度精神，不仅仅体现在实际利害内容上，更体现在对"好感""愿望""爱好"这些内在化的、大体属于伦理行为动机方面的内容的限度，同时还体现为对实际的利益优先的策略选择与手段运用等的明晰与限度。由此看来，公正实际上涉及行为动机应当、行为手段正当和行为目的及结果正义的问题；而动机应当、手段正当、目的及结果正义之规范，恰恰是公正对"每个人应得的东西"之行为追求的全面规训与限度。

公正概念之所以对"每个人应得的东西"之行为诉求必须予以"动机应当→手段正当→目的及结果正义"之系统规范和价值导向，是基于它必须以"一切人固有的、内在的权利为其基础"，以"自然法面前人人皆有的社会平等"为本质要求。正是基于这一内在要求和行为规定，"公正"

---

① Robert Maynard Hutchins，*Great Books of The Western World*，Vol. 43. *UTILITARIAN-ISM*，by John StuartMill，Encyclop edia Britannica Inc，1980，p. 466.
② ［德］罗伯特·施佩曼：《道德的基本概念》，沈国琴等译，上海译文出版社 2007 年版，第 35—36 页。

才有资格成为"一个社会的全体成员相互间恰当关系的最高概念",因为它"不取决于人们关于它究竟是什么的想法,也不取决于人们对自认为公正之事的实践,而是以一切人固有的、内在的权利为其基础;这种权利源于自然法面前人人皆有的社会平等……公正是恒久不变地使各人得其所得。"①《美国百科全书》对'公正'概念的这一描述性定义,至少揭示了如下三层含义:第一,公正问题产生于人类社会成员之实际生存关系,并在事实上表达了人类社会各成员之间的恰当生存关系,并且这种"恰当的生存关系",就是一种平等的权利关系。第二,公正所指涉的这一权利关系中的"权利",不是基于人为,而是源于自然法:公正根据自然法则明确地定位人与人以及人与社会之间的权利关系,所以,公正的最终依据是自然法,而不是政治或政治化的制度、法律。相反,政治、政治化的制度、法律都必须以公正为依据。第三,权利始终是(个体的)人的权利,并且,人的权利的实质内容是利益。从根本论,公正所表达出来的人际关系定位恰恰是人与人、人与社会之间的利益定位,这种利益定位的具体表达就是**"各人得其所得"**。

概论之,公正就是每个人在多元复杂的和动态变化的实际社会关系中"各人得其所得"。然而这"各人得其所得"的背后却隐含着另外两个为人们所忽视的事实,即各人"不得其所得"的事实和各人"得其不当得"(即"得其不该得")的事实:当一个人"不得其所得",其行为既不公正,也是非善的,不道德的,因为这涉及自我利益的损害;当一个人"得其不当得"时,必然涉及对他人利益或社会利益的侵犯,其行为必然是恶的,是反公正、反道德的。只有当一个人"得其所得"时,其行为才是公正、道德和善。一个人怎样才能避免"不得其所得"和"得其不当得",真正做到"得其所得"呢?这一问题包含着"得其所得"的前提,即亚里士多德所讲的"比例":"公正就是比例,不公正就是违反比例,出现了多

---

① 陈立显:《伦理学与社会公正》,北京大学出版社 2002 年版,第 44 页。

或少。"① 就是"得"与"失"所构成比例要公正：所得到的和所失去的东西必须在价值（而不是数量）上一样多。比如说 1 斤糖果值 20 元钱，10 斤苹果也值 20 元钱，用 1 斤糖果换 10 斤苹果，就是交换前后在得失上价值相等。在狭窄的意义上，公正就是"等利害交换"。这种平等的利害交换所得到的最终结果，一定要是利益的得与失相等，利与害交换所得到的最终结果一定要利与害相等，如果得与失不相等或利与害不相等，比如说得大于失或失大于得以及利大于害或害大于利，都是不公正的。在交换领域是这样，在分配领域也同样如此，分配所得到的东西，一定要体现其担当的责任与配享的权利相等，其付出的贡献与实际获得的利益相等。

三、气候公正的道德原则体系

1. 气候公正的国际规范视域

对正义与公正、正义原则与公正原则的差异性揭示，意在指出正义、正义原则只是公正、公正原则的构成要素，它不能构成社会道德规范的一般原则。能够构成社会道德规范的一般原则的只能是公正原则。公正原则作为社会道德规范的一般原则，不仅能够履行正义原则的全部职能，而且还能适合于规范引导所有人类活动，包括规范、评价、引导国家范围内的利害取舍行为，国际关系中的利害取舍行为和人与自然之间充满利害取舍的其他行为。

公正是一般的社会道德原则，它可以指涉存在和生存的任何领域，并因为存在和生存的领域性而获得不同的功能类型，形成公正的效用类型，比如，人际公正、制度公正、法律公正、劳动公正、分配公正、教育公正，以及国际公正、全球公正等。公正作为一般的社会道德原则，它涵盖了人存在与生存所关涉的整个地球生态、自然宇宙和生命世界。因而，气候伦理指向实践的一般行为规范原则，只能是公正原则，由此形成**气候**

---

① ［古希腊］亚里士多德：《尼各马科伦理学》，苗力田译，中国社会科学出版社 1999 年版，第 101 页。

公正。

气候公正是指地球生命存在和人类可持续生存的**宇观环境**的公正，是公正之社会道德的一般原则的具体类型，特殊形态。气候公正虽然是公正道德的具体类型、特殊形态，但它又具有普遍的指涉性和涵盖性，因为它是关于地球生命存在和人类可持续生存的宇观环境公正。地球生命存在和人类可持续生存的宇观环境网罗起了宇宙星球运动、太阳辐射、大气环流、地面性质、生物活动和人类行为，所以，气候公正又是最具有普遍性、广涵性的一种公正形态。

气候公正虽然是宇观环境公正，但它却保持了作为一般道德原则的全部品质与自身规定性。其一，公正的实质指向是利益，公正的功能发挥就是对具体的生存关系中的利害取向予以理性权衡。气候公正仍然以利益为本质规定和内在原动力，因为气候公正不是讲抽象的气候的公正，而是讲恢复气候的行为的公正，这种公正仍然以利害权衡为基本准则，因为气候的变换运动本身就是宇宙、地球、生命之生生不息的利益运动。其二，公正的前提条件恰恰是平等，平等仍然是气候公正的根本前提。当然，这里的平等是超越了人本视野的平等，是生命意义和宇宙意义的平等，气候公正必须纳入宇宙论视域来考量地球生命平等、存在平等，并以此展开对人类利益追求行为的公正评价和规范引导。其三，公正的完整评价方式是对其利益行为的动机、行为及手段和行为展开所达及的最终结果的整体评价，其评价的具体工具是"动机立当、行为及手段正当和结果正义"的有机统一。气候公正亦是如此，它对恢复气候的所有行为的评价，仍然要以其行为动机是否应当、行为及手段是否正当、行为所达及的实际结果是否正义为整体的评价工具。其四，在当代境遇中，引导恢复气候的公正道德原则，实际上是对人类生存之利益追求行为予以"应当-正当-正义"之道德评价原则，所以气候公正的实质仍然是对人类生存活动予以利害权衡，使之围绕利益而达到权利与责任的对等，即权责对等构成了气候公正原则的实践规定，这一实践公正落实在具体的生存行为和利益谋求活动中，仍然只能是"得其应得"，这种"得其应得"的具体价值导向就是"谁污染谁付费"和"谁破坏谁担责"。

由于如上规定,气候公正获得如下三个维度的指涉视域。

首先是全球气候公正。全球气候公正有三个层面的语义指涉:一是指地球公正:即在地球世界上,每个存在者、每种生命都对气候变换运动创造了条件,付出了能量,因而,它们必须具有按照自己的本性而存在而生存的权利,它们应该与人类享有平等的存在权、生存权、自由权。二是物种生命公正:地球上所有物种生命存在都应该配享平等的气候公正,人类不能以自身利益追求而破坏生物多样性,破坏地面性质,制造气候失律。三是人类公正:生活在地球上的人类必须平等配享气候权利,并对等地担当气候责任,唯有如此,人类内部各成员之间所展开的利益竞-适才符合基本的公正道德要求。

其次是国际气候公正。国际气候公正是指所有国家都在气候方面享有对等的权责。气候是无国界的,它是真正的宇宙公共资源、地球公共资源和人类公共资源,气候作为一种真正的公共资源而存在,是因为整个地球生命存在和人类生存都离不开气候,都在气候的变换运动中敞开自身的存在和生存。因而,无论对什么而论,气候本身都构成最大的和最根本的利益。地球生命存在和人类生存,都在自觉或不自觉地并且是生生不息地谋求气候利益,这种以其本性方式生生不息地谋求气候利益的过程,就是敞开自然意义上的气候道德的过程。人类必须正视这一自然意义的气候道德过程,因为正是在这一自然意义的气候道德过程中,有自主设计能力和目的性追求能力的人类,在追求自身更大利益的进程中,才以无形的方式——即以无限度地排放二氧化碳等温室气体的方式——践踏了气候道德,破坏了气候公正,并为了更大程度地实现己利而否认国际公正,认为国际领域是一个"道德归零"的地带[1],因为承认国际领域客观地存在着公正原则和道德约束,就会挤压人类的自由。[2] 这种谬论的实质有二:一是人

---

[1]　E. H. Carr, *The Twenty Years' Crisis* 1919—1939 : *An Introduction to the Study of International Relations*, London: Palgrave, 2001.

[2]　R. Nozick, *Anarchy*, *State and Utopia*, Oxford: Blackwell, 1974.

类私利主义；二是唯经济主义。前一种观念引导人类只看到自己的存在和生存，并且只看到人类的当下存在和眼前生存，无视人、生命、自然共在互存和人、社会、环境共生互生的客观事实。后一种观念只引导人类看到经济的竞争与掠夺，更具体地讲就是只看到唯经济增长的价值和由此带来的物质主义好处，从根本上质疑跨文化的公正道德标准的存在[①]，否认经济领域甚至国际社会有平等的价值和实施公正的可能性。[②]

最后是国家气候公正。气候是全球性的，但全球性的气候同样客观地存在着区域性和地域性，不同的区域或地域，因其地质构造、地形地貌、环境生态状况、人口密集程度以及生存方式——包括生产方式、消费方式和生活方式——等的不同，同样会形成全球气候背景下的地域气候的多样化，即产生出**局域性气候**。比如，在全球气候失律的状况下，中国境内的霾污染和酸雨，远远超过了周边国家，甚至在全球范围内，中国也是霾和酸雨最严重的国家，这就是气候全球化下的区域性表现。这种区域性表现，不仅要求国际气候公正，更要求国家气候公正。因为霾污染并不静止地停留于上空，也不是非生成性地滞留于某一地域上空，而是因气候本身的变换运动性和地面性质、生物活动、尤其是人类活动的影响而形成动态生成性和飘移性。这种动态生成性和飘移性表现为**扩散**，即既可在国家境内扩散，也有可能跨越国界扩散。所以，气候公正不仅仅是一个全球公正、国际公正的问题，更是一个国家公正的问题。

国家气候公正，是指国家范围内的气候公正，它具体展开为三个层面：一是地区与地区间气候公正，即不能为本地区的经济发展而造成对其他地区的气候污染，比如，河北的工业污染和山西的煤业污染，却使北京成了霾城市。再比如，甘肃、内蒙古草原的长期过度放牧，以及周边地区的过度开垦土地，加上无节制的资源开发和城市建设，导致了沙漠化扩张，导致整个北方环境生态更加恶劣，环境生态死境化速度加快。二是代

① M. Walzer, *Thick and Thin*: *Moral Argument at Home and Abroad*, Notre Dame, Indiana: University of Notre Dame Press. 1994.

② H. Frankfurt, "Equality as a moral idea", in his *The Importance of What We Care About*, Cambridge: Cambridge University Press. 1988.

内气候公正，即在国家范围内每个人都应该享受气候公正，无论居住在城市还是居住在农村，无论是穷人还是富人，在气候上应该享受对等的权利，一旦这种权利遭受损害或侵犯时，就应该得到补偿，比如，富人享有更多的温室气体排放权，穷人由此承受了更多的污染，那么富人就应该给予穷人以补偿。这就是代内气候公正。三是代际气候公正，即代与代之间的气候公正，这就是当代人与下代人以及当代人与未来各代人之间在气候利益和权利的分配上应该公正。安德鲁·多布森（Andrew Dobson）等指出，"任何一种完整的公正理论都应当讨论将未来的后代人纳入公正共同体的可能性"。① 也就是说，当代人应该为自己的行为担当起未来的责任，不能只为了自己的利益而破坏气候、制造气候失律，影响后代人生存的气候条件，使后代人遭受气候苦难。如果当代人因行为不慎而导致了气候失律，就应该进行恢复气候的努力，给未来的后代一个拥有周期性变换节律的气候条件。

2．气候公正的认知原则体系

气候公正即恢复气候的实践公正，或曰恢复气候的治理公正。因而，气候公正原则不仅仅是气候公正的认知、规范引导原则，更是实践气候公正的具体操作原则。由此两个方面的规定性，使气候公正原则获得了体系性构建。

气候公正原则体系主要由两部分内容构成：一是气候公正实践的认知原则体系；二是气候公正实践的操作原则体系。气候公正实践的认知原则体系由利害权衡、分配平等、国际合作和行为动机应当、手段正当、结果正义的有机统一等四大原则构成。

利害权衡：恢复气候、重建生境的首要认知原则 恢复气候、重建生境所涉及的根本问题，是气候利益问题。因而，利害权衡构成了实施气候公正的首要认知原则。遵循这一原则，就是对恢复气候、重建生境予以最终意义上的利害权衡。具体地讲，恢复气候、重建生境对于国家社会来

---

① Andrew Dobson，*Justice and the Environment：Conceptions of Environmental Sustainability and Dimensions of Distributive Justice*，Oxford：Oxford University Press，1998，p. 66.

讲，到底是利大于弊，还是利大于弊病。对此展开利害权衡必须涉及三个维度的考量：第一个维度是自然宇宙，即自然宇宙能否按其自身本性而变换运动，对人类当下的可持续生存和永续存在产生实际影响力；第二个维度是地球生命，即地球生物的多样性程度、地球生命的自建构能力的强弱，对人类当下的可持续生存和永续存在的实际影响力；第三个维度是人类，即人类的当下活动与作为对未来的可持续生存和永续存在的实际影响力。

分配平等：恢复气候、重建生境的根本认知原则　由于气候分配的本质内容是利益，也就形成气候分配的根本价值诉求只能是平等，即只有在平等平台上展开气候分配，才是合道德的分配。这种性质和价值导向的分配，才能真正促使气候恢复、重建生境卓有成效。

气候分配所必须指涉的范围包括五个方面：一是人类与自然之间的气候分配平等；二是人与地球生命之间的气候分配平等；三是国家与国家之间的气候分配平等；四是国家范围内地区与地区、阶层与阶层、人与人之间的气候分配公正；五是代与代之间气候分配平等。

气候分配的实质内容是气候利益，气候分配必须遵循利益共互伦理原理。

气候利益使气候成为公共产品，分配气候这一公共产品，绝不能以强权为准则和尺度，必须以权责对等为准则和尺度：气候分配必须遵循气候权责对等原理。

在当代境遇中，实施气候分配，就是要恢复气候、重建生境，它要求气候分配必须落实在排放与净化两个方面：首先，温室气体的排放必须权责对等，即享受一份温室气体的排放权，就要为此担当一份恢复气候的责任；其次，温室气体的吸纳同样必须权责对等，即担当一份温室气体的吸纳和净化责任，就应该获得一份与之对应的权利。

应当·正当·正义：恢复气候、重建生境的评价导向原则　气候分配公正的评价原则可简称为气候公正评价原则，它作为最实际的规范原则，是指与气候变化相关联的一切人类行为，都要接受"动机应当→手段正当

→结果正义"这一整体评价原则的规范和引导。

　　气候，本身就构成地球生命存在和人类可持续生存的宇观环境。以此来看，气候分配无疑是关于环境资源的分配。环境伦理学家彼得·S. 温茨认为，分配公正必须满足两个条件：第一个条件是"分享稀缺物质的人必须非常关注自己所获得的，以至于会去要求自己的公平份额"；第二个条件是"用于分配稀缺物质的措施和制度只对那些人们能够分配的物质有意义。"① 严格说来，温茨的这两个条件，不适合于环境公正，更不适合于气候公正。其理由有二：第一，在现实生活中，人人都面临稀缺物质，但并不是人人都"非常关注自己所得的"稀缺物质，更不可能人人都会去"要求自己的公平份额"。因为这涉及两个方面的限制，首先，并不是每个人都有公平地获得"稀缺物质"的意识；其次，并不是每个人都具有去争取公平获得"稀缺物质"的能力。由这两个方面的制约，并不是人人都"非常关注"资源分配的公正。这就形成了一个问题，当面对稀缺物质时，有一部分人或更多的人没有非常关注和要求自己的公平份额，在这种情况下难道就可以不实施社会分配的公正吗？显然不能，而且越是在这种情况下，越应该追求分配公正。公正的分配伦理，不是为人人觉悟而设定的，在通常情况下是为没有公正诉求意识和能力的人而构建的。第二，在讨论气候公正的时候，不只是涉及人的分配稀缺资源的公正问题，需要首先考虑的是人与自然、人与地球生物圈、人与生命之间的分配公正的问题。作为自然、地球生物圈、地球生命以及其他存在者，均没有这种自觉的意识和要求能力，难道说就不该实施分配公正吗？如果是这样的话，环境公正又有什么意义呢？所以在这里必须区分环境公正与人类内部生活公正之间的孰轻孰重的问题：基于气候作为地球生命存在和人类可持续生存的宇观环境这一事实，气候公正首先涉及的是人类与气候环境之间的分配公正问题，其次才是人类社会内部，比如国家与国家、地区与地区之间的气候资源分配公正问题。这两个方面的分配公正，都需要接受分配公正的评价原

---

① ［美］彼得·S. 温茨：《环境正义论》，朱丹琼、宋玉波译，上海人民出版社 2007 年版，第 8 页。

则，其只能是动机应当、手段正当和结果正义的有机统一原则的规范。

国际合作：恢复气候、重建生境的保障原则　恢复气候，既是国家责任，更是国际责任。但国际社会要能共同担当起恢复气候、重建生境的责任，必须达成一种全面的合作共识。要确立国际合作共识，必须对过去及当前在面对气候失律的问题上所表现出来的基本立场有一个正确的判断。概括地讲，目前在恢复气候方面，国际社会主要存在着两种基本立场，并体现出来两种基本主张：

一种基本主张是以欧盟为主体，主张全球厉行减排，强调发展中国家也要减少排放量，主张在全球范围内以成本最小方式来抑制气候失律。

一种主张来自于发展中国家，主张以发展经济、改善人民生活水平为首要目标，实现人文发展的基本权利，强调发达国家必须担负应有的历史责任。

客观评价，以欧盟为主体的发达国家的气候治理主张在整体上是正确的，发展中国家的气候治理主张基本正确。但这两种主张都具有片面性。要真正全面地达成国际合作，这两种主张都需要抛弃其各自片面性的那一方面的内容。各自抛弃其所持有的主张的片面性内容，其实就是要求世界上的两大利益集团必须走出各自的利益圈子，从整体出发，达成真正的共识。这种共识必须建立在充分的人性基石上，并求得利益上的均衡分配。

具体地讲，恢复气候、重建生境的基本努力方式，就是减少排放二氧化碳等温室气体。从任何角度讲，恢复气候、重建生境和减少二氧化碳排放量，这都不是义务，而是**责任**：无论发达国家还是发展中国家，恢复气候、重建生境和减少排放量，都不是义务而是责任。在恢复气候、重建生境和减少二氧化碳等温室气体排放量这个问题上展开国际合作，必须达成的首要的和最根本的共识，就是**减排是全球责任**。

责任的本质是利益。国际合作、全球共责，必须建立在共同利益这块基石上。没有共同利益这块基石，减排责任观是建立不起来的。从目前讲，发达国家和发展中国家都在以各不相同的或者说各具特色的说辞来**规避**责任，这种规避责任的虚假说辞和政治游戏，其实都是因为没有找到**共**

同利益这块基石，或者说都没有最终明白减排的最实质的共同利益到底是什么？为恢复气候、重建生境而共同减排的共同利益到底是什么呢？这是国际合作减排必须真正弄明白的东西。概括地讲，为恢复气候、重建生境而共同减排的共同利益内容有二：从长远来看，其共同利益就是人类的安全存在和更好地生存。因为气候失律是一个宇观环境问题，它表征为全球生态的死境化，这是人类坠入自毁深渊的标志。如果不治理，如果不通过减排的方式而恢复气候，任何国家都休想全身而退，任何国家都休想能够单独继续在这个地球上存在，更不用说个人。从现实角度讲，气候，目前正以前所未有的暴虐方式危及到整个人类的生存，人类正在不断地丧失生存的最低条件，不仅如此，气候正在以加速的方式给整个人类带来新灾难，给每个国家带来生存的新灾难，带来意想不到的高昂环境成本，这是任何国家都不想看到的。因而，全球行动，展开真诚合作，恢复气候、重建生境而共同减排，这是减少环境成本、实现可持续生存式发展的共同出路。

只要在这一双重共识基础上审视目前国际合作上的认知分歧和减排行动上的停滞不前，就会发现这是各个国家因其狭隘国家利益遮蔽形成的认知蛛网所造成的，一旦突破这些自我利益编织起来的认知蛛网，就会发现：

首先，发达国家关于为恢复气候而提出的减排方案，其整体思路是正确的。本书之所以做出如此判断，是基于如下理由：第一，气候问题不是局部问题，而是全球化的整体问题。恢复气候必须是全球行动。基于此，发达国家要求发展中国家必须担负减排责任，应该是合理的。第二，发达国家提出，只有全球行动，才会以最小成本方式实现抑制气候恶化，这一主张同样是正确的，因为气候失律是以整体方式展开的，如果一些国家减排，另一些国家无限度地高排放，这等于说任何脚踏实地的恢复气候的行动努力都将不可能产生实质性的效果。不仅如此，这种一边减排另一边加大排放的做法，在有限地球资源日益匮乏的当代生存境遇下，还是一种最大的资源浪费行为，同时也加剧了气候恶化，加剧了地球危机和人类生存危机。所以，发达国家的认知和主张，发展中国家应该正视，也应该采纳。地球是我们的共同家园，气候失律是大家面临的共同敌人，人类必须携手行动、共同应对，这是最根本、也是最大的利益，在这一最大利益面前，任何国家都不能以任何借口回避、逃避或投机取巧、不负责任。

其次，发展中国家面对气候问题的基本思路同样是正确的。但客观地讲，发展中国家面对气候问题所形成的基本思路，也存在着整体上的偏颇，应该以实践理性姿态来矫正这种偏颇，以求大同行动。本书之所以做如此判断，同样基于如下正确理由：第一，在日益恶化的气候面前，在地球生态呈日益死境化态势面前，无论对国家还是个人来讲，其存在、其生存比发展更根本、更重要、更迫切。发展中国家强调发展经济、改善民生、实现人文发展权利是对的，但绝不能将这种发展与治理和恢复气候对立起来，更具体地讲，发展中国家不应该走发达国家曾经走过的**"先发展，后治理"**或**"先破坏，后恢复"**的老路，应该寻求构建发展与治理的协调，实现生存与发展的统一。这种统一与协调应以能在这个地球上继续存在和可持续生存为最根本的先决条件，即发展中国家的发展必须以可持续生存为绝对前提。第二，经验和教训永远是人类智慧的源泉，是人类文明的动力与指南。过去，发达国家的单向发展历史，已经铸成了今天的地球危机、气候失律。今天，晚起步的发展中国家，不应该也不能去重复走发达国家走过的"先污染，后治理"的老路。如果要走这条老路，其在不久的未来某个时空点上实施治理所付出的代价，应该比现在更高，其治理将更难，并且还有可能根本上没有时间和机会让你去治理。所以，明智的选择是在治理中谋求理性的发展，在以可持续生存为根本规范与导向的前提下，展开有限度的发展，这是发展中国家的**唯一正确**的出路，它是没有选择的选择。换言之，对于发展中国家来讲，是选择治理带动发展，还是选择发展后再治理的道路，实际上是在选择生存还是毁灭的道路。第三，对发展中国家来讲，与发达国家一道行动起来恢复气候，共同减排，与要求发达国家进行历史性的补偿（详述见下节内容），这是两个问题，应该在两个层面展开对话与沟通，以达成共识，而不能将二者混同为一个问题。第四，气候是整体的，发达国家过去的发展所带来的全部地球环境危机和气候失律，严重地影响了发展中国家的生存，更阻碍和延缓了发展中国家的发展，对于这一历史性责任，发达国家必须承担，必须以经济补偿、技术援助等方式予以补偿，这才符合"谁使用谁付费"和"谁污染谁净化"的平等利益原则。

3. 气候公正的操作原则体系

彼得·辛格在《为一个公正和可持续的世界重塑价值》一文中指出，"我们说任何人都未提供大气层。这就意味着从表面上看，没有人有权获取超过均等份额的吸收温室气体的能力。因此，除非能够有理有据加以反驳，否则，平均分配就会是一种培育可持续的气候的公正式。当然，这并不意味着每个国家都获得均等的份额。"因为必须考虑各个国家在人口规模上的差异。"我们指的是在地球上每个人获得均等的份额。接下来，首先要做的是计算出我们可以安全排放的温室气体的总量。"① 辛格的这段话，实际上包含了实施气候公正的两个最根本的行动操作原则，这就是权责对等的气候问责原则和谁污染谁担责的原则。

权责对等的气候问责原则 在治理失律气候、恢复环境生境方面，所应该遵循的根本操作原则，只能是权责对等的气候问责原则。这是因为气候公正的实质是气候利益公正。气候利益就是恢复气候的利益，这一利益表现在国际合作层面，就是温室气体减排。但温室气体减排不仅涉及恢复气候的**投入**问题，更涉及对经济发展的**限制**问题。所以，气候利益变成了国家与国家之间、利益集团与利益集团之间最根本的利益博弈问题。要使这种利益博弈落实在行动上，构成实实在在的全球减排行动，需要构建气候问责的行动方案，首先需要构建超越利益集团和国家私利的具有完全普适功能的气候问责原则。

在全球范围内，为构建气候问责的行动方案而建立气候问责原则，这

---

① 彼得·辛格：《为一个公正和可持续的世界重塑价值》，载〔英〕戴维·赫尔德主编：《气候变化的治理：科学、经济学、政治学与伦理学》，谢来辉等译，社会科学文献出版社 2012 年版，第 189 页。

就涉及国际合作展开恢复气候的众多根本性的问题，并由此形成气候问责的道德体系。气候问责的道德体系由如下具体原则构成：

首先，气候问责涉及的根本利益，既是历史指向的，也是现实指向的，更是未来指向的。历史指向的利益，就是过去的温室气体排放问题；现实指向的利益，就是当下的温室气体排放问题；未来指向的利益，就是可能产生的温室气体排放问题。由此形成气候问责的构建，必须同时考虑气候的历史问责、气候的现实问责和气候的未来问责等三个方面的问题，并由此构成气候问责的历史原则、气候问责的现实原则和气候问责的未来原则。

其次，无论是构建气候问责的历史原则，还是构建气候问责的现实原则和构建气候问责的未来原则，都必须贯穿普遍平等原理和权责对等原理。普遍平等原理要求无论发达国家或发展中国家，都必须在地位、人格、权益上完全平等，这是气候问责原则体系构建的逻辑起点。权责对等原理要求治理和恢复气候、实施温室气体减排等一切方面必须权责对等。

最后，以普遍平等原理和权责对等原理为根本规范和行动指南，构建气候问责的历史原则、现实原则和未来原则，实际上是构建气候分配的利益公正原则，具体地讲就是构建气候利益配享的历史公正、代内公正和代际公正。因而，气候问责的历史原则，对应气候利益分配的历史公正原则。气候问责的历史原则是指"温室气体排放权的恰当分配应当反映这样一个历史事实：自工业革命以来，发达国家一直在向人类共有的大气层中排放温室气体；不仅导致全球气候变暖的温室气体存量主要是发达国家长期大量排放的产物，而且，发达国家的人均排放目前也远远高于发展中国家。因此，发达国家应大幅度削减其排放量，而发展中国家则可以继续增加其排放量，直至达到它们应当享有的公平份额为止。"[1] 气候问责的现实原则，对应气候利益分配的代内公正原则，它规定全球范围内的任何国家都必须担负起减排的责任，都应该在国际共识框架下有限度地排放二氧化碳等温室气体。气候问责的未来原则，却对应利益分配的代际公正原

---

[1] 杨通进：《温室气体减排的伦理原则》，《环境教育》2009 年第 12 期。

则，这一原则要求任何国家都必须将发展与可持续生存、代内利益与代际利益结合起来，制定出理性的和有限度的排放国策。

根据普遍平等原理和权责对等原理，气候问责原则的具体落实，就是将气候利益分配分三个时段、三个环节来实施，这样就可避免发达国家逃避排放的历史责任和发展中国家逃避排放的现实责任的弊病，并同时促使无论是发达国家还是发展中国家都能够在一种彻底的共识中担当起与权利对等的现实责任，共建未来。

权责对等的污染者担责原则　恢复气候的实施途径和基本方式，就是共同减排。为恢复气候而实施共同减排的实质，是气候利益的谋求与再分配，这是重建全球利益分配格局的根本问题。在过去，全球利益格局的形成，是通过暴力和强权来划定的。今天，通过为恢复气候而实施共同减排来重建全球利益分配格局，却必须且只能通过谈判、协商来实现。并且，为重建全球利益分配格局而谈判、协商的气候利益内容，实际上涉及眼前利益和未来利益、自我利益与他者利益、国家利益与全球利益的重新划分与再确定。对如上利益内容展开重新划分与再确定的方式，就是博弈。客观地看，自我利益与他者利益、国家利益与全球利益、眼前利益与未来利益的博弈，其实质展开就是"已经污染，必须治理"和"先污染，后治理"的问题。对这两个问题的实实在在的解决，才是实施治理和恢复气候之共同行动的关键所在。

在过去一段时间里，国际气候谈判一直围绕"已经污染，必须治理"和"先污染，后治理"的问题而展开，形成了气候博弈的困境。这种困境最终源于气候博弈本身缺乏具有普世性价值引导的气候道德原则的规范。客观地看，要很好地解决"已经污染，必须治理"和"先污染，后治理"的博弈困境，必须以普遍平等原理和权责对等原理为导向，以权责对等的气候问责原则为规范。根据权责对等的气候问责原则要求，气候利益分配的历史公正、代内公正和代际公正，都必须严格遵守**污染者付费**原则，这是治理和恢复气候、实施权责对等的基本操作原则。

构建并实施污染者付费原则，必须以普遍平等原理为整体导向、以权责对等原理为宏观规范，以权责对等的气候问责原则为直接准则，即必须接受历史向度、现实指向、未来可能性三个方面的制约和规范，由此形成"污染者付费"的两个具体原则，即**谁污染谁担责**原则和**谁受损谁得益**原则。

谁污染谁担责原则，实际上是气候利益获得的**成本支付**原则。这一原则的建立是气候公正的真正落实，这一原则的实施是气候公正的实际体现。并且，通过谁污染谁担责原则的实施，让每个国家都明白，无论是过去还是现在，或者未来，气候利益的获得与付出必须是对等的，气候收益与气候成本必须是对等的，在治理和恢复气候过程中，任何国家都不应该有侥幸心理，更不应该有避责妄想。

谁污染谁担责，这是污染者付费的正面原则；而谁受损谁得益，这是污染者付费的反面原则，亦是气候利益的补偿原则。根据这一补偿原则，气候污染和气候受损、排放过度与排放不足，二者在收益上是对等的。谁污染谁担责原则抑制国家对温室气体的排放；谁受损谁得益原则却鼓励国家主动减少排放。所以，谁污染谁担责和谁受损谁得益从正反两个方面构建起了普遍平等的污染者担责原则。

参考文献

〔澳〕F. F. 维塞尔：《自然价值》，陈国庆译，商务印书馆 1991 年版。

〔澳〕彼得·纽曼等：《弹性城市应对石油紧缺与气候变化》，王量量等译，中国建筑工业出版社 2012 年版。

〔澳〕大卫·希尔曼、约瑟夫·韦恩·史密斯：《气候变化的挑战与民主的失灵》，武锡申、李楠译，社会科学文献出版社 2009 年版。

〔澳〕缔姆·富兰纳瑞：《是你，制造了天气：气候变化的历史与未来》，越家康译，人民文学出版社 2010 年版。

〔澳〕凯尔森：《法与国家的一般理论》，沈宗灵译，中国大百科全书出版社 1996 年版。

〔德〕利普斯：《事物的起源》，汪宁生译，四川人民出版社 1982 年版。

〔德〕罗伯特·施佩曼：《道德的基本概念》，沈国琴等译，上海译文出版社 2007 年版。

〔德〕沃尔夫刚·贝林格：《气候的文明史：从冰川时代到全球变暖》，史军译，社会科学文献出版社 2012 年版。

〔德〕乌尔里希·贝克：《什么是全球化？全球主义的曲解：应对全球化》，常和芳译，华东师范大学出版社 2008 年版。

〔德〕乌尔里希·贝克：《世界风险社会》，吴英姿、孙淑敏译，南京大学出版社 2004 年版。

〔德〕约阿希姆·拉德卡：《自然与权力：世界环境史》，王国豫、付天海译，河北大学出版社 2004 年版。

〔德〕约翰·德赖泽克：《地球政治学：环境话语》，蔺雪春、郭晨星译，山东大学出版社 2008 年版。

〔法〕克洛德·阿莱格尔：《城市生态，乡村生态》，陆亚东译，商务印书馆 2003 年版。

〔法〕克洛德·阿莱格尔：《气候骗局》，孙瑛译，中国经济出版社 2011 年版。

〔法〕孟德斯鸠：《论法的精神》，张雁深译，商务印书馆 2004 年版。

〔法〕帕斯卡尔·阿科特：《气候的历史：从宇宙大爆炸到气候灾难》，李孝琴等译，学林出版社 2011 年版。

〔芬兰〕Ilkka Hanski：《萎缩的世界：生境丧失的生态学后果》，张大勇、陈小勇译，高等教育出版社 2006 年版。

〔古希腊〕亚里士多德：《尼各马科伦理学》，苗力田译，中国社会科学出版社 1999 年版。

〔古希腊〕亚里士多德：《政治学》，吴寿彭译，商务印书馆 1983 年版。

〔加〕威廉·莱斯：《自然的控制》，岳长岭、李健华译，重庆出版社 2007 年版。

〔加〕詹姆斯·霍根、理查德·里都摩尔：《利益集团的气候"圣战"》，展地译，中国环境科学出版社 2011 年版。

〔美〕A. K. 贝茨：《气候危机：温室效应与我们的对策》，苗润生、成志勤译，中国环境科学出版社 1992 年版。

〔美〕Anthony N. Penna：《人类的足迹：一部地球环境的历史》，张新、王兆润译，电子工业出版社 2013 年版。

〔美〕H. 范隆主编：《大洋气候》，许启望等译，海洋出版社 1990 年版。

〔美〕M. H. 格兰茨：《变化的洋流厄尔尼诺对气候与社会的影响》，

王绍武等译，气象出版社 1998 年版。

［美］R. L. 约翰逊：《地球科学天气与气候》，李文平译，外语教学与研究出版社 2004 年版。

［美］The World Bank：《国际贸易与气候变化经济、法律和制度分析》，廖玫等译，高等教育出版社 2010 年版。

［美］阿尔弗雷德·克劳斯比：《人类能源史：危机与希望》，中国青年出版社 2009 年版。

［美］阿尔温·托夫勒：《第三次浪潮》，朱志焱等译，生活·读书·新知三联书店 1984 年版。

［美］埃里克·波斯纳、戴维·韦斯巴赫：《气候变化的正义》，李智等译，社会科学文献出版社 2011 年版。

［美］安德鲁·德斯勒、爱德华·A. 帕尔森：《气候变化：科学还是政治?》，李淑琴译，中国环境科学出版社 2012 年版。

［美］奥尔多·莱昂波特：《沙乡的沉思》，候文惠译，经济科学出版社 1992 年版。

［美］巴巴拉·沃德、雷内·杜博斯：《只有一个地球》，《国外公害丛书》编委会译，吉林人民出版社 2005 年版。

［美］巴里·康芒纳：《封闭的循环——自然、人和技术》，候文惠译，吉林人民出版社 1997 年版。

［美］保罗·沃伦·泰勒：《尊重自然：一种环境伦理学理论》，雷毅等译，首都师范大学出版社 2010 年版。

［美］本杰明·卡多佐：《法律的成长：法律科学的悖论》，董炯等译，中国法制出版社 2002 年版。

［美］比尔·麦克基本：《自然的终结》，孙晓春等译，吉林人民出版社 2000 年版。

［美］彼得·S. 温茨：《环境正义论》，朱丹琼、宋玉波译，上海人民出版社 2007 年版。

［美］彼得·S. 温茨：《现代环境伦理》，宋玉波、朱丹译，上海人民

出版社 2007 年版。

〔美〕波斯纳：《法律的经济分析》，蒋北康译，中国大百科全书出版社 1997 年版。

〔美〕博登海默：《法理学：法哲学与法律方法》，邓正来译，中国政治大学出版社 2004 年版。

〔美〕布赖恩·费根：《大暖化：气候变化怎样影响了世界》，苏月译，中国人民大学出版社 2008 年版。

〔美〕布勒克：《大洋传送带发现气候突变触发器》，中国第四纪科学研究会高分辨率气候记录专业委员会译，西安交通大学出版社 2012 年版。

〔美〕查尔斯·哈伯：《环境与社会：环境问题中的人文视野》，肖晨阳译，天津人民出版 1998 年版。

〔美〕戴斯·贾丁斯：《环境伦理学》，林官明、杨爱民译，北京大学出版社 2002 年版。

〔美〕丹尼尔·S. 米勒蒂：《人为的灾害》，谭徐明等译，湖北人民出版社 2008 年版。

〔美〕德尼·古莱：《发展伦理学》，高铦、温平、李继红译，社会科学文献出版社 2003 年版。

〔美〕法里斯：《大迁移：气候变化与人类的未来》，傅季强译，中信出版社 2010 年版。

〔美〕戈登·B. 伯南：《生态气候学概念与应用》，延晓冬等译，气象出版社 2009 年版。

〔美〕格温·戴尔：《气候战争：即将到来的第三次世界大战》，冯斌译，中信出版社 2010 年版。

〔美〕汉斯·萨克塞：《生态哲学》，文韬等译，东方出版社 1991 年版。

〔美〕赫尔曼·E. 戴利、肯尼思·N. 汤森：《珍惜地球——经济学、生态学、伦理学》，马杰等译，商务印书馆 2001 年版。

〔美〕亨利·棱罗：《瓦尔登湖》，徐迟译，吉林人民出版社 1997

年版。

　　[美]詹姆斯·汉森：《环境风暴气候灾变与人类的机会》，张邱宝慧等译，人民邮电出版社2011年版。

　　[美]霍尔姆斯·罗尔斯顿：《哲学走向荒原》，刘耳译，吉林人民出版社2000年版。

　　[美]吉沃尼：《建筑设计和城市设计中的气候因素》，汪芳等译，中国建筑工业出版社2011年版。

　　[美]杰里米·里夫金、特德·霍华德：《熵：一种新的世界观》，吕明、袁舟译，上海译文出版社1987年版。

　　[美]卡洛琳·麦茜特：《自然之死》，吴国盛等译，吉林人民出版社1999年版。

　　[美]科尔伯特：《灾异手记人类、自然和气候变化》，何恬译，译林出版社2012年版。

　　[美]莱斯特·R.布朗：《建设一个持续发展的社会》，祝友三等译，科学技术文献出版社1984年版。

　　[美]雷蒙德·J.伯比：《与自然谐存》，欧阳琪译，湖北人民出版社2008年版。

　　[美]蕾切尔·卡逊：《寂静的春天》，吕瑞兰、李长生译，吉林人民出版社1999年版。

　　[美]罗斯·格尔布斯潘：《炎热的地球气候危机，掩盖真相还是寻求对策》，戴星翼等译，上海译文出版社2001年版。

　　[美]梅萨罗维克、佩斯特尔：《人类处于转折点》，梅艳译，生活·读书·新知三联书店1987年版。

　　[美]米都斯等：《增长的极限》，李宝恒译，四川人民出版社1983年版。

　　[美]泌姆·雷根、卡尔科亨：《动物权利论争》，杨通进译，中国政法大学出版社2005年版。

　　[美]纳什：《大自然的权利》，杨通进译，青岛出版社1999年版。

〔美〕W. Schwerdfeger：《南极的天气与气候》，贾朋群等译，气象出版社1989年版。

〔美〕欧文·拉兹洛：《第三个2000年：挑战和前景——布达佩斯俱乐部第一份报告》，王宏昌等译，社会科学文献出版社2001年版。

〔美〕皮特·辛格：《动物解放》，孟祥森、钱永祥译，光明日报出版社1999年版。

〔美〕斯缔芬·施奈德：《地球：我们输不起的实验室》，诸大建、周祖翼译，上海科学技术出版社2008年版。

〔美〕特雷弗·豪瑟编：《碳博弈国际竞争力与美国气候政策》，李光耀、焦小平译，经济科学出版社2009年版。

〔美〕托马斯·贝里：《伟大的事业：人类未来之路》，曹静译，生活·读书·新知三联书店2005年版。

〔美〕威廉H. 麦克尼尔：《瘟疫与人》，余新忠、毕会成译，中国环境科学出版社2010年版。

〔美〕约翰·罗尔斯：《万民法》，张晓辉等译，吉林人民出版社2001年版。

〔美〕约翰·罗尔·德与科、理查德·M. 福克斯编：《现代世界伦理学新趋向》，石毓彬等译，中国青年出版社1990年版。

〔美〕詹姆斯·M. 布坎南、罗杰. D. 康格尔顿：《原则政治，而非利益政治》，张定准、何志平译，社会科学文献出版社2004年版。

〔葡〕何赛·P. 佩索托、〔美〕阿伯拉罕·H. 奥特：《气候物理学》，吴国雄等译，气象出版社1995年版。

〔日〕朝仓正：《气候异常与环境破坏》，周力译，气象出版社1991年版。

〔日〕池田大佐、〔英〕阿. 汤因比：《展望21世纪》，荀春生等译，国际文化出版公司1985年版。

〔日〕福井英一郎、吉野正敏：《气候环境学概论》，柳又春译，气象出版社1988年版。

［日］田家康：《气候文明史改变世界的 8 万年气候变迁》，范春飚译，东方出版社 2012 年版。

［日］岩佐茂：《环境的思想》，余谋昌等译，中央编译出版社 1997 年版。

［瑞典］克里斯蒂安·阿扎：《气候挑战解决方案》，杜珩、杜珂译，社会科学文献出版社 2012 年版。

［瑞士］克斯托夫·司徒博：《环境与发展：一种社会伦理学的考量》，邓安庆译，人民出版社 2008 年版。

［苏联］Л. С. 贝尔格：《气候与生命》，王勋等译，商务印书馆 2009 年版。

［意］奥雷利奥·佩西：《未来的一百页：罗马俱乐部总裁的报告》，汪帼君译，中国展望出版社 1984 年版。

［印度］阿马蒂亚·森：《以自由看待发展》，任颐、于真译，中国人民大学出版社 2003 年版。

［英］J. C. King, J. Turner：《南极天气和气候》，张占海等译，海洋出版社 2007 年版。

［英］安东尼·吉登斯：《气候变化的政治：气候变化与人类发展》，曹荣湘译，社会科学文献出版社 2009 年版。

［英］安东尼·吉登斯：《失控的世界》，周红云译，江西人民出版社 2001 年版。

［英］伯勒斯：《气候变化多学科方法》，李宁主译，高等教育出版社 2010 年版。

［英］戴维·赫尔德主编：《气候变化的治理：科学、经济学、政治学与伦理学》，谢来辉等译，社会科学文献出版社 2012 年版。

［英］哈特：《法律的概念》，张文显等译，中国大百科全书出版社 2003 年版。

［英］基思·托马斯：《人类与自然世界：1500—1800 年间英国观念的变化》，宋丽丽译，译林出版社 2008 年版。

［英］吉拉尔德特：《城市·人·星球城市发展与气候变化》，薛彩荣译，电子工业出版社 2011 年版。

［英］库拉：《环境经济学思想史》，谢杨举译，上海人民出版社 2007 年版。

［英］罗宾主编：《极地冰盖中的气候记录》，秦大河等校译，甘肃科学技术出版社 1991 年版。

［英］迈克尔·S. 诺斯科特：《气候伦理》，左高山等译，社会科学文献出版社 2010 年版。

［英］迈克尔·阿拉贝：《气候年表》，刘红焰译，上海科学技术文献出版社 2006 年版。

［英］奈杰尔·劳森：《呼唤理性：全球变暖的冷思考》，戴黍、李振亮译，社会科学文献出版社 2011 年版。

［英］尼古拉斯·斯特恩：《地球安全愿景：治理气候变化，创造繁荣进步新时代》，武锡申译，社会科学文献出版社 2011 年版。

［英］威廉·伯勒斯主编：《21 世纪的气候》，秦大可、丁一汇译，气象出版社 2007 年版。

［英］休谟：《人性论》，关文运译，商务印书馆 1994 年版。

［英］詹姆斯·拉伍洛克：《盖娅：地球生命的新视野》，肖显静等译，上海人民出版社 2007 年版。

世界环境与发展委员会：《我们共同的未来》，王之佳译，商务印书馆 1992 年版。

《变幻莫测的气候》编写组编：《变幻莫测的气候》，世界图书广东出版公司 2010 年版。

《气候变化国家评估报告》编写委员会编：《第二次气候变化国家评估报告》，科学出版社 2011 年版。

《气候变化国家评估报告》编写委员会编：《气候变化国家评估报告》，科学出版社 2006 年版。

WWF 中国 SNAPP 项目组编. 气候变化国际制度：中国热点议题研

究》，中国环境科学出版社 2007 年版。

曹荣湘主编：《全球大变暖：气候经济、政治与伦理》，社会科学文献出版社 2010 年版。

A heport of the Millennium Ecosystem Assessment，*Ecosystem and Human Well-being*：*Synthesis*，World Health Orgaization，Geneva，2005.

A. J. McMichael，*Human Frontiers*，*Environments and Diseasw*：*Past Patterns*，*Uncertain Futures*，Cambridge：Cambridge University Press，2010.

Andrew Dobson，*Justice and the Environment*：*Conceptions of Environmental Sustainability and Dimensions of Distributive Justice*，Oxford：Oxford University Press，1998.

Anthony Weston（ed.），*An Invitation to Environmental Philosophy*，New York：Oxford University，1999.

Barbara Freese，*Coal*：*A Human History*，New York：Penguin Books，2003.

Carlo Cipolla（ed.），*The Industrial Revolution*，*1700 — 1914*，Harvester Press，Barnes & Noble，1976.

Carolyn Merchant，The Death of Nature：Women，Ecology，and the Scientific Revolution. New York：Harper and Row，1980.

Don E. Marietta Jr. & Lester Embree（eds.），*Environmental Philosophy and Environmental Activism*），Lanham　Md.：Rowman & Littlefield，1995.

Don Mannison，Michael McRobbie & Richard Routley（eds.），*Environmental Philosophy*，Canberra：Australian National University，1980.

Donald A. Brown，*American Heat*：*Ethical Problems with the United States Response to Global Warming*，Oxford：Rowman & Littlefield Publishers，2002.

Donald Edward Davis，*Ecophilosophy*：*A Field Guide to the Literature*，

San Pedro，Calif.：R. and E. Miles 1989.

Donald Edward Davis，*Eco-philosophy：A Field Guide to the Literature*，Eureke：Miles & Miles，1989.

Eugene C. Hargrove，*Foundations of Environmental Ethics*，Englewood Cliffs：Prentice-Hall，1989.

H. Frankfurt，"Equality as a moral idea"，*in his The Importance of What We Care About*，Cambridge：Cambridge University Press. 1988.

Henryk Skolimowski，*Eco-Philosophy：Designing New Tactics for Living*，London and New Hampshire：Marion Boyars，1981.

Holmes Rolston Ⅲ，*Environmental Ethics*，Philadelphia Temple University Press，1988.

Holmes Rolston Ⅲ，*Philosophy Gone Wild：Essays in Environmental Ethics*，Buffalo：Prometheus Books，1986.

J. Timmons Roberts & Bradley C. Parks，*A Climate of Injustice：Global Inequality，North-South Politics and Climate Policy*，Cambridge：MIT Press，2007.

J. Baird Callicot，*In Defense of the Land Ethic*，Albany：State University of New York Press，1988.

James P. Sterba (eds.)，*Earth Ethics*，New Jersey：Prentice-Hall，1995.

James Rodger Fleming，*Historical Perspectives in Climate Change*，New York：Oxford University Press，1988.

John Tuxill，"Appreciating the Benefits of Plant Biodiversity，" *State of theworld* 1999，Lester R. Brown (ed.)，New York，W. W. Norton，1999.

Josef Klostermann，*Das Klima im Eiszeitalter*，Stuttgart：Schweizerbart'sche Verlags buch houndlung，1999.

Joseph R. Desjardins，*Environmental Ethics：An Introduction to Environmental Philosophy*，Belment：Wadsworth Publishing，1993.

Joseph R. Desjardins, *Environmentalism*: *Philosophy and Tactics*, Belmont: Wadsworth Publishing, 1993.

Karen J. Warren, *Ecological Feminist Philosophy*, Bloomington: Indiana University Press, 1996.

Kenneth J. Hsu, *Climate and People's*: *A Theory of History*, Zurich , Switzerland: Orell Fussli Publishing, 2000.

Lawrence E. Johnson, *A Morally Deep World*: *An Essay on Moral Significance and Environmental Ethics Cambridge*, Cambridge: Cambridge University Press, 1991.

Lewis Mumford, *Technics and Civilization*, New York: Karcourt, Brace, 1934.

Lori Gruen & Dale Jamieson (eds.), *Reflecting on Nature*, *Readings in Environmental Philosophy*, OXford: Oxford University Press, 1994.

Marston Bates, *The Forest and the Sea*, New York: Randon House, 1960.

Michael E. Zimmerman (eds.), *Environmental Philosophy*, Prentice Hall, 1993.

Paul Taylor, *Respect for Nature*, Princeton: Princeton University Press, 1986.

Peter C. van Wyck, *Primitives in the Wilderness*: *Deep Ecology and the Missing Human Subject*, Albany: SUNY Press, 1997.

Peter Singer, *Animal Liberation*: *A New Ethics for Our Treatment of Animals*, New York: New York Review/Random House, 1975.

R. I. Sikora and Brian Berry (eds.), *Obligations to Future Generations*, Philadelphia: Temple University Press, 1977.

J. Rawls, *The Law of Peoples*, Cambridge: Harvard University Press, 1999.

Robert Elliot (eds.), *Environmental Ethics*, Oxford: Oxford University

Press, 1995.

Robert J. Brulle, *Agency, Democracy and Nature: The U. S. Envi-ronmental Movement from a Gritical Theory Perspective*, Cambridge: MIT Press. 2000.

Robin Attfield, *The Ethics of Environmental Concern*, Oxford: Co-lumbia University Press and Blackwell, 1983.

Susan J. Armstrong & Richard G. Botzler (eds.), *Environmental Ethics*, New York: McGraw-Hill, Inc. 1993.

Tom Athanaslou & Paul Baer, *Dead Heat: Global Justice and Global Warming*, New York: Seven Sto-ries Press, 2002.

Tom Regan & Peter Singer (eds.), *Animal Rights and Human Obliga-tions*, Englewood Cliffs: Prentice Hall, 1976.

Tom Regan, *The Case for Animal Rights*, Berkeley and Los Angeles: University of California Press, 1983.

W. Neil Adger, Jouni Paavola, Saleemul Huq & M. J. Mace (eds.), *Fairness in Adaptation to Climate Change*, Cambridge: MIT Press, 2006.

W. Ophuls, *Requiem for Modern Polities: The Tragedy of the En-lightenment and the Challenge of the New Millennium*, Boulder: Westview Press, Boulder, 1997.

William Devall & George Sessions, *Deep Ecology*, Salt Lake City: Per-egrine Smith Books, 1985.

William T. Blackstone (eds.), *Philosophy and Environmental Crisis*, Athens: University of Georgia Press. 1972.

Zimmerman et al. (eds.), *Environmental Philosophy: Form Animal Rights to Radical Ecology*, New Jersey: Prentice-Hall, 1993.

IPCC First Assessment Report 1990.

Working Group 1: *Scientific Assessment of Climate Change.*

Working Group 2: *Impacts Assessment of Climate Change.*

Working Group 3: *The IPCC Response Strategies*.

IPCC Second Assessment Report: Climate Change 1995.

Working Group 1: *The Science of Climate Change*.

Working Group 2: *Impacts, Adaptations and Mitigation of Climate Change: Scientific-Technical Analyses*.

Working Group 3: *Economics and Social Dimensions of Climate Change*.

IPCC Third Assessment Report: Climate Change 2001.

Working Group 1: *The Scientific Basis*.

Working Group 2: *Impact, Adaptation and Vulnerability*.

Working Group 3: *Mitigation*.

IPCC Fourth Assessment Report: Climate Change 2007.

Working Group 1: *The Physical Science Basis*.

Working Group 2: *Impacts, Adaptation and Vulnerability*.

Working Group 3: *Mitigation of Climate Change*.

IPCC Fifth Assessment Report: Climate Change 2014.

Working Group 1: *Climate Change 2013: The physical Science Basis*.

Working Group 2: *Climate Change 2014: Impacts, Adaptation, and Vulnerability*.

Working Group 3: *Climate Change 2014: Mitigation of Climate Change*.

索 引

后 记

    我不是专做环境研究的，我研究环境，既属必然，也属偶然。说必然，是因为自 20 世纪 70 年代后期始，我一直围绕"当代人类何以才能理性存在发展"致思不息，逐渐形成三态理性哲学，致力于解决两个问题，即如何避免"人对人的疯狂"和"人对环境的疯狂"。为此追问"人的世界性存在"何以可能和"自然为人立法，人为自然护法"何以实现？最终必然要正面拷问不断恶化的环境。诶偶然，因为汶川地震，成为我永恒的震撼，永恒的悲痛，永恒的咀嚼，不仅仅是许多可避免而未避免的灾难，更源于它潜在地开启了**后环境时代**的到来。

    客观论之，汶川应该给中国社会带来最深广的思考，并且这种思考还应该是全方位的，但由于唯经济主义冲动和世界主义情结从两个方面鼓动"跨越式发展"，对已大步走来的后环境时代，虽然至今未引来任何方面的关注，它却成为最为迫切的存在问题和最为严峻的生存问题横亘在当代进程中，无论怎样，挥之不去。我对汶川地震所引发的灾疫问题的伦理拷问，算是对后环境时代反思性思考的自发性尝试。

    所谓"后环境时代"，是指国家境域内环境无意地遭受持续扩散的破坏，其存在发展进入从根本上丧失环境支撑的时代。后环境时代形成的基本标志有三：第一，气候失律极端化，由此形成极端气候；第二，资源枯竭社会化，但为保持经济持续高增长，却采取"竭泽而渔"方式继续发展经济；由此形成第三，环境被推上悬崖并自动开启自崩溃进程。

    在更广阔视域中，后环境时代亦是全球性扩张的时代，当前，继 19

世纪之后的第二次殖民运动，是全球化的，海洋争夺、太空开发、军备竞赛，分分合合的炫武联盟运动、不间断的地域性战争、移民潮……都是突围环境困局，转移环境危机的不同方式。乌尔里希·贝克等社会思想家用"世界风险社会""全球生态危机"概念所表述的当代社会，实质上是当代人类进程中的**后环境化**。

在后环境时代，环境引发内忧外患，更铸成内外交困。

进入后环境时代，环境成为当代社会的"奇怪吸引子"，它在以撕裂性扩张方式向纵深领域敞开的过程中，将所有问题聚集自身，形成**"唯有环境，就是一切"**。

毁灭，或存在，系于环境。

身处后环境时代，环境成为第一关注对象时，必然从关心环境价值转向环境机制。

从19世纪末美国环境资源管理始，在环保运动进程中发展壮大起来的生态学、生态哲学、环境哲学、环境伦理学，都属环境价值论。生态学、生态哲学、环境哲学、环境伦理学之间的人类中心主义和非人类中心主义之争，不过是环境的使用价值观与存在价值观（即环境学者的"内在价值"）之争。这种以价值关怀方式展开的环境研究，只是环境的外部研究，它体现研究者或者说人的主观性认知惯性，环境自身的问题被人无形中悬置了起来。

从关心环境价值转向环境机制，是尽可能克服主观而进入客观，审察环境价值何以生成的自身方式，包括环境的自身本性、自身原理和自运动机制。以此观之，环境研究从价值关注转向机制关注，是环境研究进入科学的体现。

本书属环境机制研究的尝试。

就环境本身论，存在宇观、宏观、微观区别，这种区别既是形态学的，也是运动论的。本书关注的对象是地球生命存在和人类可持续生存的宇观环境及动态方式气候，重心是力求发现气候变换的自身机制。围绕此，本书做了三个方面的努力：首先尝试发现气候的自秩序本性、自在存在方式、变换运动的周期性规律；以此为契机，探求气候失律背后的人力运作机制，这就是鲜为人知的层累原理、突变原理和边际扩张原理；然后根据"环境生态容量极限"变动的可能性朝向，探讨恢复气候所必须遵循的自然律和人文律，以及由此自然律和人文律所生成的伦理原理和道德原则体系，为后环境时代的生存自救，提供恢复气候、重建生境的宇观环境智识与方法。

对气候这一宇观环境做如上三个方面的尝试探讨，其最大收获是无意间证明了"限度生存"这一哲学思想的普遍性。限度生存的哲学与无限度存在的哲学相对立：无限度存在的哲学，激发人类取得了近代（科学和哲学）革命的胜利，开创了工业文明、现代社会，其基本价值观是奢侈存在论，具体表述为无限物质幸福论梦想。限度生存的哲学，是指导后环境时代存在自救的哲学，其基本价值诉求是简约存在论，展开为两个方面，一是重新向自然学习，以自然为师；二是以简朴为安，以简朴为美，以简朴为乐。

简朴之于本人，已是生活习惯。简朴的生活习惯几十年来之所以没有随着物质生活环境的变好而改变，既源于对早年生活之艰难困苦和饥饿贫困的不断反省与回顾，也源于本人对生态理性哲学的本质之思的激励，但重要的却是家庭几十年如一日的节俭生活方式。客观论之，社会的节俭，源于两个方面的激励和引导。一是政府，二是家庭。一个肆无忌惮地喧哗奢侈和富有、铺张和浪费的政府，应该说是最无德也是最无耻的政府。这样的政府势必以强权甚至政策或律令的方式，盲目鼓动整个社会、家庭和个人高消费、追求奢侈、肆意浪费。同样，生活在高消耗、高浪费的家庭里，其难有节俭的品质和能力。就家庭而言，家庭的节俭生活方式很大程度上取决于家庭主妇。家庭主妇的节俭，不仅使家庭节俭变成一种生活方式，而且培养起家庭成员节俭生活品质和能力。本人所生活的家庭之所以始终保持节俭的生活和简朴的方式，则得益夫人万德珍女士勤俭持家、简朴生活对家人的表率与引导。正是因为她的勤俭持家、节约资源和能源的生活方式和行为引导，才使我致思环境治理的过程中始终将能源、资源的节约和利用厚生、简朴生活作为基本主题来探讨，而且愈发坚定地认为，利用厚生、简朴生活的方式，每个家庭都能做到，每个人都能做到，关键在于有无做的意愿和做的日常行动。

本书得以顺利出版，首先受益所在学校四川师范大学科研处和所在单位政治教育学院的资助，其次是人民出版社新科学分社社长陈寒节先生的鼎力支持；最为重要的是编辑盂令堃先生将博学的智识和智慧运用于虔诚敬业劳作之中，使本书少却了许多错误和失误。在此，谨致以最诚挚的敬意和感谢！

感谢一直以来真诚关心、扶持、帮助我的所有朋友、同事、亲人和学生，尤其是燕子女士、尔多博士和昌阁博士的太多扶助；当然，更该致谢一路走来，那些以另外的方式给予我困境式激励和鼓动的人们。

对我来讲，生养我的这块贫瘠土地，才是终身以守的精神家园。正是因为她，才涌动孜孜不倦地追问"人对人善美何以可能"和"人对环境亲缘性存在何以实现"的思想的洪流。本书之所成，不仅因为在场的眷恋，更在于何以才可真正看护的旷野呼唤。

2017 年 7 月 28 日书于狮山之巅